生涯規劃與職涯管理

魏郁禎　著

五南圖書出版公司 印行

序言

有人的地方就有江湖。

～任我行

　　職場生存是一門龐大的學問，人終其一生都在學習，在工作環境中、在學校裡、在姻親家庭關係裡。

　　近些年來，因著職場的議題熱門，加上雜誌的推波助瀾，坊間和這個主題相關的大眾書籍琳瑯滿目。有的從部屬的角度出發，有的從主管的角度著眼；有的是正面的鼓勵與教化，有的則是從黑暗面提醒警示。此外，電視宮廷劇的流行和題材引人，也讓不少作家將劇中情節拿來和當今職場環境做呼應，出版許多教戰手冊，加上各大媒體大篇幅報導與探討，顯示職場生存已經是當代的顯學之一了。

　　筆者自 2010 年 9 月在大學裡開設這門課，除了臨危授命、因緣際會以外，更懷抱著減少學生未來在職場上的不必要錯誤、提升學生的工作與職場倫理素養、協助學生進入社會前做好更完備的職涯規劃的想法。幾年下來，不斷的累積授課資料和案例，也益發覺得這門課對現代大學生經營職涯發展來說相當重要，從社會進步與整體運作的角度來看也是如此。同時，學生給筆者的課後回饋也是筆者持續不斷努力的動力。

　　在諸多實務界先進的懇託下，雖明知出版教科書對於自己的學術地位與發展並無助益，但最後還是站在能夠為更多對此領域感興趣的教師和學生盡一點棉薄之力，因而決定將這幾年在這門課累積的教材和資料進行文字的整理，讓這本書可以作為以一個學期為時程來使用的教科書，也同時可以適合對這個主題感興趣的讀者自行閱讀。

關於本書的架構

這本書的架構有三大部分，第一部分「生涯規劃思考與行動」，是學習職場生存最關鍵的部分，討論個人興趣、人格特質和生涯選擇等主題。之所以最關鍵是因為，「規劃」是所有行動之始，合適的職涯規劃可以讓自己在有限的時間內接受足夠的專業訓練，讓自己找到適切的工作環境，並且將自己的專長所有發揮。進一步說，人一生多半的時間是在工作，加上職涯中轉換跑道對大多數的人來說不僅不容易，也需要勇氣，因此，在學生時代就清楚了解自己未來的方向顯得相當重要。知道方向以後，就知道該如何往那個方向努力，同時，倘若可以在自己喜愛的領域裡工作，即便遭遇一些挫折也可以較輕易的解決生涯危機。

第二部分則是職場中的群我倫理主題，從各個最常見的角度探討工作時的人際互動。最常見的互動對象為上司（上級、老闆、主管）、同事、客戶、部屬（屬下）等，本書都會有專章來針對這些對象進行討論。書中舉例偶以企業作為情境，偶以學校環境作為舉例，同時也提醒同學在尚未有正式的職場經驗時，可以把師長、父母、長輩、學長姐等當作學習臨摹的對象，從中學習群我關係的知識應用。

第三部分則是具備支撐整個職涯發展過程中不可忽視的管理工具，諸如：時間管理、形象管理，以及財富管理議題。其一，一個人在整個生涯中的時間相當有限，卻是唯一人人公平的資源，如何善用時間，將對職涯發展產生巨大的影響。其二，形象管理則是職場人不容忽視的，特別對於新鮮人來說，在進入職場大展身手之前，就得想辦法取得職場門票，倘若只知道充實自己的專業內在，卻忽略了外在的細節，則可能讓潛在雇主與客戶拒絕與你往來，或減少他人願意給你表現的機會，因此個人品牌的建立和形象管理與職涯也有著密不可分的關係。最後，人在職涯打滾除了貢獻所學追求成就以外，還有一個根本的要素：追求經濟滿足。即便擁有滿意的職業、穩定的薪資，一個欠缺財富管理能力的工作者，也可能讓自己的生涯陷入窘困之中。

因此，本書整合三個角度，希望透過這三部分的學習，協助讀者在職涯發展上有較佳的收穫。本書有別於坊間的生涯規劃教科書，並不將重大篇幅放在生涯理論與概念上，避免大學生在閱讀上較難以產生興趣，而減損了學習效果。因此，整合「職涯規劃」、「職場倫理」和「職涯管理工具」三大主軸，希望讓讀者在一本教科書裡可以認識這三個重要領域，開啓他對相關內容的興趣與重視，即便從學校畢業，進入職場後，也可以針對這些主軸持續尋找成長管道。

本書使用的理論與實務

本書希望能以大學生爲主要的讀者群，並作爲教科書角色出發來撰寫。筆者希望這本書能有別於一般艱深難懂、充滿專有名詞和理論的教科書，能夠以簡單易懂的方式來陳述並傳遞所有提到的觀念和相關知識。同時又希望能和市面上聳動的職場系列書籍有所區隔，展現一定程度的知識基礎和理論依據。

因此，作者嘗試著在書中融入自己專長的專業領域（人力資源管理／組織行爲），加上實際的案例，彙整成一本較能吸引大學生，同時能對他們的職涯發展具體產生興趣，進而有所行動的書籍。

本書所使用的理論除了職涯規劃與管理的相關理論以外，亦融合了心理學、社會學、政治學等上游基礎理論知識，若從應用學科來說，下游的管理學、組織行爲學領域裡談論的原則和實務作爲，在本書中都可以找到影子。舉例來說，第 3 章討論和上司的群我關係，有時候爲了爭取某些資源必須透過非正式的管道，這就是政治學理面談的「權力戰術」與「政治行爲」應用；第 6 章談上司與下屬的群我關係，所舉的例子使用大量的「激勵理論」概念；第 8 章談的「形象管理」在過去 10 年是組織行爲領域熱門的研究議題之一，許多研究指出，形象管理最常被應用在應徵者面試階段，透過適度的印象管理可以有效的提高自己的獲職機會以及工作上主管的績效評比。

此外，爲了讓所有的觀念說明更具有說服力和眞實感，本書試著大量舉出筆者自己以及親自聽聞或見到的經驗作爲案例。有時候爲了保護當事人，會將內容做某種程度的轉換，但盡可能維持闡述的精神，故事或案例的目的在於協助讀者了解作者想表達的意涵，而並非在於探知某個機構或個人的八卦。讀者在閱讀本書所舉的例子後，可以經由多觀察發現自己身邊其實也充斥著許多類似的情節和上演著類似的故事，這些自己或他人的故事也都是學習本書議題的絕佳材料。

關於閱讀本書的方法

如同上述所言，此書分三大部分，同時希望讀者能透過三大部分的學習和累積，達到有效的職涯規劃和管理。在閱讀上，如果能夠由第一部分開始循序漸進閱讀自然最佳，但若在生涯規劃已經相當明確且有具體行動者，亦可以不受本書章節設計的方式，自行以感興趣的章節開始閱讀。

爲了讓學生在閱讀此書時，不似一般專業教科書枯燥，盡可能以輕鬆白話的方式來呈現，並把過於專業與理論的內容，以註解方式統一放到該章節最後之處，讀者要是對某特定的專有名詞或觀念想更進一步了解，可以參照註解延伸學習。

此外，一個領域知識及概念的形成是必須透過廣泛閱讀與學習的，因此，本書也盡可能的爲讀者蒐集可以進一步探索的材料，包括書籍、雜誌與電影，置於章節後方的延伸閱讀書籍中，或提供相關推薦說明。所有在本書中提到的書籍名稱或引用書籍內容，都會在該章節後方列出詳細的書目參考資料，供有興趣的讀者進一步參考閱讀。

再者，爲了協助使用此書籍作爲教科書的教師在教學上有更多的發揮空間，本書也提供了部分課後作業或討論問題，以供教師上課使用，或供讀者於閱讀完書籍章節後進一步學習使用。換言之，您可以跳過這些篇幅，或者也可以停留，使用它。

最後，要提醒讀者，職涯規劃與管理，和統計學、社會學等專業學科還是有很大的差距，它沒有標準公式和答案，需要更多個人的思考和價值判斷，因此，本書中使用的任何說明和案例，都僅能作爲前人之經驗參考，而非解答。這是使用本書要格外小心的地方。

目錄

CONTENTS

Part 2　職涯中的群我關係管理

CONTENTS

Part 1
生涯規劃思考與行動

第 1 章

生涯規劃與職涯管理的理論

本章學習重點

1.了解生涯規劃的重要性。

2.了解職涯相關理論知識。

第一節│生涯規劃的意義

■ 未來 5 年的你

你有沒有想過 5 年後的你在做什麼？

很多年前，網路上便流傳一個很有意義的故事，在談創作型歌手李恕權[註1]的生涯發展，真實性有幾分不見有人討論，且已經不重要了，重要的是這個故事傳遞的正面意涵。為了確保讀者知道這個故事，筆者忠實的轉錄全文如下：

1976 年的冬天，當時我 19 歲，在休士頓太空總署的太空梭實驗室裡工作，同時也在總署旁邊的休士頓大學主修電腦。縱然忙於學校、睡眠與工作之間，這幾乎占據了我一天 24 小時的全部時間，但只要有多餘的一分鐘，我總是會把所有的精力放在我的音樂創作上。

我知道寫歌詞不是我的專長，所以在這段日子裡，我處處尋找一位善寫歌詞的搭檔，與我一起合作創作。我認識了一位朋友，她的名字叫凡內芮（Valerie Johnson）。

自從 20 多年前離開德州後，就再也沒聽過她的消息，但是她卻在我事業的起步時，給了我最大的鼓勵。

僅 19 歲的凡內芮在德州的詩詞比賽中，不知得過多少獎牌。她的寫作總是讓我愛不釋手，當時我們的確合寫了許多很好的作品，一直到今天，我仍然認為這些作品充滿了特色與創意。

一個星期六的週末，凡內芮又熱情地邀請我至她家的牧場烤肉。她的家族是德州有名的石油大亨，擁有龐大的牧場。她的家庭雖然極為富有，但她的穿著、所開的車，與她謙卑誠懇待人的態度，更讓我加倍地打從心底佩服她。

　　凡內芮知道我對音樂的執著。然而，面對那遙遠的音樂界及整個美國陌生的唱片市場，我們一點管道都沒有。此時，我們兩個人坐在德州的鄉下，我們哪知道下一步該如何走。突然間，她冒出了一句話：Visualize what you are doing in 5 years？（想像你 5 年後在做什麼？）

　　我愣了一下。她轉過身來，手指著我說：「嘿！告訴我，你心目中『最希望』5 年後的你在做什麼，你那個時候的生活是一個什麼樣子？」

　　我還來不及回答，她又搶著說：「別急，你先仔細想想，完全想好，確定後再說出來。」我沉思了幾分鐘，開始告訴她：

　　第一：5 年後我希望能有一張很受歡迎的唱片在市場上發行，可以得到許多人的肯定。

　　第二：我要住在一個有很多很多音樂的地方，能天天與一些世界一流的樂師一起工作。

　　凡內芮說：「你確定了嗎？」我慢慢穩穩地回答，而且拉了一個很長的 Yessssss！凡內芮接著說：「好，既然你確定了，我們就把這個目標倒算回來。」

　　「如果第 5 年，你要有一張唱片在市場上發行，那麼你的第 4 年一定是要跟一家唱片公司簽上合約。」

　　「那麼你的第 3 年一定是要有一個完整的作品，可以拿給很多很多的唱片公司聽對不對？」

　　「那麼你的第 2 年，一定要有很棒的作品開始錄音了。」

　　「那麼你的第 1 年，就一定要把你所有要準備錄音的作品全部編曲、排練就位並準備好。」

　　「那麼你的第 6 個月，就是要把那些沒有完成的作品修飾好，然後讓你自己可以逐一篩選。」

　　「那麼你的第 1 個月就是要把目前這幾首曲子完工。」

　　「那麼你的第 1 個禮拜就是要先列出一整個清單，排出哪些曲子需要修改，哪些需要完工。」

「好了，我們現在不就已經知道你下個星期一要做什麼了嗎？」凡內芮笑笑地說。

「喔，對了。你還說你 5 年後，要生活在一個有很多音樂的地方，然後與許多一流樂師一起忙、創作，對嗎？」她急忙地補充說。

「如果，你的第 5 年已經與這些人一起工作，那麼你的第 4 年照道理應該有你自己的一個工作室或錄音室。那麼你的第 3 年，可能是先跟這個圈子裡的人在一起工作。那麼你的第 2 年，應該不是住在德州，而是已經住在紐約或是洛杉磯了。」

次年（1977 年），我辭掉了令許多人羨慕的太空總署的工作，離開了休士頓，搬到洛杉磯。

說也奇怪：不敢說是恰好 5 年，但大約可說是第 6 年。1983 年，我的唱片在亞洲開始暢銷起來，我一天 24 小時幾乎全都忙著與一些頂尖的音樂高手，日出日落地一起工作。

每當我在最困惑的時候，我會靜下來問我自己：恕權，5 年後你「最希望」看到你自己在做什麼？

如果，你自己都不知道這個答案的話，你又知何要求別人或上帝為你做選擇或開路呢？

別忘了！在生命中，上帝已經把所有「選擇」的權力交在我們的手上了。

如果，你對你的生命經常在問「為什麼會這樣？為什麼會那樣？」的時候，你不妨試著問一下自己，你曾否很「清清楚楚」地知道你自己要的是什麼？

對於大學生來說，很少有人會主動思考這個問題：5 年後的自己在做什麼？因為，大多數大學生努力念書考進大學，多半忙著新鮮忙碌、多彩多姿的大學生活，所以忘了，或者說不願意去思考這個現實層面的問題。然而，不論是大學生還是已經工作的社會人，都應該經常思考這個問題，

知道自己未來應該做什麼，或者對自己未來某個時間點的工作有所期待，才能夠清楚的規劃眼前應該做什麼。

在臺灣社會中，我們的教育體制和社會文化訓練出來的學生通常不太習慣做太長的思考。當學生時，想的唯有把試考好，上好的大學，至於未來要從事什麼工作？服務哪些對象？貢獻社會哪個領域？倒是其次。也因此，選錯科系者不在少數，拿到學位後入錯行的比例更是媒體經常討論的話題。

倘若社會上的每一個人從不思考生涯規劃問題，最終影響的不是只有個人，還有整體社會的成長和發展。

二 工作與生活的關係

「近八成上班族大嘆入錯行」類似這樣的報導總會不定期的出現在報紙或雜誌上，如同前面所談的，當社會上每個位置上的人多半由不認同自己的工作，或者不怎麼喜愛自己工作的人來擔任，對社會來說，是一種人力的浪費，也限制了社會的發展與進步。

儘管有些人主張工作的時候全心投入，下班的時候不管工作的事，但工作和生活是怎樣也不可能切割的。人可能會在假日時看到一則報導或路邊的場景聯想到與工作有關的事物，在假日的最後一晚還是要調整隔日工作的心情，不可能把工作和生活切割的乾乾淨淨。更何況，在現在的環境下，很少有人可以自由選擇在下班時完全不理會工作上的需求。況且在工作上遇到不如意，或者壓根不認同自己的工作，這些負面的心情會延續到下班後，因此，不管怎麼樣，一個人的工作與生活是不可能分開的，至少在心情上是如此。

就算把幼兒園都算進去，大部分的人一生中也花不到 20 年的時間在學校裡，但卻會在職場上工作至少 20 年、30 年，甚至更久。因此，萬一從事的是自己不喜歡的工作，對一個人來說，其人生也會很辛苦。所以，「做不喜歡的事情特別容易累」，這裡的累是來自心理上的排斥和抗拒，

因爲不喜歡卻不得不做是被動的、不得已而爲之，自然容易心生厭倦。反過來說，假設從事的是自己熱愛的事物，就算身體已經過度勞動，還可能因爲精神上處於亢奮狀態，仍可以繼續工作，樂此不疲。筆者有個學生，按理說他的主要工作是把課業照顧到一定的程度，在不過分缺課的情況下完成學位，但是他對課業的學習怎麼也提不起勁，卻對打鼓很熱衷，他可以整天不吃飯不休息一直在樂器前不斷重複的練習。如果可以把自己熱衷的事情和自己的工作做某種程度的結合，會比從事根本不喜歡的工作快樂許多。

一般人大多是在鬧鐘不斷的催促聲中不情願的起床，開啓一天的工作模式，如果有一種工作會讓自己比設定的鬧鐘更早起，充滿興奮的心情等待工作，那會是什麼樣的工作呢？即使沒有這麼理想，但至少人不應該每天帶著不情願和不得已的心情面對自己的工作。

三 生涯與職涯

生涯與職涯的關係密不可分。在英文裡，最常使用的是「career」這個單字，例如：「career development」、「career planning」或「career management」。但其實 Career 這個英文詞寫成中文時，會發生「生涯」與「職涯」混用的情形。職涯（Career）的早期概念僅指個人生命中的專業面向，後來加入個人、社會及經濟面向的意義。其中，經濟觀點指的是，職涯呈現的是個人專業職位的改變順序，改變的原因是個人接受訓練及專業上的結果；社會學觀點：職涯是指某人在人生中依序扮演的各種角色。因此，不管職涯也好，生涯也好，我們可說當一個人選擇以某一個工作作爲他的職業時，他的決策已經連動影響了他的整個生命歷程。

若從中文字義來看，「生涯」似乎涵蓋的面向比較廣泛，包含了職業成就以及個人生命的成長，因此，在臺灣，如果探討的主題涵蓋較長的人生規劃，通常會使用「生涯」，若想聚焦探討特定階段的人生規劃，或職業的探索與轉換議題，則通常會使用「職涯」。本書以爲，不論哪一種中

文表示法都可行，因爲職業的選擇影響了一個人的生命發展歷程，個人的工作緊密與生活相結合，即便可以完全切割時間爲工作是工作、生活是生活的人，他也無法否認他的工作選擇和結果影響了非工作時間裡的生活方式；而他對生活的態度也必然在工作上產生影響。

第二節 ┃ 職涯發展與職業選擇理論

一 職涯發展的概念

關於職涯，1982 年美國學者蘇珊・西爾絲（Susan Sears）將其定義爲：個人在一生當中的所有工作。在 1989 年，Carl McDaniels 認爲，職涯是個人所有工作活動和自由時間的總和。1994 年，Vernon G. Zunker 認爲職涯發展（Career Development）的概念與職業發展（Occupational/ Vocational Development）類似，也就是在整個工作體系中不斷調整個人的信念、價值、能力、興趣與特質。

1996 年 Edwin L. Herr 和 Stanley H. Cramer 則提出關於職涯最完整的定義：是一種依照個人選擇所產生的獨特現象，是一種動態的結構，橫跨人的一生，而且包含的不只有職業，還包含工作和其他社會角色，像是家庭、社會與休閒。因此，在分析職涯發展的可能時，我們必須要同時考量個人的心理、教育、經濟層面因素，而非僅就單一面向思考。

二 職涯發展的步驟

職涯發展是一種持續不斷學習的過程，並非在找到適合自己的工作就終止。人們可以在整個生命過程中，不斷的進行自我發現、研究當下的工作，進行調整，改變目標。

圖 1-1 完整的展現個人生涯規劃的歷程，包括以下幾個階段：

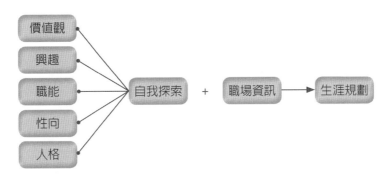

│圖 1-1　生涯規劃的歷程

　　1. 蒐集個人資訊，包括自己的興趣、價值觀、擁有的技能、性向、人格特質、個人偏好、對生涯的需求、期望扮演的角色等。

　　2. 蒐集關於現有職業、產業，以及就業市場及環境的資訊，透過詢問、大眾媒體、網路搜尋等方式。

　　3. 評估後下決定，利用客觀的評估工具進行分析，列出所有可能的方案，選擇願意嘗試的方向。

　　4. 設定明確的目標，以及實踐的行動計畫。

　　如果用更進一步的圖示來說明，Robin Swain 利用下圖 1-2 提出了大學生生涯規劃模式。個人、工作，以及環境是三個重要的決定因素，會對生涯規劃產生交互的影響。

　　這些年來，由於職涯發展受到廣大的重視，因此，美國發展出一套全球通行的認證制度，訓練具備職涯諮詢能力的人才，為個人及團體進行職涯發展的諮詢服務（註2），這些人才可能散落在學校、公司組織、政府及非營利機構中。

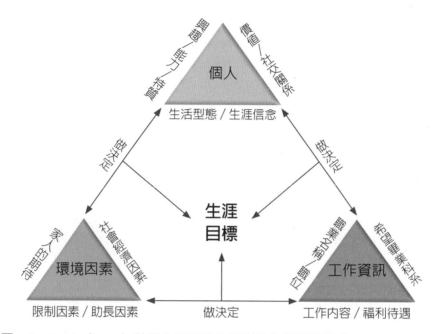

興趣 / 態度 / 價值觀　價值 / 社交關係

探索　做決定

個人

生活型態 / 生涯信念

社會經濟因素　個人的潛在因素

生涯
目標

尋找職業　相關職業系統

環境因素　工作資訊

限制因素 / 助長因素　做決定　工作內容 / 福利待遇

▍**圖 1-2**　Swain（1984）針對大學院校生提出的生涯規劃模式

資料來源：Swain, R. (1984). Easing the Transition: A Career Planning Course for College Students, *The Personnel and Guidance Journal, 62*(9), 529-532.

三 Super 的生涯發展階段理論

　　生涯發展階段理論（Life-Career Rainbow/Lifespan Development Theory）由美國學者 Donald E. Super 提出，Super 是知名的職涯發展學家，他認為生涯發展是一個連續的過程，從出生的那一刻就開始，直到死亡而結束。他將人的生涯發展分為五個階段（圖 1-3）：

　　1. **成長階段（約 4-14 歲）**：兒童對重要他人認同並與其發生交互作用，促發了自我概念。需要與幻想為此一時期最主要的特徵，隨年齡增長，社會參與及現實考驗逐漸增加，興趣與能力亦逐漸重要。本階段可再細分為幻想期（4-10 歲）、興趣期（11-12 歲）、能力期（13-14 歲）。發展任務為形成自我形象，產生對工作世界的正確態度及了解工作的意義。

不同人生階段的任務發展與循環

在不同的發展階段，有相應的任務特徵。但由於環境變化或個人特質，這些階段沒有一定順序，也與年齡沒有直接關係。例如，一位 45 歲的工作者理應進入「建立階段」，但若他學會一項新技能而決定換跑道。便會回到「探索階段」，尋找適合的工作。這種現象稱之為循環和再循環（或迷你循環）。

發展階段	年齡			
	15-24 歲 探索階段	25-44 歲 建立階段	45-64 歲 維持階段	65 歲後 衰退階段
衰退階段	減少從事嗜好的時間	減少運動的參與	專注於必要的活動	減少工作時數
維持階段	確認目前職業選擇	使職位安定	在競爭中維持自我穩定	持續做喜歡做的事
建立階段	開始在選擇的領域工作	在一個永久職位安定下來	發展新技能	做想要做的事
探索階段	對如何掌握機會有更多學習	找機會做想做的工作	確認要解決的新問題	找到好的退休地點
成長階段	發展務實的自我觀點	與別人建立關係	接受自己的極限	發展並重視非職業的角色

圖 1-3 Super 的生涯發展階段理論

資料來源：http://www.careers.govt.nz/educators-practitioners/career-practice/career-theory-models/supers-theory/

2. **探索階段（約 15-24 歲）**：在學校、休閒活動及各種工作經驗中，進行自我探索、角色試探及職業探索，可分為試探期（15-17 歲）、過渡期（18-21 歲）、試驗及初作承諾（22-24 歲），發展任務是在使職業偏好從具體化、特殊化到能實現。

3. **建立階段（25-44 歲）**：尋求適當的職業領域，逐步建立穩固的職業地位，工作可能會變遷，慢慢地走到最具創意、表現優良的時期，發展

任務爲統整、穩固並求上進。

4. **維持階段（45-64 歲）**：逐漸取得相當地位，重點在如何維持地位，較少新意，需要面對新進人員的挑戰，其發展任務在維持既有的地位與成就。

5. **衰退階段（65 歲以後）**：身心狀況衰退，原工作停止、發展不同方式以滿足需要，發展任務特徵爲減速、解脫、退休。

在不同的生涯階段中，個人會扮演著不同的角色，Super 把這種角色的觀念結合生涯發展的關聯，發展了生涯彩虹圖（圖 1-4），個人可以藉由繪製自己的生涯彩虹圖更加認識自我在各個角色的扮演，理解自己的生涯發展情形。

生涯彩虹圖：人生是多重角色的組合

1980 年代，美國知名生涯發展學者唐納‧舒伯（Donald Super）發現，人所扮演的身分角色影響人生每個階段的心態與行動，據此畫出「生涯彩虹圖」（Life-Career Rainbow）：不同的角色就像彩虹的不同顏色，橫跨人的一生，內圈呈現凹凸不平、長短不一，代表在該年齡階段不同角色的分量。

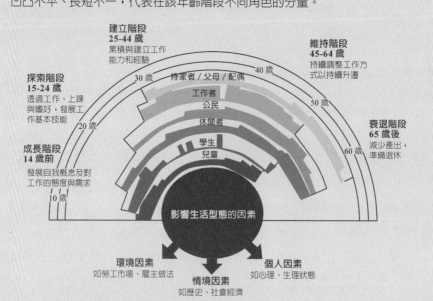

建立階段
25-44 歲
累積與建立工作
能力和經驗

維持階段
45-64 歲
持續調整工作方
式以持續升遷

探索階段
15-24 歲
透過工作、上課
與嗜好，發展工
作基本技能

衰退階段
65 歲後
減少產出，
準備退休

成長階段
14 歲前
發展自我概念及對
工作的態度與需求

30 歲　持家者／父母／配偶　40 歲
工作者
公民
休閒者
學生
兒童
20 歲　　　50 歲
10 歲　　　60 歲

影響生活型態的因素

環境因素
如勞工市場、雇主做法

個人因素
如心理、生理狀態

情境因素
如歷史、社會經濟

▎圖 1-4　生涯彩虹圖

四 Eli Ginzberg 的生涯發展階段理論

Eli Ginzberg 的研究重點則聚焦在童年到青少年階段的生涯發展歷程，他是首位以「發展性」為分析角度來探討職業選擇的心理學家。他主張，職業選擇本身是一個心理發展的過程，在不同的階段可能會發生轉變，那是因為人們的生活與工作是共存的，使得人會不斷的評估如何找到自己最適合的職業。Ginzberg 認為，在正式踏入成年以前，人對職業的選擇心理發展包含以下三個階段：

1. **幻想階段（fantasy）**：11 歲以前的童年階段。這時期對於職業的選擇是始於具有玩樂性質的工作類型。

2. **嘗試階段（tentative）**：11 歲到 17 歲的青少年初期。這時期則會開始注意並開始培養自己的興趣，同時留意自己有哪些特殊能力或專長，並且開始運用這些專長在相關的職業活動上，此外，也會思考從事某個職業會產生哪些價值，也會對職業開始產生價值判斷。

3. **現實階段（realistic）**：17 歲至成人初期則開始實際接觸工作，並慢慢進行探索，也開始把注意力聚焦在某些特定類型的職業，當具體化自己的職業方向時，便會開始進入專業訓練階段。

五 Edgar Schein 職業錨理論

任教於美國麻省理工大學史隆商學院的教授 Edgar H. Schein 針對超過 40 名的商學碩士畢業生，進行了長達 12 年的職業生涯追蹤研究，提出了「職業錨」（Career Anchors）理論。職業錨理論主張個人在尋找職業的過程是根據自己的需要、動機和價值觀，加上不斷累積的工作經驗，不停的自我探索後，才能尋求一個穩定的職業。

舉例來說，有些人可能已經工作一段時間，職業本身社會評價很高，但個人卻對該份工作感到倦怠，或者無法從工作中得到成就感或感受熱情，甚至會懷疑該份工作是否適合自己，或者是不是自己想要的。這就

是人們在職涯中進行「錨定」的過程。正因為累積了工作資歷，所以可以透過自我檢討來評價自己的能力、動機、價值觀，是不是與當下的職業契合，因此，職業錨可以說是個人自我發展的過程，讓自己找到並選定一個能夠某種程度結合動機、能力和價值觀的穩定職業。

職業錨經過不斷的研究，目前有以下幾個類型：

1. **技術型／功能型**（**Technical/Functional competence**）：這種類型的人，喜歡追求技術的提升，並尋找應用這些技術的機會。他們的自我認同來自他們的專業技術水準，也喜歡面對專業挑戰，但不喜歡從事行政或管理工作。

2. **管理型**（**General Managerial Competence**）：管理型的人追求並致力於職位晉升，喜歡進行整合或分配的工作，同時也願意承擔較重的責任。他們可能同時會維持一定技術水準，當他認為技術可以讓他獲得更高職位時。

3. **自主／獨立型**（**Autonomy/Independence**）：這類型的人重視自由，喜歡隨心所欲安排自己的工作和生活方式。尋找可以發揮個人能力的工作環境，不喜歡在有過多限制和約束的組織工作。

4. **安全／穩定型**（**Security/Stability**）：這類型的人追求安全感與穩定性。尤其和財務有關的安全，他們很在意組織財務健全以及自己是否有足夠的退休金。

5. **創業型**（**Entrepreneurial Creativity**）：創業型的人希望可以運用自己的能力去創建屬於自己的公司，愛冒險，也有承擔風險的心理素質。他們喜歡向社會證明自己的能力，即便他們還是受薪階級員工，但總是在學習並評估未來獨立門戶的機會。

6. **服務型**（**Service Dedication to a Cause**）：服務型的人總是在追求他們認定的價值觀，例如：幫助他人，改善人們生活等等。

7. **挑戰型**（**Pure Challenge**）：挑戰型的人喜歡解決看起來不容易解決的問題，喜歡挑戰困難度高的任務等。如果工作太過簡單，他們很容易

感到疲倦。

8. **生活型（Lifestyle）**：生活型的人喜歡那種可以同時讓自己的生活、家庭和工作達到平衡狀態的工作環境。

六 職涯選擇理論

（一）John Holland 的職業性向理論

目前職涯選擇理論中最有名的當屬於美國霍普金斯大學心理學教授John Holland 提出的職業性向理論，他認為每個人的人格特質不同、興趣也迴異，而這些卻與職業有很大的關聯，只有這彼此之間存在關聯性時，才能夠在工作上有好的發揮。John Holland 認為大多數的人可區分為六種類型：實用型（R, realistic）、研究型（I, investigative）、藝術型（A, artistic）、社會型（S, social）、企業型（E, enterprising）及事務型（C, conventional）。並進一步組合發展出興趣代碼（Holland Code），根據這個代碼有對應的建議職務或職業（圖 1-5、表 1-1）。

▌圖 1-5 Holland 職業代碼六邊形

17

⌗表 1-1　Holland 職業六類型

類型	特點	性格特質	適合職業例子
現實型（Realistic）	偏好實際的技術操作	踏實、沉穩、實際、循規蹈矩、不善交際	機械操作人員、工程人員、製造業人員、農業
研究型（Investigative）	偏好思考、組織的活動	好奇、獨立、分析、創意	實驗室人員、科學研究人員
社會型（Social）	偏好協助他人、為他人服務的活動	親切、合群、善解人意	社會服務、教育工作、醫療工作
事務型（Conventional）	偏好按計畫、受他人指揮的活動	服從、講求效率、實際、缺乏彈性	行政人員、會計人員、祕書
企業型（Enterprising）	偏好以言語交流、顯露自己才能的活動	自信、野心、充滿活力、好權力	商人、政府官員、律師、公共關係人員
藝術型（Artistic）	偏好以藝術性、創新性的途徑表現自己的才能	創新、具想像力、理想性、情緒化	藝術創作、設計師

臺灣目前有許多學生都會在高中時期，進行由大學入學考試中心發行的興趣量表測試，高中老師們並依此輔導同學選擇科系。而這個興趣量表便源自於 John Holland 的量表，並且臺灣的教育部將相關的內容結合開發的 UCAN（大學生就業職能平臺）系統，協助大學生進行就業選擇與職涯發展[註3]。

（二）社會學習理論（Social Learning Theory）

社會學習理論是 Albert Bandura 所提出，John D. Krumboltz 將此一理論應用在生涯輔導的領域，探討個人在進行職涯決策的影響因素。Krumboltz 認為，既然一個人的行為是可以透過不斷的學習和模仿而來，那麼，人們在尋找自己的職涯或者建立自己職涯路徑時，也是透過學習他

人，或者受到旁人的影響來進行自己的職涯決策。

John D. Krumboltz 根據社會學習理論的內涵，提出四個影響職涯選擇的因素：

1. **遺傳天賦及特殊能力（genetic inheritance and special skills）**：包括種族、外貌、性別、智力、肌肉協調，以及特殊才能等。比方說，有些職業必須要由男性或女性來擔任較爲合適；當身高不夠時，也可能會限制無法取得某些職業，例如：需要置放高度物品的空服員或者職籃球員都需要有身高限制；某些需要第一線面對顧客，同時服務的內容又是需要外表條件的工作，可能也會對外貌有所要求，例如：銷售保養品及化妝品的服務員，或者銀行櫃檯行員等。而某些職業則需要特殊技能才能夠勝任，像是馬戲團的表演者。這些因素都可能限制人們對職業的選擇。

2. **環境情境及重要事件（environmental conditions）**：通常是指個人不見得能掌握的一些特殊或偶發情境，可能來自社會、教育、職場環境、就業市場，以及家庭環境等。例如：當家族成員中有人從事某個職業時，可能影響其他的成員也投入相關職業；社會或市場上發生的偶發事件，也可能影響個人去從事某項職業，或者排斥從事某項職業。

3. **學習經驗（Learning experiences）**：包括工具性的學習經驗及聯結性的學習經驗，皆會對個人的職涯選擇產生影響。前者是指經由自己對某些事件的反應、他人的反應，以及一些可以直接觀察而得的學習經驗，換言之，這些經驗是具有主動性的。後者則是指，某些事件的發生原本並非刻意去創造，甚至事件發生的當下，個人也未感受到學習效果，而是又經由其他的聯結或刺激後，讓該事件帶來學習經驗。筆者有位長輩朋友，年輕時從事過一些與兒童服務相關的志工以及學習活動，後來這些經驗成就了他歷經各種工作後，開展事業的寶貴資產，讓他可以在投入與兒童教育相關的產業後一鳴驚人。

4. **解決問題的能力（abilities to solve working tasks）**：包括問題解決能力、工作習慣、價值觀念、個人對工作表現標準的設定、認知的過

程、心理特質,以及情緒上的反應等等。這些能力也影響了一個人進行職涯管理時的決策。

第三節 | 有效的職涯管理

一、職業與興趣的關係

誠如上面提到的,幾乎臺灣的大學生在高中時,便接受過學校安排的職業興趣量表測驗,該量表的提供單位為大學入學考試中心。透過那個測驗知道自己的興趣所在,以及對應的可能職業為何。學校教師便會以該測驗所產生的結果,輔導學生挑選自己適合的科系選填志願。

其實大學入學考試中心的興趣量表根源就是知名的 John Holland 職涯分類,並且來自原始量表修編而來。John Holland 的職業興趣理論是個相當有名的理論,John Holland 可以說是職涯理論領域的大老級人物,同時是美國知名的職業諮詢專家。他認為一個人的職業選擇並非偶發事件,是人們經由過去的經驗,加上人格特質所組合出來的結果,因此通常每個職業都會吸引具有相似經驗和人格特質的人。同時,John Holland 並認為當一個人的工作選擇能和興趣與特質結合時才可能創造出比較佳的結果。這個量表總共 198 題,經由填答後便可以計算出六類型(參考圖 1-5)的個別分數,受測者根據在六個類別的分數找出最高的三類,按高低順序排成了自己專有的三碼,又稱之為 Holland 職業代碼(Holland Code),並透過三碼對應的職業類型,尋找自己適合的職業名稱。雖然各高中經常會協助學生進行相關測驗,但測驗結束回到模擬考試時,還是隱形的誘導學生選擇未必適合他們興趣的科系,或者說家長和學生本身也逃不過所謂現實的考量。

二、有什麼做什麼？

在許多社會文化背景下，人們選擇自己的職業通常是按照以下的邏輯（圖 1-6）：

從小很會念書，就一直朝升學的路前進，選擇念普通高中，考大學，念書念得差的考高職、技術學院。數學科目念得好的，便選擇自然組，念不好的不管文科好不好，感不感興趣就是選社會組，等到考大學時，也是按照自己的分數高低由上往下填志願，雖說近幾年國內教育界不斷呼籲高中生要選系不選校，但是真正能夠做到的人少之又少，能夠說服自己，也不見得說服得了父母親，對於分數處於上不上下不下的考生來說更是難以抉擇。因此，造成了社會上普遍的現象便是：我們看到的眾人職業可以說都是考試分數決定的結果，多數人都不是因為對自己的職業有所憧憬，懷抱著偉大的抱負而來。

會造成這樣的情形，除了考試主義造成以外，還有一個基礎環境造成的原因是：這個社會並沒有提供年輕人充足的職業資訊。白話來說，從小到大，我們接觸到的職業非常有限，多半是從身邊長輩、電視媒體、故事書籍認識各種行業。而且社會文化充斥的意識是凡事以勞力為主的行業就是比較不受鼓勵的工作，永遠只有醫師和律師是地位和經濟最受推崇的行業，並且鼓勵年輕人尋求老師作為穩定生涯的職業，避免他們從事更需要創造性和藝術文化創造的工作。一個社會要能夠運轉良好，需要各個領域的人才一起貢獻才能夠成就一個健全發展的社會。

圖 1-6　現今社會職業選擇邏輯

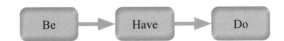

圖 1-7　理想的職業選擇邏輯

　　如果因為一個人在某個能力上很強，就讓他從事那項工作，從專業的角度來看或許很理想，但不能忘了，人是情感的生物，工作是長期的行為，並且與生活分不開，若工作本身是自己不感興趣的事，那麼就算短期內可以有不錯的表現，長期下來對從事工作者本身是一種傷害。筆者有位朋友便是典型的從小成績優秀，高中考上第一志願，大學自然也是進入最高學府，一路順遂，臺大法律系畢業當年便考取律師執照，便順理成章的進入律師事務所上班，直到有一天，他突然發現這份工作他實在做不下去了，因為律師這份工作等於是事後幫人擦屁股，而且根據職業倫理，即便是犯罪者你也必須為他辯護，並讓他的刑責最低，而且就算幫受害方辯護成功，其實對方所受的傷害依然存在。他發現他對這樣的工作實在無法再投入，毅然決然離開這個人人稱羨的工作，重新尋找一份用其他方式同樣可以幫助別人的高薪工作。

　　之所以會有這樣的案例，便是因為這個社會不鼓勵我們從自己的內在需求或天賦去探尋我們的職業，而是從成績來為我們決定。或許我們很難在短時間內改變社會的整體價值觀，但每個人可以嘗試由自己做起，先藉由探詢自己的興趣、價值觀、人格特質與天賦，了解自己想從事的職業應具備哪些條件，在可以建立並累積這些條件與能力的前提下，進行這樣的職涯選擇，並透過職涯規劃讓自己因為具體行動而達到目標（圖 1-7）。

三 有意願、有興趣，不代表你就應該做

　　這個章節在提醒讀者興趣和意願對於所從事工作的重要性，但不意味著，只有意願和興趣，就表示可以去從事某個工作。好比，你很有興趣以職棒作為生涯發展，有意願成為美國大聯盟職棒選手，和「你可以」成為

大聯盟選手是完全不同的兩回事。因此，專業能力還是很重要的，因此，有了方向，接下來的努力更重要。成為大聯盟選手的困難度原本就相當高，但除了少數的職業以外，大多數的工作都是可以透過學習獲得相對應的能力。

有方向一定比沒有方向好，當你有意願當大聯盟選手，就算現實無法達成，至少在你人生很前面的階段你就去除這個可能性，轉而專心的追求下一個目標。總比到了 50 歲還在不切實際念念不忘大聯盟的草地來的好。有一部電影《Morning Glory》（譯名麻辣女強人）裡面有一段母親對女兒講的話：「如果妳 8 歲時說妳有夢想，大家會說妳很天真可愛；如果 18 歲時說妳有夢想會覺得妳很勇敢；但 28 歲時還有夢想，只會覺得妳很愚蠢。」（原文為 You had a dream, that was great. When you were eight, it was adorable. When you were eighteen, it was inspiring. At twenty-eight, it's embarrassing）希望正在看這本書的你都是 18 歲上下的讀者，表示你還有機會減少一些生涯路途上的錯誤。

《今天》的作者郝廣才在書中提到了一個很具創見的故事[註4]，1986 年 1 月，美國太空總署原本規劃好要發射太空梭，但是有一名來自推進器承包商的工程師主張應該要延期，因為當時的氣溫過低，有可能讓某個關鍵零件裂開而引發爆炸。可是，當時的太空總署負責人不想延期，只因為當次的太空人組員中有一名代表全國人民的公民參與這次任務，具有新聞性效果，原本就已經延期數日，太空總署擔心，再延誤下去會對形象造成影響，於是，決策者們就在「專家積極主張不會成功的情況下繼續往前」。據說，隔天的發射還比原定時間拖延了好一會，因為要除冰，可見得當天氣溫有多低。於是乎，太空梭升空 73 秒後就爆炸解體，7 名太空人，包括那位引來媒體關注的公民，全部喪生。因此，有時候，我們知道某些事做不到反而是幸福的，或許會有一些遺憾或難過，但是，至少我們有判別做不到的能力，讓我們盡快的將這些時間拿來追求其他更多的可能。

四 「速不速配」很重要

管理領域有一個專有名詞叫做「P-J Fit」，全文為 Person-Job Fit，中文就稱為個人與工作適配性，望文生義也曉得講的是當一個人的人格特質也好、價值觀也好、本身的條件也好，如果和某個工作被完成所需要的很符合，那麼我們可以預期這個人可以做得不錯，這個工作的產出可以被期待，如果組織內的每個工作都由 P-J Fit 高的人來負責，應該會很美好。

做任何事，Fit 很重要，如果領導一萬個員工的董事長每天開著破爛的國產車上班，有可能非但無法贏得節儉不自肥的美名，還可能落得虛假的評語。如果因為家裡富有，每天開著賓士車上課的大學生，也同樣會為自己帶來某些不必要的誤會與困擾。如果今天是要向客戶或老師進行一場專業的企畫簡報，應該也不會有人穿著誇張的晚禮服上臺。

五 生涯規劃的第一步

生涯規劃的第一步，就是確認你自己現在是不是在對的路上。

如果你是一個上班族，清醒的大半時間可能都會花在工作上，假使不能在工作中找到幸福，那麼你又要到哪裡去尋求快樂呢？身為一個大學生，清醒的大半時間不是上課，就是做報告、準備考試，如果不能喜歡這件事情或者不喜歡這個領域，那，何不早早離開。

在學校裡，筆者除了教學還擔任導師工作，在導生們進到大學第一年，筆者就發現有少數幾位學生很清楚自己不喜歡所就讀的領域。曾經，有一位女學生的興趣在廣電，和系上的專業領域差距甚遠，學校其他科系裡也找不到能夠提供她部分廣電專業的資源，唯一一途只有重考。然而，等到她下定決心願意做這個嘗試時，距離聯考只剩下不到半年的時間，雖無法考上國立大學廣電系，至少考取了另一間歷史悠久，以廣電聞名的私立大學，在這過程中，不僅要能夠有很大的決心，還要想辦法說服只希望自己留在國立大學的父母，這相當不容易。就算從國立大學換到私立大學就讀，就算原本的同學都將比自己早一年畢業，但是自己的人生方向正在

往清楚的目標前進，這些損失在未來某個時間點往前看，都不會是什麼問題的，反倒是當年要是不這麼做，那麼以後想要改變就更難了。

人生如果走錯了方向，停止就是進步。

六 選對路，就已經取得職場生存的入場券

當你選對適合自己的人生方向時，基本上，職場生存這件事情就已經有了基本的能力。

人一生大部分的年歲都在工作，大部分醒著的時候也在工作，如果選了一個自己壓根不愛，甚至排斥的工作，卻因為投入所以不想放掉的心態而做一輩子，是很可悲的。換言之，當你從事一份有意願，甚至有熱情的工作，即便在職場上遭逢不順利，不論在推展業務上受客戶的氣，還是在主管面前要低聲下氣，還是被同事排擠，按理都會比從事自己根本就不想做的工作來得容易尋求出口。況且，如果是從事自己喜歡的工作，因為熱情帶來的積極本身就已經降低了上述職場不順利的可能性。

圖 1-8、1-9 分別表示一般人從出生到死亡過程，可能歷經的人生和年限，以及一個成年人一般來說一天的時間安排。從圖中可以很清楚的看到，上班與工作幾乎占據了一個人大部分的人生。因此，當我們選錯了職涯，就等於把自己賠盡了大部分的人生。

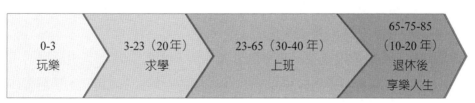

| 0-3
玩樂 | 3-23（20年）
求學 | 23-65（30-40年）
上班 | 65-75-85
（10-20年）
退休後
享樂人生 |

▌圖 1-8　從出生到死亡的主要生活內容

| 0-7
睡覺 | 7-18
上班 | 18-22
幸運的話就有
這些屬於自己
的時間 | 22-24
準備
睡覺 |

▌圖 1-9　成年人一天 24 小時的時間安排

七 你應該向誰諮詢

　　一般而言，子女的職業受父母的影響最大。很多子女從小耳濡目染父母親的工作，受到吸引，或者因為長期處於相關的資源中，自然而然形成：如果我從事這樣的工作很順理成章，也可以有很多庇蔭，長大後便從事相關的工作。在考量興趣和人格特質相符的情況下，子女和父母從事同樣的工作是一種幸福。但倘若是相反的情況，卻要勉強自己繼承父母衣缽，可就不是一件有趣的事。

　　在生涯規劃上可以請教的對象，父母親絕對是很重要的對象，至少他們可以衷心提供他們自己的工作經驗、自己進行生涯選擇的經驗來供子女參考。但是只有聽從父母的意見是不夠的，父母會站在保護的角度希望自己的孩子未來過得安穩，過得順利，因此經常無法提出理性的意見。筆者在師範背景的學校任教，經常遇到背負父母要求把老師當作志業而來就讀的學生，在這些學生中，有些人壓根就不喜歡當老師，有些人甚至不喜歡和小孩相處，有些人甚至沒有擔任小學教師應具備的基礎條件。如果無條件接受父母的想法，而去選擇自己的職業，不僅對自己整個生涯會產生負面的影響，也會影響社會上其他的人。

　　現在各大學都相當重視學生的就業發展，因此一定會有相對應的單位，例如：就業輔導室，提供很多的資源來協助學生認識自我、了解工作性向、協助可能的職業分析，甚至提供實習的管道來讓學生試探性的確認自己的興趣所在。並且學校也會經常舉辦各式各樣的就業活動，例如：學

長姐座談會、就業說明講座等，透過多聽多參與這些活動，就算不能馬上清楚自己未來的方向，至少可以知道哪邊有更多的資源可以提供更多的相關訊息。

但筆者個人認為，學校的資源雖然珍貴，應該好好運用以外，自己更應該跨出學校的範圍，向外界的人士諮詢。好在現在的社會，和不認識的人溝通遠比以前還要容易得多，透過網路的媒介，我們可以輕易地連結外面的人，向他們請教。例如：有學生對人力資源的工作很感興趣，但身邊不見得有人從事相關的工作，無法請教具體工作的內容和所需的人格特質及其他條件為何。但若能夠有從事這個行業的人給自己建議，會更加有建設性且具體實在，於是學生可以上網發現有很多從事人力資源工作者推出了自己的部落格及粉絲團，分享自己的工作經驗，這些人通常很樂於與人分享，自然也樂於回答問題，因此，利用網路的管道輕易地便可以向這些行業裡的專家和經驗者請教，從這裡所取得的意見價值性可能更高。

比較麻煩的是，對於一點都不知道未來要做什麼的人，就算網路上有一堆資源，這些資源與自己都沒有關係。

而不知道未來要做什麼的人有兩大類型，一種是：不確定自己適合做哪一種工作才好；另外一種則是：做什麼事情他都不感興趣。如果是前者，會比較好處理。根據觀察，大多數的學生是屬於這種類型，因為不清楚自己做什麼比較合適，對未來感到不安，除了向外尋求意見諮詢以外，最佳的方式便是多方的去嘗試各種類型的工作，再從這些嘗試的經驗中去篩選未來可能的工作。

例如：很多學生對公職有很多憧憬，但又不確定自己適合，便可以參與公務機構的暑期實習機會來確認自己是否適合公職環境；倘若對某一種類型的工作感興趣，都可以透過尋求親友的協助，到類似的環境中工讀，甚至以支付費用的方式進行見習[註5]也可以，雖然無薪實習或付費實習可能會因為企業操作不當引發許多社會爭議[註6]，但對於個別有需求的學生來說，目的便在於透過實際現場的接觸，來確認工作內容和方式，是

否與自己的興趣和個性相符，早一步對工作有完整的認識，對整體職涯發展有較好的幫助。

八 你在對的人生道路上嗎？

這本書的第 1 章是在引導你「思考你目前所處的狀況」，你是不是在對的人生道路上？你是不是朝向對的方向？也就是所謂的人生盤點。這裡所謂的「對」沒有標準答案，有可能今天認為的對不見得 10 年後它是對的，但至少必須是仔細的思考，詢問過自己內心想法後的正確決策。

在華人的社會底下，萬般皆下品惟有讀書高，因此每個家長都希望自己的小孩在學業上不斷追求高分，因此形成一種現象：高中時成績好的挑自然組，大學聯考分數高的選醫學系，社會組中成績最好的則是唸法律。然而，當醫生除了要有聰明的頭腦以外，也需要具備其他不見得是成績可以反應的能力。律師、社工師、企業經理人、老師、銀行員……全部一樣，要把這份工作做好所需要的能力不能只看專業素養的分數。久而久之形成一種社會中的「彼得現象」，亦即社會上大多數的工作由不適任的人來擔任。這裡的不適任並不是從事工作者把工作做爛，而是，如果這份工作由「有適切能力」加上「有高度意願」的人來從事，所能發揮的效果應該更佳。

新聞媒體經常喜歡公布「七成的上班族認為自己入錯行」這種聳動的標題來提高點閱率或購買率，或許這是個可以關注的議題，但媒體通常也沒有提出具體解決方案，感覺上任何不幸反而都是媒體的生存機會。對於個人來說，如果可以早一步，例如：在學生時代，而非成為上班族，就可以發現自己好像在錯誤的路上，那麼，「停止也會是一種進步」。

有部分的大一學生，在向大學註冊報到時，同時已經開始準備轉系、轉學考，甚至重考的讀書計畫。至少看得出這些人「有點」知道自己要什麼。但更多的大學生是抱著不知為何而來，也不知自己準備學些什麼，進到大學裡面，名義上繳了很高的學費，但花更多國家教育資源拿一

個不見得有意義的畢業證書。

很多學生喜歡問：「可是我眞的不知道我喜歡做什麼？」

坦白來說，一個接近成人的人不知道自己喜歡做什麼，是整個國家、社會、學校和家庭的失敗，表示學生成長過程並沒有人去引導他認識這個社會，認識自我在社會上的價值，也沒有讓他有機會對各種工作有接觸。

現在的資訊已經不是爆炸可以形容，但在資訊輕易可以取得的時代，年輕人通常不知道如何善用這些資源。例如：你可能一天花好幾個小時的時間在滑著認識與不太認識的人的動態，但你卻不願意花 10 分鐘時間閱讀部落客有深度的文章。

不管我們在大學階段就讀什麼科系，不管我們畢業後要不要繼續深造，最終，人都還是要回到社會上服務，換句話說，就是「工作」，就算你家裡家財萬貫，通常你老子還是會要你學著做點事吧，要是不想繼承家裡的事業可能也未必有錢來創業，因此還是回到「工作」。因此，筆者通常建議學生，閉著眼想看看以下問題，不閉著眼睛也可以，拿一枝筆把以下問題你的想法寫在白紙上：

我以後要靠賣什麼賺錢？
我以後要靠做什麼事賺錢？
我希望以後的生活模式爲何？

之所以要閉上眼睛，是因爲畫面最有感覺，你可以借用你看過的哪個電視劇的場景去想像一下，幾點時鬧鐘響起，你穿上什麼樣子的服裝，拎著什麼款式的包包，用什麼樣的心情（鏡頭會帶到表情，足以反映心情）走出家門，又踏入哪棟建築，和誰一起工作，說哪些話、做哪些事……

你喜歡什麼樣的工作型態、工作內容、工作環境、工作要求、工作對象、工作地點，一旦有點畫面，就比較清楚知道自己的生涯偏好。

這些問題可以放在心上：

你未來想在哪個城市、哪個國家工作？
你想要每天工作的地方都一不一樣？
你喜歡面對人群、經常與人互動的工作嗎？

不過，即便是這些問題的思考都離未來要從事什麼工作有很遠的距離，現代的職業已經產生很大的變化，工作的種類相當多，很多工作無法用一個頭銜可以解釋清楚。因此，最好的方式是「接觸」它。最簡單且具體的作法是，把在網路上廢掉的時間抽一小部分做以下的事：

上人力銀行網站隨意看看職缺廣告
上國家與職業工作相關單位網站隨意瀏覽最新消息
上各大電子報入口網的職涯專頁看新聞
上批批踢職業或求才版讀 po 文

這樣的用意很簡單，讓你對這社會上有哪些職業和工作有所了解，有較多的概念，如果碰到沒聽過的工作要是有興趣，可以去查去問，就算和你人生最終無關也長了知識。再說，世間沒有無用的知識，只有會不會用的人。

總算會有一、二個職業或工作讓你有感覺，便可以開始去想辦法透過各種管道認識這個領域的人，例如：老師、畢業的學長姐、親戚、網路上的路人，甚至請上述這些人再幫你介紹。如果你聽過「六度分隔理論」，你就應該知道要認識人沒有你想的困難。找到這些人，虛心向他們請教從事這份工作必備的條件和能力，甚至這分工作的具體內容和挑戰。分析這些內容之後，下一步就是和這些工作進行「實際接觸」，最理想的狀況便是「實習」，然而，成為特定公司特定部門的實習生並非很容易，若真不

行，可以嘗試從類似或相關工作內容和條件的工作，或者有高度關聯的工作進行。例如：你對「企劃」工作有興趣，想去確認看看自己是不是真的要把這個工作當作長期職涯發展，卻因為市面上沒有企劃工讀或實習的缺額，也可以嘗試擔任「業務助理」工作，因為好的企劃要能被執行，因此在參與業務工作過程中，你也可以學習到企劃應該怎麼做才能讓業務工作更有效率，此外，也可以透過業務和企劃互動的過程了解企畫的實際工作內容，即便你無法親自參與其中。

這個確認的時間沒有標準答案，很多人花一生的時間都在確認這件事。但大體上按照這個程序，即便最後你從事的是其他的工作，至少你獲得很多好處，其中最重要的就是你學會思考與自我決策的能力。這是不管從事什麼工作都很需要的。

當你心中有方向以後，你就會不太容易浪費時間，比較知道應該要做些什麼事才能幫助你達到你想要的目標。

九 不管什麼時候，停止反而是一種前進

這裡分享兩個實際案例。第一個是「將作設計公司」的負責人張成一先生，大學就讀建築系，在那個年代沒有室內設計這個職業，至少是不流行的，於是張先生先是順理成章的考了建築師執照，再來因為不知道要做什麼就考了公職，在臺北市建管處工作，一做就是十來年，做到主管職位月薪十多萬，不僅「學有所用」，收入高而穩定，按理繼續平穩做到退休等著領月退俸，這不是很多人心嚮往之的嗎？然而，張先生發現自己在創造工作收入的同時是在不斷的以拆除他人的幸福作為基礎，雖然是他的工作職責，卻也讓他對工作的意義產生巨大質疑。於是，違反一般常人的作法，他毅然決然離職，並自己開創了一家室內設計師事務所，除了透過過去所學的專業，以及工作累積的相關經驗外，張先生還自己去學習很多相關的新知識，來為客戶創造最大的服務價值。現在的他，面對的每一份工作都是在協助客戶建立他們的幸福，並有了業界空間魔法師美名，轉職

前後的差異很大，創造的具體財富與心理滿足比先前的工作還要來的大很多。

現在南山人壽的聯強通訊處負責人莊志遠，就是典型的建中、臺大法律、應屆考上律師，進入律師事務所工作，有著高社會地位和高收入的光環，竟然在從事律師工作數年後，轉職保險經紀人的工作。當時和大多數人想像的一樣，花了很多功夫說服雙親讓他投入新領域，他認為就算打贏官司也無法真正解決問題，因為告人與被告雙方就某種程度來說，還是受了傷，因此，對於原本的工作感到失去信賴以後，與其老是在做事後彌補的工作，他想做能夠預防的助人工作。憑著驚人毅力與能力，短短一年多，年收入便超過律師時的收入，成為保險業新生代傳奇人物之一。

以上兩個案例的主角都擁有很多，卻都知道在職涯過程選擇停止，創造更大的成功。但對於什麼都沒有的人，也就沒有所謂失去。對於大部分的大學生來說，擁有最多的應該就是青春，或者說是：時間。既然時間最多，但不小心走錯路，即使花點時間折返再重來，有時反而可以在人生未來擁有更多。

註釋

1. 李恕權於 1957 年出生於臺灣，13 歲定居美國，大學念的是休士頓大學的電腦學位，並曾在美國太空總署工作，並表現傑出，後來投入音樂工作，在美國和臺灣都發行了許多有名的專輯，甚至曾獲全美十大傑出青年。從音樂人到後來成立跨國音樂娛樂公司，從事音樂創意工作，甚至不忘學習，曾考入臺大 EMBA 就讀並取得學位。

2. 稱之為全球職涯發展師（GCDF, Global Career Development Facilitator），接受完整的訓練並通過認證合格後，可以為個人和團體提供職涯發展的諮詢服務、規劃新進員工教育訓練、擔任各職涯發展中心的規劃協調工作、為企業組織規劃人資策略、協助準備面談工作，也可以協助辦理就業媒合工作等。目前約 20 個國家提供 GCDF 認證。

3. UCAN 原文為 University Career and Competency Assessment Network，簡稱 UCAN。是教育部推出的「大專校院就業職能平臺」（網址為：https://ucan.moe.edu.tw/）透過該網站，臺灣大專院校學生皆可以取得帳號，並進行職業興趣探索自我診斷測驗，這個測驗源自於 John Holland 的職業興趣量表，測驗後系統會告知職業性格六碼的排序。此外，還可以透過網站進行職能與職業查詢、職能診斷等各種與職涯發展有關的自我管理活動。

4. 郝廣才在《今天》一書中的 1 月 27 日「明明早知道」一文裡所引用的故事，說明了有時候面對某些明知不可為的狀況時，就應該要懂得放棄，因為這裡的放棄反而是一種前進。

5. 有許多公家單位及私人企業提供在學生工讀與實習的機會，有些是透過建教合作的方式提供特定學校名額，有些則是透過徵才網站尋找人才，大部分提供工讀和實習機會的機構都會提供薪酬給學生。但是，對於大多數的企業來說，提供工讀和實習機會是不必要的營運成本，我們不妨可以從資方的角度來思考，一般新進的正式員工進到公司的頭幾個月，甚至一年間多半還在熟悉業務，對公司能產生的實際貢獻可能比拿到的薪資還要少，公司願意支付薪水是因為假設員工長期會留下來服務。然而，工讀生和實習生對公司來說，只是暫時性的人力，這些學生隨時可能離開，公司沒有提供學生實務見習的義務，正職員工都是學習遠多於貢獻，更何況是還帶著學生心態來公司上班的工讀生和實習生呢。因此，學生應該要建立一個心態，要是有公司願意支付薪水來讓我們實習，我們應該感謝，若沒有也是合理。進一步來說，學生可以以支付費用的方式，來換取進入企業實習（學習）的機會，事實上，在許多國家已經有很多的企業提供這種工作機會。

6. 許多學生希望透過實習來累積就業競爭力，但許多評論家認為，無薪實習有可能提供了企業減少人力成本的機會，卻無法對實習生產生就業上的實質助益，同時還可以排擠掉正式的工作機會。再者，因為實習生不是公司正式員工，當發生職場災害或其他權益損失時，對實習生來說便無法有效的主張自己的權利。不過，本書中提倡學生可以採用無薪實習，甚至付費實習，是在不確定自己是否真的適合該工作環境，或者喜歡該工作內容時，實際進入工作場域是最快速確認的方式之一。永遠當個局外旁觀者無法真正對工作有明確的認知，特別是現在環境裡有很多新型態的工作。

主題影片

中文片名：回到 17 歲

原文片名：17 Again

出版年代：2009 年（美）

電影長度：102 分

主要演員：Zac Efron, Matthew Perry, Leslie Mann

劇情簡介與推薦說明：

　　一個籃球技藝超群的高三生，本來很有機會因為籃球的天賦取得獎學金，進入優秀大學唸書，並成為職業明星。在人生中最重要的一場球賽開賽前，女友告知肚裡懷有他的小孩，這位男主角在球賽開打 3 分鐘後，突然跑離球場，做了他人生重大的決定，高中畢業的他成立了家庭，保護他心愛的女人和未出生的小孩，放棄了成為職業籃球明星的大好前程，進了一般公司成為業務員。然而，在接下來的十多年裡，他的業務成果普普通通，連當年經常被他罩的不起眼哥們，都比他還要有成就、有財富，他只會一天到晚怨嘆自己應該可以擁有更輝煌的事業，久而久之，不僅兩個小孩不喜歡他，連當年娶回家的老婆也受不了他而正在找律師辦理離婚。

　　有一天，男主角回到高中母校，遇見一位神祕的管理員，並讓他莫名奇妙回到 17 歲的那一年，不過，卻是在現在的時空背景下，擁有 17 歲的身體和形貌。很快的，他決定隱藏真實身分回到高中唸書，於是拜託當年的哥們偽裝成他的父親辦理就學登記。男主角不僅在高中裡再次展現他的籃球天份，同時也因為和自己的兩個高中小孩同校，因而了解他們目前面臨的困難，並從中協助他們。此外，男主角也藉由回到 17 歲的經歷，體悟了許多寶貴的人生真理。接下來很多細節便很難以一一描述，電影的發展焦點當然是鎖定男主角和老婆的關係複合。整體來說，這是一部輕鬆卻又不失莊重的佳片。

　　職涯規劃與管理最基本的觀念便是：清楚知道自己要的是什麼，以及正在做什麼。有明確的目標才可能產生足夠的動力。當個人決定好要往哪個方向前進時，就應該使盡自己可能的力量去努力。如果未來每個人可以在對的職涯路上（也就是：真的喜愛那份工作也有能力執行），哪怕工作過程遭遇挫折，工作本身也不會讓自己太痛苦。

在電影裡，沒有人逼男主角要為了女朋友肚裡的小孩放棄職籃明星夢，是他自己做了決定，他便應該好好扮演好自己的角色，而非像他老婆描述的，任何承諾的事情都只有花一、二個小時便放棄，成天只會停留並沉醉在美好的過去和回憶裡。其實，大學裡也有很多這種大學生，對於身處的學校和科系不滿意，但當初填志願、報到也沒有人逼著他，在大學裡，不知道好好利用並整合校內外的資源為自己找到可能的多元學習管道，甚至不規劃自己未來想以什麼工作型態來服務社會，只是終日回想高中時期美好的過往，甚至嘆息只差幾分就可以上名校。這種人通常也沒有自信和勇氣回到起點，放棄現在所擁有的去轉學，甚至重考。這和男主角所展現出來的人格特質和行為簡直沒有兩樣。

既然當時做了這個抉擇，就應該對這個決定負責到底。如果願意承認決策是錯的，應該想辦法補救，而非只是一味的抱怨與停滯不前。換一個心態，結果就會完全不同。這是這部電影最有意義的地方，也同時是成為推薦影片的理由。此外，根據職業錨理論，一個人的職業選擇有時是經過許多現場工作經歷，加上自己的動機與能力所不斷演化而來的結果。倘若男主角覺得目前從事的工作不是自己容易發揮能力也不感興趣的工作，他應該做的不是抱怨，而是衡量過去的經驗與內在的需求，轉換一個更能帶給他滿足的工作。

課後練習

1. 請向身邊已經有正式工作的親友蒐集他們的職業，並請教他們當初選擇這份職業的原因。藉此機會了解人們如何對自己的職業做選擇，不但對認識本章的理論有所幫助，他人選擇職業的方法所產生的優缺點，也可以作為自己選擇職業的參考。

2. 請列出未來你想從事的職業，並向身邊認識或不認識的人，諮詢該職業的工作內容、所需具備基礎條件及工作者應有人格特質。並檢視自己欠缺哪些部分，假使未來想從事該職業，應該要做哪些努力？

3. 請閉上眼睛，想像一下你現在已經 30 歲。在一個平常日的早晨，你正在做什麼？或者換個角度想，你希望在你 30 歲的那一年，你一天，或者一週是

如何度過的？如果你想過那樣的生活，什麼類型職業的選擇會接近你的想像？

4. 請利用以下的表格，畫出到目前為止，你的生命曲線。橫軸為你的年齡時間點，縱軸為快樂或痛苦程度，請根據你的印象，將每一個年齡時間讓你感受的快樂或痛苦程度，標記在適當的位置上。並請記錄該年齡時間點所發生的令你快樂或痛苦的重要事件。

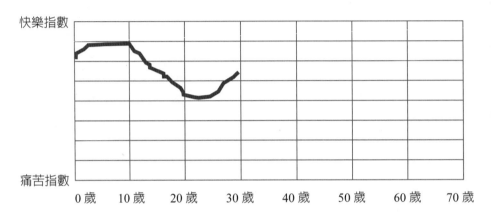

5. 承上題，請再用新的一條線展示你是否因為這些事件產生學習與成長？將這條成長的線標示在圖上。並思考，從這些事件當中，你學習了什麼？感受到哪些？這些重要的事件對你後來的人生是否產生了影響？哪些影響？為了希望將來未發生的人生可以維持一定的快樂指數，你覺得自己應該要追求哪一類的生活或事項？

6. 你目前就讀的科系是否和職業興趣量表測出來的職業性格碼符合？當時在進行科系選擇時，你是否參考測驗結果？假設你覺得目前的科系似乎和你想要的不太一樣，請重新進行一次職業興趣量表測驗，並拿著測驗結果尋求校內或校外職涯發展專家 協助。你覺得若不知道或忘記自己的職業性格碼，請上教育部 UCAN（參考註 3）平臺進行測驗。

7. 請列舉至少三項在過去三年裡你所做的重要決定，並說明做決定時所考慮的因素。

延伸閱讀書籍

吳書榆譯（2010）。FISH! 派克魚鋪奇蹟：一種激發士氣熱情的哲學。臺北市：三采。

祁怡瑋譯（2005）。賣魚賣到全世界都知道。臺北市：奧林文化。

徐沛然（2013）。無薪實習為什麼對你這麼糟？從《黑天鵝》的訴訟風波談起。苦勞網（http://www.coolloud.org.tw/node/76152）。

郝廣才（2014）。今天：366 天，每天打開一道門。臺北市：格林文化。

陳榮彬譯（2013）。大學生知道了沒：美國頂尖名校生必讀的 11 則入學忠告。臺北市：大寫出版。

第 2 章

啟動生涯規劃

本章學習重點

1. 了解工作的意義與目的。

2. 透過自我檢討與省思，了解自我的人生方向，並透過行動著手生涯
規劃。

第一節 | 認識自我

　　本章談的是啓動生涯規劃，希望讀者在閱讀完此章後，能夠或多或少在生涯規劃上有些實際行動。但在談規劃以前，必須先透過一些問題來對自我有一番的了解，才知道自己應該要往哪裡前進，也才能理解從事這些行動的意義。因此這一節，我們先來了解自己到底怎麼看待工作，接著，思考自己現在正在做的事情與未來的關係爲何，最後，各位讀者可以試著想想有沒有可以在未來改變的地方。

■ 人為何要工作？

　　每次將「人爲何要工作？」這個問題拋給課堂上的大學生們，大約只有 2% 的同學表示他們曾思考過這個問題。有趣的是，就算連「爲什麼要讀書？」這個問題，仔細去思考過的人大約只占四分之一，而且多數探究出來的答案便是「因爲要考上好大學」，接著這個邏輯，當然就是「念好大學才能找到好工作」。

　　人到底爲什麼要工作？工作可以爲我們帶來什麼？或者說，我們應該從工作中得到什麼？這些問題都值得我們好好思考與討論。

　　很多人可能會表示，工作當然是爲了賺錢生活。但這樣簡要的答案無法解釋社會上很多人在財富上已經足夠過上一輩子，卻依然選擇工作，甚至勤奮的爲他的工作費心付出。顯然，工作的意義和價值不是只有和錢有關而已。比如說大家都認識的台塑集團創辦人王永慶先生，直到辭世前都還在工作，他年紀已經這麼大，且是臺灣首富，按理不工作也是正常的，他卻仍選擇在高齡 91 歲時出差 (註1)。筆者也見過有位家中富有的女孩，因爲父母給她的財產很多，她也樂於在生活上享受，因此吃穿用度都是名牌，卻仍每天準時出門在一家小公司上班，公司發放給她的月薪根本不夠她的日常開銷，她卻願意捨棄在家享樂、遊山玩水的逍遙日子，寧可上班找事做。最近，筆者的恩師進行一個小手術，手術本身很順利，但因爲多

年前心臟曾開過刀所以血管稀薄，使得血液輸送出問題，造成胸部積水情況相當危急，經過急救後在加護病房躺了二個星期，按理一般人都會選擇先暫停身邊的工作，甚至會選擇直接退休享清福，沒想到把學術工作視爲一生志業的恩師竟急著出院，心裡一直記掛著工作。因此，人爲什麼工作？這個問題恐怕是沒有標準答案的，每個人想法不同，但每個人都應該給自己思考這個問題的機會。如果在找工作之前思考這個問題，有助於找到更契合自己的工作。

二 工作價值觀

所謂的「價值觀」是指觀念或信念，而「工作價值觀」指的是：個人對於工作本身以及與工作相關的構面所抱持的信念和看法。因爲對工作看法的選項有很多，這些選項在每個人的心中都有不同的順序，即爲偏好，這些偏好按重視程度排起來便成了「價值體系」。

例如：下表 2-1 列出 13 個人生價值觀 (註2)，對你來說，在人生中獲取哪些項目對你來說是最重要的？不同的人會排出不同的順位來，這個順序便是個體的價值體系。例如：張三可能認爲他的人生要去追求的事情，便是擁有收入與財富，甚至可以爲了財富拋棄健康；李四可能就認爲沒有什麼事比愛、家庭和人力關係更重要。

⟡ 表 2-1　人類價值觀

1. 成就感	8. 道德感
2. 美感事物追求	9. 歡樂
3. 挑戰	10. 權力
4. 健康	11. 安全感
5. 收入與財富	12. 自我成長
6. 獨立性	13. 協助他人
7. 愛、家庭、人際關係	

　　而「工作價值觀」更加聚焦在探討工作相關的偏好，表 2-2 所列的 15 個價值觀便是針對工作價值來設計，可以用它來探討人們從事工作的目的，以及在工作過程中追求的價值[註3]。既然是價值觀，就沒有對錯優劣，除非有嚴重傷害他人的情形，否則我們都應該尊重每個人有不同的想法。例如：對於張三來說，他認為工作就是為了要追求無止盡的財富，用投入換取經濟上的報酬，這才是工作的價值和意義；對李四來說，報酬的多寡不是最重要的，他最在意的是能夠從工作過程中得到成就感；對王五來說，收入和成就感可能都不是他考量的，他之所以努力工作是因為他本身很熱愛他的工作，把工作當成了興趣。

♪ 表 2-2　工作價值觀

工作價值	目的
利他主義	社會大眾謀福利的程度
美的追求	使世界更美好，增加藝術氣氛重要性之知覺程度
創意	發明新事物、設計新產品或發展新觀念
智慧激發	獨立思考、學習與分析事理
獨立性	以自己的方式進行工作
成就感	使能看見自己工作具體表現，並且從中獲得精神滿足
聲望	提升個人身分名望，且聲望來自於他人的敬佩
管理權力	能賦予個人權利策劃並分配工作給他人
經濟報酬	能獲得優厚酬勞，使可購買物品滿足本身欲望
安全感	使生活有保障，不受經濟景氣影響
工作環境	使其在不冷、不熱、不吵、不髒的宜人環境下作業
與上司的關係	與主管平等且融洽相處
與同事的關係	能與志同道合夥伴愉悅共事
變異性	嘗試不同內容、富於變化的工作
生活方式	能選擇自己的生活方式，以達自我實現

　　每個人對任何事物都會產生所謂的價值體系，換句話說，從事某個事物可能由數個信念構成，例如：成就感優先，報酬次之，興趣最後。不管如何，透過思考去釐清自己對工作的看法，便是在認識自己，這樣則有助於發展生涯規劃的第一步。

三 給自己一個努力的理由

　　大多數的大學生從未想過工作的目的與意義，很可能的一個原因是：在選填大學聯考志願以前，幾乎沒有機會去實際接觸工作。學生們認識的工作，都是從身邊的長輩或前輩口中聽來的，並且多半和選填科系與分數結合，而非真正理解那份工作或者真的對那份工作產生熱誠。例如：當模擬考分數大多落在幾分時，就從這個分數可能會考上的科系去選擇自己未來的就業方向。

　　倘若在選填自己的科系志願以前，學生們便被迫要去工作賺取生活費，那麼就有較多的機會敦促自己去思考，將來畢業後要選擇什麼樣的正職工作來當作一生的志業。因為在工作過程中會理解到，工作本身是辛苦的，不論是勞身還是勞神，倘若不喜歡這份工作，那麼未來踏入這條路將難以回頭，或者轉換領域的成本會非常高。因而在選填大學科系志願時，就會更加考量自己內心真正的想法，而非只是分數是否達標。

　　也因為大學聯考以前的日子，追逐的是大學聯考的分數，因此，一旦考上大學、進入大學，取得自由的時間掌握權以後，有很多學生便開始把大部分的時間放在玩樂，只要課業過得去就行，因為沒有聯考了，再也沒有動力去做更多的學習。在大學現場，有很多這樣的例子，當年努力用功考上好大學的學生進入大學後再也沒有目標努力，心裡想著只要把學位混到手便可以，因而浪費大好的四年光陰，不小心的還落得退學的命運。

　　即使沒了聯考作為目標，我們也可以考慮把人生更重要的目標作為學習的動力，畢竟念大學只是人生的一小階段，工作才是占了人生的大部分。我們可以開始慢慢思考：就長遠人生來看，我有沒有想要的東西？或

者想要做到的事情？而思考這些問題一定要帶著強烈的欲望，因爲欲望才可能帶來衝勁，就像是當年想考上大學的念頭滿滿盤據腦海，才讓自己願意熬夜苦讀；也只有想獲取某個東西，才可能讓自己在悠哉的大學生涯裡願意去付出額外的努力。

電視劇裡經常會出現一種情節：因爲想釐清父親眞正死因而決心當法醫，或者因爲要追查殺死父親的兇手而立志當上警察。新聞也曾報導某歌手是爲了讓撫養自己長大的母親住在豪華的大房子，才努力練習，參加歌唱比賽獲取出片當歌手的機會。人是需要激勵的，當有想追求的目標時，才會願意付出努力。就算沒有上述這些偉大的情操好了，我們也可以把想要追求的目標放在個人身上，例如：自己想要住好房子、自己想要吃好穿好、自己想要每年出國旅遊很多次、自己想要提早退休當民宿主人等。這麼一來，我們就會知道應該利用有限的時間去努力，因爲想要得到這些欲望絕不是憑空可以獲得的，更何況人的欲望通常和金錢有關。

四 孵育夢想

想要擁有一個夢想對現在的年輕人來說，並不是容易的一件事。日本作家嶋津良智便曾在書中指出，現在的年輕人只希望從小小的地方得到幸福，缺乏泡沫經濟時代下「想讓生活過得更好」、「想要住在很好的房子裡」這種單純的欲望，缺乏欲望長久下去的結果，會減少年輕人的企圖心(註4)。當然，有可能這其中一個原因來自年輕人對未來無法產生期待，因此，雖然很容易滿足於當下，卻掩不住對未來的不安。

再者，多數的年輕人不太習慣懷抱夢想的另一個原因可能來自於世界接觸的不夠深入，同時也是父母親在經濟上過度保護的結果。因此，我們從懂事時便被教育，只要考上大學畢了業就可以輕易找到工作，這樣人生就順利大半。然而，事實並不是這麼簡單，找到工作並不難，找到喜愛的工作則不容易，找到喜愛的工作同時又能滿足自己生活上的欲望，則是難上加難。人總不能老是如電視所演的：平庸的男子年少不努力，找不

到穩定的工作，自從有了自己的小孩以後，看著他天眞的稚顏，才決心好好在工作上衝刺，想給小孩更好的，因爲過程千辛萬苦，所以觀眾熱淚盈眶。雖然我們總鼓勵他人想要努力隨時都來得及，但，若可以早點努力，早點擁有夢想不是更好嗎？因爲一個夢想的實現通常可以帶來更多的夢想，當第一個夢想被實現後，第二個自然也就沒有想像中的困難了。

但是，與年輕人接觸的經驗，卻讓筆者有點震驚同時感到可惜，因爲大多數的年輕人是沒有夢想的。先別提幫助哪個族群的人，或者成爲一個什麼樣的人這類長遠的夢想，光是短期想要達到的目標也很缺乏，甚至連「最近有沒有想要的東西？」也缺乏答案。

這不禁讓筆者想起多年前在網路上看到的一個故事，被稱之爲「沙漠神燈三部曲」，容筆者用自己的方式來描述如下：

【首部曲】

一群人搭熱氣球旅遊，遭逢熱氣球故障，因此跌落沙漠中，三個人倖存，因此在茫茫沙漠中結伴同行，突然間，發現了一個神燈。根據神話故事，發現神燈的標準作業程序當然是把神燈擦一擦，果眞從神燈中跑出一個精靈，精靈告訴三位：「謝謝你們把我放出來，按照你們都知道的規矩，只要你們每個人講出三個願望，我幫你們實現，這樣我就可以自由了。」

第一個人開心的說：「那我先來，我想要錢。」

神燈回答沒問題後，那個人眼前馬上出現一袋美金。那人一看很開心，於是又向神燈要了更多的錢，並且利用第三個願望權請精靈「把我和這些錢送回我的國度吧！」精靈照做了。

接著輪到第二個人，他說：「錢我已經有很多，我想要美女。」精靈一聽，馬上把世界名模請到他面前，這人一看歡喜的不得了，向精靈說：「那我還要更多的美女當我的妻妾。」於是一陣白煙散去後，沙漠中站立的是一整排各國的名模佳麗。

「請把這些美女和我一起送回我的國度去吧！」精靈也照樣實現第二人的第三個願望。

很快的輪到最後一個人，精靈請他說出他想要什麼，沒想到那人想了一下竟回答：「我沒有想要的東西。」精靈拜託他：「不行，你一定要想一個，什麼都好，你都沒有想要的東西嗎？」那人歪著頭又思考了五分鐘還是不知道自己要什麼，精靈急了：「拜託啦，你隨便想一個，否則我就得回到神燈裡，失去自由，求求你快點想一個願望吧！」第三人說了：「好吧，在沙漠待久了真有點熱，不然來瓶啤酒好了。」精靈開心的把一罐海尼根送到他面前，熱切著問他第二個願望是什麼？只見他說：「真的想不到還需要什麼？」經過精靈千拜託萬拜託，他只好說：「不然就再多一些啤酒吧！」只見整個沙漠瞬間變成綠色的。等到第三個願望時，這人依舊不知道自己需要什麼，只好對精靈說：「一個人喝這滿沙漠的啤酒挺無聊的，要不，你幫我把剛剛那兩個人叫回來好了。」

這故事可不是笑話而已，讀者們應該從裡面體會到故事在諷刺一個沒有夢想的人，是會傷害到身邊的人的。筆者曾經遇過不少類似的案例，表面上看起來無欲無求，但實際上在經濟上卻相當匱乏，追根究柢，經濟上的匱乏便是來自沒有夢想。當一個人有夢想時，哪怕那個夢想只是想要吃一頓大餐，或者出國旅遊這種享樂性質的想法，都可以激勵一個人，讓一個人願意更努力工作，同時在能力上不斷提升。當連想過比現在更好的生活這樣的念頭都沒有的人，很容易在經濟能力上出現停頓，但隨著物價的上升以及其他突發的事件，經常讓自己的經濟出現危機，甚至在老年後沒有儲蓄，必須仰賴政府接濟，以及子女的奉養才有辦法有像樣的生活。倘若子女爭氣，成年後在經濟條件上比父母改善許多，那奉養父母自然是沒有問題；萬一，因為自己的不努力導致沒有多餘的時間陪伴教養小孩，或沒有足夠金錢栽培子女，使得子女成年後的經濟能力和父母年輕時一樣，

不僅面對捉襟見肘的情形，更無力擠出金錢來供養父母生活。萬一父母年老時病痛多，需要高額醫療費，那又該如何？這樣一來，就回應了上述所言的：沒有夢想的人，不僅會讓自己陷入困境，長久來說是會傷害身邊的人的。

【二部曲】

　　話說被叫回來陪著第三人喝啤酒的那兩個人，氣呼呼的一邊喝酒一邊咒罵。等全部的酒喝完了，三個人又繼續上路，又在途中遇見了第二盞神燈，大夥兒趕緊摩擦神燈，果真又出現了另一位精靈，許願規則不變。此時，兩位友人已經學到教訓，因此趕緊把第三人推出去，讓他先許願，沒想到，那個人依舊沒有任何的願望可許，在精靈既拜託又懇求的情況下，終於利用他的前兩個願望要了一些食物，等到精靈問他，那最後一個願望想做什麼時，他回答：「你可以走了。」留下兩個目瞪口呆的友人。

　　這段的意涵指的是：一個沒有夢想的人，不論在哪個位置，都會傷害到他人。我們剛舉例的是父母與子女的關係，換作是主管與部屬，老師與學生亦然。沒有夢想的主管導致自己部門在表現上無法突破，自然就侷限了下屬的職涯發展；沒有夢想的部屬，也會讓主管失去領導的動力，因為沒有跟隨者的將領是打不了仗的。而學生有一部分的學習是透過觀察老師的言行，沒有夢想的老師將無法說服學生積極進取，沒有夢想的老師是會輕易感染學生也和他一樣；同樣的，沒有夢想的學生，也會讓老師感到灰心喪志。

【終曲】

　　三個人默默將願望換來的食物一掃而光後，繼續在沙漠中行走，過沒多久又遇見第三個神燈，把精靈叫出來以後，這時，兩個友人已經

不再抱任何回到自己國家的希望了，於是用了所有的願望讓精靈送來各式吃穿用度的物品，打算在沙漠裡生活下來了。

當精靈問第三人：「您需要什麼嗎？」

只見他搔了搔頭，說：「我已經覺得這裡有點無聊，你能不能把我送回我的國度去？」

故事看到這裡，你能否理解到：一個沒有夢想的人，會讓一個本來擁有夢想的人放棄追求夢想的意願。而這是多麼可怕的一件事。

在我們的身邊難免會看到、聽到一些人表示，他們想要的是恬淡、簡約的生活；在工作上，他們追求穩定的工作；在經濟上，守著夠用就好的原則。表面上來說，這是每個人的價值觀，無關乎對錯。然而，恬淡簡約的生活也好、穩定的工作也好、夠用的金錢也罷，這些本身就是「夢想」！網路上知名的部落客 Joe Chang [註5] 便指出，世界上沒有不貪心的願望，只求穩定的小日子，反而才是最難的。那是因為，生活在現代，只要不往前進就是退步。不管是在職場的表現也好、賺取的報酬消費力也好都是如此。你不想要進一步學習了，但是你原本累積的隨著時間過去，再也不足夠使用，就可能被職場淘汰，工作就不見得可以穩定了；你不想賺很多錢，問題是，當收入沒有太大的增長，但物價越來越高時，原本以為夠用的，後來就不夠用了。

更何況，即便是想過著簡約的生活、穩定的工作，使用夠用的錢就好，還是可以去追求夢想，夢想不見得是與賺進自己的財富有關，也可能是幫助他人累積財富。不管夢想的大小，人活著，總是需要一些夢想的。

有一種人，永遠不會對人生感到失望，
那就是：從來沒有抱過什麼希望的人。

He who has never hoped can never despair.

～George Bernard Shaw 蕭伯納，愛爾蘭劇作家

第二節│在生涯規劃之前

一 可不可以少錯一點

生涯規劃的第一步，就是確認你自己現在是不是在對的路上。如果是在錯的方向，那麼越努力只會錯的越厲害，換句話說，努力的方向遠比努力的程度還要來得重要，偏偏，要決定方向卻是最難的。

成語「南轅北轍」大家都知道，它源自於《戰國策》裡頭的一個故事：

有人要前往楚國，卻駕車朝北去。

朋友問他：往楚國怎麼往北走？

他回：我的馬好啊！

朋友說：你的馬好，但那不是往楚國的路啊！

他回：我的盤纏很多啊！

朋友說：你的盤纏多，但那不是往楚國的路啊！

他回：我的馬功夫好。

朋友說：東西再好，方向不對，只會離目的地越來越遠。

每年的某些時間點，報章雜誌、新聞或網路上總會在職場議題上掀起一股討論的風潮，像是「近八成上班族大嘆入錯行」、「76% 的上班族想創業」、「五成四上班族學非所用」、「高達七成五上班族想轉行」[註6] 等話題，進而延伸討論大學生應該怎麼選科系、上班族應該怎麼為轉職作準備等等，並製造出一連串的新聞話題。有意思的是，10 年前看得到這樣的新聞，10 年後新聞內容差異不會太大，裡面提到的數據也不見得減少。為什麼人總無法在歷史中或經驗裡學到教訓？因為不管改革多少次，我們的教育還是停留在以分數為主的階段，我們的社會環境無法營造一個讓年輕人真心去思考內心所要，也不甚鼓勵年輕人勇敢追求夢想。

夢想似乎都是那些已經在社會上擁有一定社會地位或經濟條件的半退休或已經退休的人士在談的。

如果眞如同調查所說的，大多數人的工作並非自己所愛，甚至也難以施展專業，卻要這樣日復一日的工作，不是很痛苦嗎？做自己不喜歡的事情特別容易累，能從事自己喜歡的工作則是幸福的。假設你很不擅長也不喜歡與人說話，卻請你從事電話行銷的工作，不停地打著電話簿上的號碼，按照標準話術向客戶推銷商品，那麼只要一小時，你就感到筋疲力盡了。但假設你已經打工一整天，晚上回到家累癱在床上，一點都不想動，此刻來了一通電話，手機螢幕上顯示的是你心儀已久的對象，相信所有的疲憊感都會在瞬間消失無蹤，要是他電話裡要求你現下陪他去哪裡，大部分的人都會選擇從床上彈起來馬上出門。這就是喜歡的事和不喜歡的事之間的巨大鴻溝，和眞正耗費的勞動力無關，是和心理狀態有關。

如果你是一個上班族，清醒的大半時間可能都會花在工作上，假使不能在工作中找到幸福，那麼你又要到哪裡去尋求快樂呢？身爲一個大學生，清醒的大半時間不是上課、寫作業、做報告，不然就是準備考試，如果不能喜歡這件事情，或者不喜歡這個領域，那，何不早早離開。

> 人生如果走錯了方向，停止就是進步。
> When work is a pleasure, life is joy!
> When work is a duty, life is slavery.
> ～Maxim Gorky

二、離開不感興趣領域的方法

（一）勇敢離開

離開不感興趣的領域或工作，只有兩個方法。最簡單也最難的方式，

便是：離開它。不做這份不感興趣的工作，去尋找其他的可能，這是最快速有效的方式，但很少有人做得到，因為大部分的人都有一種心理：不願意改變現狀，因為對改變後的情形無法預知，充滿不確定感，因此寧可不斷的不滿於現況也總好過面對改變的不安。再者便是對於已經付出、投入的時間和精神充滿不捨，無法果斷的做出改變的決策，只好越陷越深[註7]。

先舉個最肥皂也最實際的劇情，一個女孩子和男孩交往，明知對方惡習很多，小倆口經常爭吵，也不見得雙方有未來，卻寧可天天耗著不願分開，因為不確定下一個遇到的男生會更好，況且都已經在一起這麼久了分開多可惜。結果就是，原本有更值得往來的對象因為自己的躊躇不前，讓自己失去被追求的機會。

接著說一個身邊長輩可能面臨的故事。小郭已經45歲了，一直擔任汽車零件廠工程師的工作，雖說擔任中階主管，收入也不低，但他很少在工作中感到快樂，因為從年輕時他就夢想可以從事電視傳播有關的工作，甚至大學時還曾經去電視臺打工，卻始終沒有決心轉換專業領域，畢業後也因為已經在工程領域學了很多知識，無法放棄這些經驗換跑道到傳播重新學習，就這樣一路後悔到中年。每每接觸到電視節目或傳播的新聞，或聽聞在該產業工作的同學談論起自己的工作，羨慕和懊悔之情久久無法散去。

再來談大學生吧！在臺灣的社會風氣底下，大部分的高中生是憑著大學聯考分數高低來選志願，而不是考量自己的興趣與人格特質適配性。因此理科成績最好的幾乎就是當醫生，文科成績最好的就是當律師，全臺灣的醫生和律師大概就是這樣產生的，而非來自於他們對這份工作的熱愛和認同。因此，根據筆者每年在課堂上的調查，大約有三分之一的大學生對自己所唸的科系是不滿意的，不知道這個科系提供什麼專業，不清楚受過專業訓練後的自己能做什麼，甚至知道了以後對這個領域不感興趣，至少有三分之一的學生是處於這樣的狀態下。而令人擔憂的是，這三分之一的

學生多數都會把學位讀完，絕少有人「離開」。

　　想想看，先不論其餘三分之二的學生後來是不是發現自己所學和想要的不符，如果這三分之一的學生深入接觸了領域內的知識後還是無法喜歡從事相關的工作，但後來從事相關工作的仍會占多數，這就回到前一節所討論的，這個社會是由對自己工作不感興趣的人所支撐著。

　　那麼，既然不喜歡自己所就讀的科系，爲什麼還要繼續待著呢？可以想見的理由不外乎：「都考上了，就念吧！重考不見得會比較好。」「至少考上國立大學省學費。」「我爸媽說這個科系出來不怕沒有工作。」「重考很丟臉，我同學都變我學長了。」「我已經在大學交了許多朋友，不想重新再來。」特別是有些學生因爲在經濟上仰賴父母，因此不得不以父母的意見爲依歸，《大學生知道了沒？》一書點出了美國頂尖名校學生必讀的 11 則入學忠告，作者便在第二條指出「爸媽都是爲你好，但不必照單全收」的建議，若是眞的了解自己正處於對自己無意的領域，必須要用對自己負責的態度來面對自己的生涯，設法說服自己的父母，並同時讓他們相信且願意支持自己。

　　筆者曾經遇過一位打從心底不喜歡小孩，也對教育工作不感興趣的學生，他告訴筆者，因爲他父親要他當國小老師，因此他只好走這條路。經過一番閒聊後，筆者深刻感受到這個孩子的孝順心讓他無法背棄父母對他的期待，但同時筆者也很擔憂這個學生將來成爲國小老師後，他要如何面對各方面正在發展中隨時都會有各式狀況的學齡兒童，同時，他要如何調適這個並非他生涯中最想從事的角色。另外則是一個相反的例子，一名對音樂有高度熱忱的學生，想走流行音樂這條路，但父母親並不贊成，後來，這名學生一方面兼顧系上的課業，另一方面透過額外的學習，創造自己演出的機會，讓自己在大學未畢業以前便屢次參賽獲獎、成立樂團、發出首張 EP、創作多首曲子、在校內及校外知名場合多次演出，並擔任音樂教師，他用積極的行動打破父母親認爲走音樂會沒飯吃的成見，不僅拿到大學學位，也順利的在畢業後繼續從事他喜愛的音樂教學、創作與演出

工作。因此，清楚的職涯方向對一個人很重要，它會指引一個人往前進，並給予力量去實踐它。

（二）把不有趣的事情變有趣

離開不感興趣的領域或工作，還有另外一種方法：把它變有趣。以下用 5 個故事來說明。

1. 香酥雞專賣店

臺灣有一家知名的香酥雞專賣店，不僅在國內做到連鎖的階段，還進軍上海、香港展店，最有意思的是，每一個分點的員工人數很少，工作內容也很簡單，甚至重複，就是不斷的把醃製好的雞肉炸熟包裝給客人。但不同於路邊一般的香酥雞攤販，這家專賣店的店員總是喜歡以唱雙簧的方式和客人互動，比如，當客人指定要小份的香酥雞時，店員就會一搭一唱，像是念詩歌般的：「小份的不夠吃；大份的多更多。小姐來大份的吧！」當你表示只想要小份時，店員還會故意在言語上與客人嬉鬧，讓客人哭笑不得。比較不習慣這種服務對話的人可能稍嫌煩人，但仔細觀察，這些店員的工作態度確實值得讓人學習，每天在油鍋前不斷的炸東西對很多人來說可能二天就煩了，哪還有力氣和心情和客人唱歌開玩笑。

2. 貼心的公車司機們

新聞上曾經報導苗栗客運司機對待老年及行動不便的乘客很貼心；有一名臺中公車司機因為喜歡在開車時自言自語的說不停，讓乘客感受到歡樂的氣氛，而在 YouTube 紅透一時[註8]；筆者也曾在臺北親自搭過好幾個熱情的公車司機所開的車，他們會貼心的提醒乘客盡快就座，甚至主動等到行動不便的乘客坐定後才啟動公車，也會主動向乘客問候，甚至在乘客下車時感謝他們的搭乘。這些公車司機們的工作態度著實令人感到欽佩。相反的，有些司機則似乎對每位乘客都充滿敵意，不僅客人問路不想回答、對待行動慢的乘客不禮貌，甚至還會一邊開車一邊對客人開罵，同樣的工作內容，他們選擇不一樣的工作態度。貼心的司機們的想法大概很

簡單，既然選擇這份工作，且不管怎樣，橫豎也是得在同樣的路線上來回開著，爲何不用最讓大家愉快也讓自己感到快樂的方式工作？

3. 派克魚市場 ^(註9)

西雅圖有個聞名國際的派克魚市場（Pike Place Market），裡面的工作人員每天天未亮就得起床工作，穿著不透氣的雨鞋，摸著冰溼的魚貨，整天都得聞著魚腥，但裡面的員工卻人人臉上堆滿笑容，他們有自己一套對工作的看法，甚至找到適當的方法把辛苦的工作當作玩樂，不僅取悅了客人也讓自己工作中開心。反倒是市場旁高樓裡那些多天吹暖氣夏天吹冷氣、穿著名牌西裝的上班族，中午外出用餐時臉上充滿苦悶，還得靠著魚販的愚弄來展開笑顏。這些魚市場的工人們知道無法選擇工作內容，但是他們可以改變工作的方式和態度。

4. 媽祖廟前面的石子路

有一天，有一個人問了正在路上施工的三名工人他們在做什麼？第一個工人說：「還能做什麼？就你看到的，辛苦工作賺錢討口飯吃啊！」第二名工人說：「我正在鋪一條石子路。」最後一名工人抬起頭，露出光彩的眼神回答：「我啊，正在做一個有意義的事呢，你知道嗎？前面正在興土的是什麼？是媽祖廟！我負責把媽祖廟前唯一的道路鋪好，這樣香客來進香時才會走得舒服，也表示我對媽祖的尊敬啊！」一樣的工作內容，三個工人對同一件事情的描述有著很大的差異，顯示截然不同的工作態度。這三個人拿的是同樣的薪水，卻是不一樣的心理滿足。最後一名工人很顯然的，在工作過程會比另外兩人愉快許多，因爲他感受到自己做的事情不只是一份工作，而是許多人的期待，甚至自己也期待看到整個廟宇的完成，這樣看待一份工作才有樂趣可言。如果放在職場中長期來看，搞不好，當前兩名工人還在從事一樣的工作時，第三名工人過幾年後已經是個工頭或監工了。

5. 高速公路上開車

有在高速公路開車經驗的人應該可以感受到，在臺灣因爲速限的關

係，開在高速公路既沒有飆車的快感，同時路旁景色變化不大，如果加上開車前沒有足夠的睡眠，很容易產生無聊與打盹的情形。而經常被使用來打發無聊的做法不外乎唱歌、聽收音機等方式。對於某些人來說，這些方式不甚管用。筆者曾經聽到一個很有趣的把無聊變有趣的公路開車方式，那便是設定一個明確的目標，例如：「在 30 分鐘內，要設法超越 15 臺紅色的車子。」這麼一來，不僅可以讓自己精神更加集中在開車這件事情上，更可以動腦去思考如何達到目標，於是，在高速公路上開車變得很有挑戰性，增加了趣味性，明明感覺應該要一、二小時的路程瞬間變短了。當然，聽到這樣的例子，部分讀者可能會主張太危險了，不過，這樣做的前提當然是以安全且不違法作為第一優先，在同時顧及達到目標和考量安全的情況下，原本無聊的開車行為就變得充滿挑戰性及有趣。這樣一來，就算時間到了無法完成目標，這過程不僅充滿樂趣，並且時間也會過得特別快。

上述這些例子，都是在傳遞一個很重要的觀念：當我們因為某些重要的因素，無法離開原本的位置，卻又對當下的工作內容不滿意時，我們能做的便是改變自己的心態。這個轉變不僅會提升自己的心理滿足，降低自己的負面情緒，也會讓當下不得不做的工作可以有更佳的表現。橫豎都是得做的事情，為何不能讓自己在比較快樂且成效較好的狀況下完成呢？

美國總統林肯（Abraham Lincoln）曾經說過：「我父親教導我工作，但沒有教導我要喜愛我的工作。」（My father taught me to work; he did not teach me love it.）如同第 1 章，我們談到工作與生活是無法分割的，因此，可以規劃一個自己喜愛的領域成為自己的工作自然是理想的，若因為某些因素已經無法改變工作領域，那麼想辦法去喜愛自己的工作是很重要的。

不管如何，這幾個有趣的例子可以激發我們去思考，在其他的環境下，我們應該怎麼用什麼態度去面對我們不感興趣的工作內容。

三 不要老盯著別人手中的糖

人性使然，使得大多數的人總喜歡得不到的東西，越是得不到的越有魅力，儘管那個東西不見得是自己真正需要的。在前面節次裡，我們提到對於自己不感興趣的工作，應該要遠離它，把時間留給自己想要的。那麼，假使自己沒有明確的目標呢？不知道自己的方向該怎麼辦？

答案很簡單，當然就是想辦法去尋找目標、確立方向。天下沒有白吃的午餐，尋找人生方向說得容易，實際實行起來卻是需要花費巨大的精神和功夫。然而，筆者見過許多學子對於尋找目標做的事甚少，卻花大多數的時間在抱怨自己懷才不遇，認為自己應該屬於更好的學校，老是羨慕以前的同學考上比自己好的學校，卻不在意自己身邊所擁有的，不懂得從目前的位置尋找可用的資源。

人生應該達到的兩個總目標：第一是獲得自己想要的，第二是去享受那些東西。很顯然的，我們的人生絕不是為了一張文憑，或許好一點的學校的畢業證書對於我們踏入某些領域，就如同一張位置比較好的演唱會門票，然而，聽演唱會是為了在現場感受歌手及舞臺整體帶來的震撼感，而非讓你清楚看到歌手的表情，一個人可以在演唱會中獲得的愉悅感和他坐在哪個席次應該沒有絕對的關係。因此，大學生若把時間花費在糾結自己應該成為名校的校友，著實可惜。如果你認為自己真的是人才，那麼應該想辦法利用現有的資源，在未來展現給世人看，因為，懷才和懷孕一樣，久了，就算你不說，大家都會知道。

筆者有個學生，高中畢業於師大附中，是全臺灣數一數二的明星學校，當年他考上筆者任教的大學，心情很不好，自覺丟人，因為他高中的好友全都上了排名前幾名的大學。他的母親非常有智慧的給了他一句話：「孩子，蹲低是為了跳更高啊！」這個學生很有悟性，他放棄了把時間花在追逐更好的學校，而把大學四年的光陰都放在學習，學習的範圍除了校內的資源以外，他還積極參與校外相關的競賽與活動，在參加專業營隊的

過程，與名校的學生有了互動，知道他們優秀在哪裡，學習他人長處，也因為知道自己的優勢則提升自信心；透過競賽的成功和經驗不斷累積成就感。大四那年，他對一份實習工作相當感興趣，應徵者眾且多來自前三名的大學，此外，由於外商公司老闆是瑞士人因而須以英文面談，這名學生不僅沒有打退堂鼓，還因為自己過去累積的經驗帶給自己無比的自信，最後在所有面試者中脫穎而出。因此，偉大的人，不管在什麼位置都可以創造出不平凡；唯有平庸之人，才會不斷東張西望的尋找更好的位置。

第三節｜行動方案建立

透過本章第一節的內容，我們已經對自己有多一點的認識，此一節將提出一些具體的做法與建議，提供讀者進一步的進行生涯規劃及尋找自己的人生目標。

■ 自我盤點

既然生活與職涯是無法切割的，那麼，我們在思考未來工作方向時，必須同時思考整個人生的目標，以及自己的興趣所在。

你可以試著思考以下問題：

- 我喜歡做什麼事？
  - ✓ 從事什麼樣類型的事情時，會特別感到開心？
  - ✓ 做什麼事，就算不怎麼睡覺，都不覺得累？
  - ✓ 這些事情有什麼共同的特質？
  - ✓ 社會上有哪些工作的內容具備這種特性？
- 我的人格特質為何？
  - ✓ 喜歡面對人群？
  - ✓ 面對不認識的人，總有辦法和他們主動快速聊開？

✓ 喜歡對自己做的事擁有自主權？

✓ 喜歡有挑戰性的事？對於一成不變比較讓人感到放心？

✓ 喜歡接受命令？討厭服從？

✓ 哪些類型的工作特性與人格特質比較匹配？

- 我的專長是什麼？

  ✓ 從小到大，我擅長哪些活動？

  ✓ 從事哪類的事情，會讓我經常得到讚美？

  ✓ 從事什麼事情，會讓我有成就感？

  ✓ 最喜歡和人分享什麼經驗？

  ✓ 有沒有哪些工作屬於這些特性？

- 我以後想過什麼樣的生活？

  ✓ 我想幾點起床？每週工作幾天？

  ✓ 喜歡生活在喧鬧的城市還是寧靜的鄉村？

  ✓ 喜歡每天在不同的地點工作？

  ✓ 想不想有家庭？和孩子是怎樣的互動情形？

  ✓ 什麼領域的工作可以滿足上述條件？

- 我需不需要錢？

  ✓ 賺了錢想要讓誰享用？

  ✓ 想要用什麼方式賺錢？

  ✓ 想在什麼樣的環境下賺錢？

  ✓ 要靠著賣什麼或服務什麼對象來賺錢？

  ✓ 什麼工作可以盡可能滿足這些想法？

上述這些問題，涵蓋了興趣、人格特質、專長以及對未來生活樣貌的期盼，問自己這些問題的同時，可以深入去思考「為什麼」是這樣的答案？去釐清原因背後的原因，會讓自己更加了解自己真正的想法。例如：當你不清楚自己的興趣時，你可以透過「喜歡面對人群」這個外向性人格特質，進一步知道原來你喜歡人群是因為「喜歡和一群人在一起分享各式

各樣資訊的感覺」，來知道你的興趣是「與人分享」，甚至察覺到自己「具有整合大家資訊並進一步提供更有價值知識的能力」。因此，延伸出你喜歡人群是因為在人群中你容易產生成就感，那是因為背後有一些屬於專長的成分在裡面。因此，這些問題只要不斷的詢問自己，深入探詢，每個人都可以對自己過去、現在以及未來的需求，有更充分的認識。

如果覺得透過上述的方式，你很難作答，可以試試別的方法，用相反的方式來對自己提問，例如：「我在從事什麼類型的事情時，會令我感到很痛苦？」「我從小到大最不擅長從事哪一類的事情，最無法面對什麼樣的情況？」「如果以後要我在什麼情況下生活著，我可能會瘋掉？」用這種相反的問法，也可以為認識自己提供一些幫助。將來在進行人生方向的選擇時，這些資訊就成了使用刪去法時很好的準則。

不論是使用正向的資訊搜尋方法，還是負向的厭惡去除法，你會發現，目的都是在找出自己「擅長」或「感興趣」的部分。擅長的若同時也是感興趣的，就是相當適合自己的職涯方向，這就和前一章 Holland 的職業興趣理論所提的觀念相同。若感興趣的部分不怎麼擅長，則可以嘗試了解所需的知識與技術，讓自己達到擅長的地步。若對擅長的部分不感興趣，則可以透過接觸來確認自己的好惡。

《發現我的天才──打開 34 個天賦的禮物》這本書的作者提出了一個突破性的觀念，認為個人應該了解自己特有的天賦，一旦發現自己的能力優勢，應該加以利用。而知道自己的「天賦」是什麼，必須要留意自己在面對各種狀況下的自然反應，這些就是最明顯的天賦跡象。天賦因為渴望而存在，當你發現自己很熱愛從事某一種活動，而且學習速度比其他人快速，並且從中可以得到很大的滿足感，這可能就是你的天賦所在。

除了上述的自我評估方法，你可以額外尋求以下方式幫助自己找出具體的優勢或天賦，如果可以，這些方式可以同時使用，並將發現進行比對，更加確認獲得的結果。

1. 請教他人對自己的看法：詢問你的同學、朋友、親人、老師以及

打工場所的同事與主管，請他們眞誠的說出對你的看法，列出你的優點有哪些？

2. 從過去的成就裡尋找：過去自己在學校裡、生活中以及工作中是否有哪些特殊的事蹟、在哪些方面得獎、被讚揚的表現或具體的成就等。從這些紀錄和經驗中找到自己的優勢和能力。

3. 透過測驗工具進行評估：坊間有許多營利與非營利機構推出各式各樣的測評工具，透過這些測驗可以了解自己的優勢和強項所在。大學生最常接觸且免費獲得的就是 UCAN 職業興趣探索 ^{（註 10）} 和 CPAS（Career Personality Aptitude System），爲個人提供職業適性診斷測驗（career personality and aptitude test），大家應該尋求校內相關處室協助進行相關測評。

在職涯規劃的首要階段，就是了解自己，只有充分了解自我，才知道要往哪個方向持續成長，並且選擇匹配天賦的職涯方向。

二、認識環境與蒐集資訊

在《大學生知道了沒？》書中，作者便要大學生記住一件事「大學念什麼，不等於你日後就要做什麼。」換句話說，爲什麼要讓學校的主修科目來決定你以後的職業與工作？爲什麼要讓你所念的科系，侷限了你的未來？有些人可能會說，這樣不就白白浪費了國家的教育資源？如果你眞的這麼愛國，往後還有很多展現愛國的方法，倒是不需要急於在這個時候展現。如果你未來眞的可以好好在社會上一展長才，幫助世人，貢獻國家，沒有人會在意你是不是念了法律系卻沒有當律師。

因此，在這個階段，你要拋開你所屬的科系，去「廣泛」的認識身邊的環境，並蒐集所有的資訊。例如：

- 臺灣市場上現在最需要的人才有哪些？
- 從全世界角度來看，需要的人才類型？
- 現在勞動力市場上，有沒有哪些工作是供過於求？

- 有沒有哪些 10 年前很流行現在卻消失的行業或工作？
- 哪些行業競爭很激烈？生存不容易？
- 企業老闆比較喜歡什麼樣的員工？
- 國家正在大力扶植哪些產業？
- 臺灣各行業的就業人口與工作條件如何？
- 現在各個行業的薪資行情為何？
- 各個行業中曾被報導的典範為何？
- 如果我想從事 XX 類型的工作，我應該要認識誰？我應該要做哪些事？

蒐集資訊的管道除了身邊的師長、親友以外，更不要忽略外部的資訊來源，比如政府或財團法人經常舉辦相關的論壇、講座，都是提供最前線資訊的管道。此外，由於我們正處於一個網路的時代，網路上什麼資訊都有，只是你能不能看得到而已。多閱讀相關的雜誌與新聞報導，甚至產業分析報告、全世界的市場概況分析等都應該加以涉獵，藉由蒐集資訊的過程中，對現在及未來的市場會有更多的認識。

而假設你已經對於某一個特定的工作有高度的興趣，也進行過許多職業性向測驗，確認自己的職涯發展方向，便可以直接向相關領域的長輩請教，或聚焦在該特定的工作範圍尋找相關就業市場及產業資訊。

三 接觸環境

(一) 尋求機會

當我們對於自己以及環境資訊有一定程度以上的掌握時，就是所謂的「知己知彼」，這個觀念有點類似管理領域裡經常提及的「SWOT 分析」概念[註11]，了解自己的優劣勢所在，透析市場上的威脅和機會，就有機會在這當中找到可以嘗試的方向，從企業管理的角度，那叫做「策略規劃」，從個人的角度，則可以運用在生涯規劃。

↻ 表 2-3　個人 SWOT 分析表

S 優勢	W 劣勢
• 優於一般人的分析能力 • 辨識人才的能力 • 人際關係佳	• 個性較為內向 • 經濟弱勢（家中經濟差，尚有就學貸款）
O 機會	T 威脅
• 政府鼓勵青年創業，提供豐富創業資源	• 就業競爭大（國內市場窄小，人才供大於需）

　　以表 2-3 為例，當你發現自己有優於其他同儕的分析能力，更特別的是大學生少有的辨識人才能力，換句話說，你可以辨識每個人的長處並知道他擅長的才能；而就業市場相當競爭，代表很多人有找工作的困擾，當然你自己也是。這時你可以透過整合（利用）SxO 找到一個值得考慮發展的方向，就是自己不去找工作（避開 T），透過爭取政府的資源，創立小型職能診斷工作室，協助同齡工作者尋找適合自己的工作，這時候便需要使用到自己優於同儕的分析能力和辨識人才能力。這個職涯發展策略還是建立在進入一般就業市場不容易的環境威脅之下（SxT），這樣一來，政府的獎勵措施可以解決自己在經濟上的劣勢（WxO），也可以在激烈的求職市場中，讓較為內向的自己避開需要靠性格從群眾中脫穎而出的情境（WxT）。然而，這只是紙上的分析，代表可能的嘗試方向，距離確定的方向還有非常遠的距離，而且分析出來可能的職涯方向不會只有一種，接下來則應該朝這些方向盡可能的進行嘗試。

（二）勇敢嘗試

　　倘若你已經了解自己的特性和優點，並在市場中找到可以對應匹配的職涯方向，接下來便是給自己「嘗試」的機會，嘗試的目的是為了「確認」。例如：筆者曾經有一位學生，個性外性且善於與人交流，他自認為從事服務業對他來說不僅容易取得工作機會，而且應該是遊刃有餘，因此

他應徵了知名咖啡廳的工讀生，結果工作不到一週，他就大嘆自己實在不喜歡這份工作，和自己想像的差異很大。又有另外一名學生，本以為自己對小孩應該是沒有什麼興趣的，對循循善誘這份差事也是不置可否，但因為協助同學的關係，自己實地參與前往國小與幼兒接觸並教書的經驗，發現自己竟然對這份工作有著很正向的感受，並且從中得到很大的成就感，於是他開始去思考自己可以善用哪些特色來創造出教學的獨立性，不見得必須成為他原本認知的國小老師該有的樣子。

因此，我們可以知道，「嘗試」這件動作對職涯規劃也好，生涯也好，都是很關鍵的程序，因為唯有親身去經歷，才能知道那份工作的實質意涵，可以及早發現自己根本不適配該行業該工作，對自己、對社會都是好事一樁；同樣的，可以早點知道原來自己真正適合的是什麼，可以提早為成就它而做更多的準備。

有很多事情，我們都「想過」，但是，想到後來就放棄的事情遠遠多過真正去實際落實的。就像經常聽到女性想減肥，但日復一日，不僅沒見減肥成功，反而圓潤不少。因此，大家只有停留在腦袋裡的想像，並沒有實際去實施、去嘗試哪個方法最適合自己減輕體重。有很多學生，對於未來其實已經有一些想法和方向，但總喜歡來問筆者：「老師，我想當公務員，但是我不確定自己適不適合耶？」「老師，我對業務工作很感興趣，你覺得我適合走這途嗎？」這類的問題常讓筆者感到很無言，因為沒有人可以去為別人的未來做決策，這些答案應該靠自己去找解答。不確定適不適合最好的方式就是「去嘗試看看」。就像是有一件很美的衣服，你看了很喜歡，但又擔心不適合自己的身形或風格，最簡單的方式就是拿下來試穿看看，大不了不好看再擺回去，並沒有什麼損失，且往後你對自己適合的服裝款式又有多一分的了解。

（三）尋找速配的工作領域

在第一章裡，我們提到了一個很重要的職涯管理概念，關乎一個人

的職涯發展，稱之爲「個人與工作適配理論」（person-job fit，簡稱 P-J Fit）。這個理論的精神主要在表達，人會去找尋和他本身的人格特質和興趣最匹配的工作，也只有在適配性越高的情況下，他較有機會獲得較佳的職涯發展。

「適配」也就是「契合」，或者說是「速配」。在人類所有的行爲活動裡，最強調速配的時刻，便是在尋找人生的伴侶時。現代人多半無法接受相親結婚，堅持自由戀愛，並且透過一段時間的認識與互相了解，從中判定這個對象是否和自己在價值觀上一致、是否有辦法相處一輩子，進而才進入婚姻的殿堂。如果遇到不合適的對象，便會提出分手，與下一個對象交往，直到找到合適的人爲止。有趣的是，現代的人在尋找一份正式的工作（這裡指的工作是指固定工作領域或專長，例如：業務、教師、財會人員、公務員、藝術家……）以前，卻從不會想要和它談戀愛，反而採用「相親」的方式來進入某個工作領域。

舉例來說，有很多學生想當老師，但他們通常沒當過老師，對老師的憧憬都來自於自己過去的老師帶給他們的形象，他們也自認爲自己的人格特質似乎適合擔任老師，甚至周邊的親友也主張他們應該當老師，加上客觀來說，老師又是個穩定的職業，因此他們在大學入學志願選填時，便以老師相關校系作爲第一志願選填。但卻有不少人在經過深入的輔導和晤談後才發現，原來他內心認知的老師可能和真正的老師這份職業有很大的差異，而且發現原來他之所以選擇這份職業是因爲他發現當與周圍的親人或朋友談起這個未來的職業時，別人的肯定和鼓勵讓他得到最多的快樂，但這可能不是他內心最想要的職業，甚至他有更擅長可以發揮才能的職業。爲了避免這樣的情形發生，他應該想辦法和自己未來長期的工作「對象」談戀愛。

談戀愛一定要接觸對方，近距離和對方互動，不能只有談遠距戀愛，或者書信往來。換言之，假設想從事「小學老師」這份工作，必須真的教導小學生，嘗試與小學生相處，了解他們的溝通方式。而教導小朋友

有很多管道，例如：擔任家教、安親班課輔老師、基金會課輔老師、梯隊輔導員等，都是很好的機會。但是，如果真正想了解適不適合從事這份工作，更積極的嘗試管道則是「試婚」，在結婚前進行試婚在現今社會無法受到很多人的認同；但在職涯發展過程，試婚卻對於整體職涯有很直接的幫助。若要擔任小學教師，所謂的試婚便是「實習」，在師資培育系統裡，大四畢業後才會前往小學實習；而一般科系，則在大四進行實習。但這種階段的實習通常只適用於「早就決定嫁給某一個工作」，只是提早認識環境而已，跟本章節談的概念有很大的差異。這裡談的試婚是在尚未知道自己是不是適合或喜愛這份工作時，必須尋找能夠近距離接觸實際工作場所的機會，例如：以助教或志工的身分到小學教室參與小學教師的工作。事實上，在某些特定的週次與年級，需要許多家長志工進班協助，因此，要尋求這樣的協助機會是相當多的，唯有這樣才能較正確的認知這份工作要承擔的責任和工作條件為何。

大部分的學生喜歡用主觀的方式來評估與職業有關的資訊，卻很少親自為未來想從事的職業深入了解。有次，筆者建議一名想從事小學教師的學生可以前往小學訪問老師，甚至進班協助班級教師，好了解小學教師具體工作內容和責任。該名學生表示，他距離小學畢業才 7 年不到，憑印象就知道小學老師的工作是哪些，不需要額外做這些事。然而，一名只有12 歲的學生眼裡看到的老師忙碌身影，真的可以知道小學老師全部的工作內容和責任？他看到的只有教學、批改作業和帶領戶外教學，他不清楚老師除了學生看得到的行為以外，還必須接受教育局、學校分配的許多行政任務，並且與其他同仁組織社群、編輯教材，甚至處理很多不能讓學生知道的事務以及繁複的親師溝通工作。這些工作壓力與責任，從一名小學生，和準備把教師當職業的大學生，這兩者角度觀察到的必定有完全不同的視野和對工作的認知。

輕忽職業資訊的重要性，自以為是，或者懶惰逃避，都會讓自己在真正踏入職場後，有較高的機會產生職業現實與內心衝突。心理素質高的可

以快速調適，但很多人卻因爲職場與自己想像的不同，而影響了表現和上進的動機，甚至萌生轉職意願。例如：以爲當警察很帥氣，從沒有思考到要經常和屍體打交道這件事自己可否承受；以爲法官高高在上實現正義，卻不知道在那個位置上，有很多機會看到血淋淋、社會不公平卻又得依法放人的無奈；以爲老師春風化雨，不知道有時恐龍家長多到足以撲滅教育熱情；以爲記者可以忠實報導爲民眾謀求知的權利，卻不知很多時候，高層政治會決定報導的走向。提早接觸眞正的職場，知道自己應該如何補足專業，也可以即早對這個職業有全面的認識，期待正面部分的同時也應該學習接受負面的部分。筆者有一名學生，他的職涯志向是擔任觀護人，還沒有去訪問觀護人之前，他一直以爲擔任觀護人是在拯救一個人的未來，只要有相關的專業和熱情就可以勝任，在和這個職業有越來越多的接觸後，他才知道，要做好這份工作還必須能夠承受社會上的黑暗面，而他自己成長於健全幸福的家庭，一開始聽聞前輩的經驗時一度很震驚。因此，爲了持續這個職涯夢想，他必須培養自己相關的心理素質，否則自己心理會在工作過程受到嚴重影響，不僅無法幫助別人，自己的職涯發展也會有所侷限。

　　不論想從事哪一份工作，最好能找到直接與該工作接觸的機會，通常在自己專業不足的情況下，想獲得有酬的打工機會是不容易的，但如果採用志工方式，甚至付費的方式進行工作體驗，又或者拜託熟識親友而進到相關工作現場，最能有效了解自己是否與該工作速配。

> 很多事情，你一定都「想過」，但，你曾「努力過」嗎？

四 進行評估

　　前述我們提到勇敢對感興趣的工作領域進行近距離接觸與嘗試，這就

是「大膽假設」的概念，接著就要進到「小心求證」的階段。「大膽假設、小心求證」是中國近代文人胡適關於治學的知名口號。受到實驗主義的影響，胡適認為一切沒有充分證據的東西都不能相信，得經過科學方法的檢驗才行。

就像有些電影或書籍，別人看了以後直呼難看；某些餐廳別人去光顧以後直喊難吃或者服務差，你會不會就因此不去試看看吃看看？還是僅聽從旁人的經驗就做決策？明明你可以有所收穫的電影少看了損失是小事，但如果是和個人的職涯發展有關的事情你錯過了，那就是大事。在尋求自己的職涯方向時，前人的經驗相當重要與珍貴，但唯有自己親自試了才知道適不適合自己？值不值得讓自己用接下來的時間去追求，甚至未來半輩子的時間都花在這領域上。

如果從胡適的角度來看職涯發展，別人的建議再怎麼好聽，只能做為一種有假設的見解、值得參考的材料、啟發想法的管道，至於能不能相信，得透過方法去印證才行。而執行後的印證步驟便是「評估」階段。在管理學領域中，「評估階段」相當重要，是決策流程的最後一步，卻影響下一個工作的開始，不能只有執行，卻缺乏評估。

一旦你願意去想辦法接觸未來可能的工作後，透過實際觀察與體驗，加上先前對自己的認識，可以有效的評估這份職業是不是與自己的興趣、性格、天賦甚至價值觀相匹配。已經有很多的研究證實，如果可以找到與自己人格特質適配的工作，不僅可以有助於自己在職場上面對困難的任務較不易產生壓力，可以獲得較佳的表現，也容易在整體生涯上獲得滿足（註12）。

如何自我評估有二個主要的方法：第一個是直覺法（intuitive decision making）。利用直覺決策方式來對經驗或即將進行的行動做判定，是人們最常使用的決策方式，而這個決策方法是否有品質，取決於相關經驗的多寡。做法就是，當你實際接觸相關工作環境和內容後，在心中打分數，雖然表面上看起來很主觀，但人在內心評分的過程其實會參考各種判定準

則,而非毫無理性。假如想降低直覺判定的錯誤機率,唯一方式便是多嘗試幾份甚至幾類工作,就更能蒐集評估過程所需的資訊,也較能立下判定的標準。就像許多企業的老闆或負責人在對公司策略下判定時,表面上只是當事人的直覺,但那是因爲他已經經歷過類似的商業環境或情境非常多次,有過實際執行經驗,因此可以快速整合決策所需的資訊,提出一個快速但事實證明品質不差的決策。這個道理就如同經驗老道的刑警會比菜鳥刑警對同一案件產生更多直覺反應,因而往越正確的方向追查,快速破案。因此,多嘗試各種工作領域可以提供更完整的判斷標準,對職涯發展做出更有效的評估。

自我評估的第二個方法是:理性決策方式(rational decision making model)。第一步驟:把本章第一節提到的「工作價值觀」考量進來,列出你在意的職涯要素、希望藉由工作能滿足你哪些對人生的需求。第二步驟:將這些項目依照在意的程度給予不同的權重。第三步驟:列出你已經嘗試的工作領域或具體工作職務。第四步驟:針對你在意的項目,分別爲這些工作經驗打分數。第五步驟:計算加入權重後的個別總分。第六步驟:做出最後的選擇,並開始利用接下來的具體行動。

我們以表 2-4 作爲範例解釋,假設你目前列了三個可供自己選擇的職涯方向,這三個方向可能來自身邊親友的建議和自己的想法,同時也因爲透過他人的協助,眞的到企業接觸相關工作和環境,也訪問了相關工作者,甚至也參與公部門的實習工作。這時候的你有許多實際的經驗與感受協助自己寫下自己內在的需求,包括:你認爲經濟很重要,還要能發揮自己的天賦、做感興趣的事、能夠有自由的時間,同時要能滿足家人對你在職涯選擇上的期待。但你認爲這些職涯要素中,有一些是自己無法退讓的,例如:做感興趣的事對你來說最重要,因此你給它較高的權重(權重區間可以自己決定),相較其他職涯要素,有自由的時間固然重要,但是最後才需要考量的。把三個嘗試過的職涯方向放入表中後,依據你的接觸經驗和蒐集的資訊,爲它們在個別的職涯要素上打分,分數區間自行決

定。例如：自行創業是自己高度感興趣的工作，所以給了很高的分數，但在是否能賺錢這件事上，它的不確定性高，尤其如果只考量職涯初期階段，可能帶來的財富不高，因此得分較低。當所有的職涯方向在「能帶給職涯要素多大滿足」的分數都完成後，便可以透過加乘（職涯方向得分 × 權重）最後獲得加總分數，以表 2-4 為例，成為創業者將是你目前最值得進一步努力的職涯方向。

↷ 表 2-4 職涯發展方向選擇理性評估法

自我認知的職涯要素	權重	方向一：公務員	方向二：行銷企劃	方向三：創業者
帶來充足的經濟資源	6	7	5	2
能發揮天賦與特長	8	3	7	6
感興趣	10	2	5	10
有自由的時間	1	5	4	2
滿足家人的期待	3	10	5	2
得分		121	155	168☺

有趣的是，假設有一個具有同樣天賦和興趣的個人，擁有同樣的工作環境接觸經驗，加上同樣的職涯要素，只要他們擁有不同的價值觀，就會做出不同的職涯發展方向評估結果。如下表 2-5 所示，公務員可能就成為現階段可以持續努力的目標，因為它可以帶給個人的總滿足效用最大。然而，人在進行這些分析的過程不可能百分之百理性，可能受限於所需資訊有限、偏好搖擺不定，對自己的認識不夠導致列出的職涯要素不完整，最麻煩的是，真正最適合自己的職涯方向沒有出現在表格裡。因此，為了讓自己有較佳的職涯規劃品質，應盡可能的嘗試並參與各類職業活動並蒐集相關資訊，同時對自己有充分的了解。

⤴ 表 2-5　職涯發展方向選擇理性評估法

自我認知的職涯要素	權重	方向一：公務員	方向二：行銷企劃	方向三：創業者
帶來充足的經濟資源	10	7	5	2
能發揮天賦與特長	4	3	7	6
感興趣	5	2	5	10
有自由的時間	1	5	4	2
滿足家人的期待	6	10	5	2
得分		157☺	137	108

　　當然，你也可以尋求專業人士的協助，校園裡的老師或就業輔導單位也是學生利用的最便利管道。此外，政府機關與非營利機構，甚至營利組織有許多職涯發展專業人員，可以協助你進行職涯諮詢或輔導。他們可以引導並帶領你蒐集環境資訊，檢視你的能力，在自己做決策的前提下，協助你找到合適的職涯方向。

五　決策與行動

　　上一階段在幫助我們定位未來可能的「方向」，便可以根據這個方向來規劃一些實際可執行的活動，這些一連串的活動能夠不斷的幫助自己再次確認未來的職涯目標，同時也可以讓自己的經驗具有計畫性與累積性。對於大學生，有一些建議方向可供讀者訂立行動時參考，讀者可以選取自己感興趣或較有幫助的項目來進行。

（一）利用課程組合幫自己量身打造專業

　　每個大學科系都因為專業領域而設計該完成的課程組合，身為學生，自己也可以為自己量身打造一份對未來最有幫助的課程清單。例如：張三就讀的是資訊管理系，但張三對這個領域不感興趣，反而對行銷企劃

躍躍欲試，因此他可以考慮在滿足系上基本的學分要求下，將其他時間拿去選修其他系，甚至外校開設的應用統計、消費者行為、廣告心理學、市場調查等與累積行銷企劃基本能力有關的科目。甚至還花了打工賺的錢，自己到外面去學習企劃方案書的撰寫課程。又例如：李舞就讀的是心理系，但其實她想從事表演藝術工作，如：表演工作者或舞臺劇演員，假設不考量轉學或重考，李舞除了系上基本學分以外，她可以到其他系或通識課程選修歌劇與表演藝術、歌劇演唱與舞臺藝術、表演藝術概論、藝術影像與文化傳播、電影藝術欣賞、西洋戲劇導讀，甚至文學系所的西洋文學賞析、文學選讀都可以奠定她的表演基礎。哪怕是本科系的許多與人有關的基礎學科也可以帶給她累積相關工作所需的理論概念。

　　筆者教書多年，經常聽到學生喜歡抱怨哪個老師教不好、哪門課不有趣，讓他們不想上課。姑且不論是不是學生自己的問題，就算真的是老師教不好，或者沒有認真教，學生自己應該要想辦法學好，才是對自己負責的表現，千萬不要因為對老師的喜好，影響你和那門學問的關係。同時也必須有自我主導學習的觀念，不能只依照系上的選課清單來選課，甚至以學長姐的意見為考量，專挑容易拿學分的科目學習，要清楚知道自己應該選哪些課，才能為自己累積更多的能力。

(二) 給自己頒發比畢業證書更有價值的證書

　　許多學生喜歡抱怨自己沒有考上更理想的學校，意思是還沒有拿到畢業證書，自己先貶低自己的價值，但卻不知道自己的價值和畢業證書未必有關系。當你對於將獲得的畢業證書產生懷疑的時候，你何不思考給自己頒發更有價值的證書呢？

　　學校的畢業證書代表的是學歷，反應的不見得是實際能力。在很多的專業領域中，想要證明自己具有某項特殊的能力，需要的是證照，學歷只能反映基礎智力（像是理解力、反應力、解決問題能力等）。例如：商科的學生成績單上印有各種類的科目成績，但是當你想要從事某些工作時，

例如：保險經紀人、期貨銷售員、理財專員時，光有你的商學學位畢業證書是沒用的。眾所皆知的醫師一職也是如此，明明唸了很多醫學的科目，已經從醫學系畢業，還是得考取醫師證照才具有醫師資格。因此，對很多領域來說，考取專業證照是重要，甚至必要的事情。專業證照可以幫自己創造出比畢業證書更有價值的身價。

有些讀者可能會說：我以後想從事的工作好像不需要任何證照，所以我不需要考證照。這樣說來似乎也沒有錯，若有更具價值性的活動去做，自然不需要把時間花在考證照上，但如果時間許可，或者並無其他活動規劃，考證照可以有一些表面和潛在的益處，供讀者參考。

首先，考證照意味著要安排時間讀專業書籍，這麼一來，是自己在提供自我學習的管道，藉這個機會可以自我充實。第二，即便表面上這個專業知識不見得馬上用得到，但若是把它當成取得額外專長的機會，就等於在為自己創造未來可能的機會。第三，那看似不見得派得上用場的證照，在面試官的眼裡，可能顯示的是你積極進取的人格特質，至少你比其他競爭對手更願意投資自己，不過，前提是該獲得的其他條件你必須先擁有，否則容易讓他人誤以為你的判斷能力差。第四，不論這些證照將來會不會、有沒有必要出現在你的履歷表中，考取困難度不低的證照本身就是一種成就感的取得，一旦證明了自己的能力便有助於自信心的提升。第五，透過為了因應證照考試而閱讀的專業書籍，有助於我們對自我生活環境的體認。例如：當你為了報考證券類交易員而閱讀了《公司法》，對於社會上這些大大小小存在的公司，成立的過程必須經過什麼樣的程序有更細部的認識；閱讀了《證券交易法》，便對臺灣的證券市場有更深的了解；當你為了報考就業服務證照而閱讀了《勞基法》，對於臺灣勞動市場一定會有別於以往的感受，甚至了解政府如何在法律上對待外勞。

> 你越努力，就越不會放棄。
> ～美國足球大聯盟綠灣包裝人（green bay packer）教練 Vince Lombaradi

（三）給自己開拓視野與接觸多元文化的學習機會

簡單來說，離開校園封閉的環境，在世界各個角落學習。這件事可以在國內進行，但由於臺灣地理環境有限，不論在哪個工作領域，舞臺環境較小，若可以藉由各種機會跨出臺灣的邊界，可以有更多的機會開拓視野。除了家裡經濟許可的學生，可以參加遊學團以外，各大學都有所謂的交換學生管道，甚至政府也提供了大量的經費，供學生們出國學習（註13）。然而，多數的學生都是展現出想都不敢想的消極態度，認為這些事情與自己無關，殊不知，其實有些出國機會並非一定要在校成績很好才能申請；而有些學生則是因為害怕語言能力因此不敢出國，卻從不曾從另外一個角度思考：想辦法把語言能力提升好，因此就可以擁有出國的機會。再者，很多學生認為出國當交換學生除了學校補貼以外自己也要花錢（一般而言，學生只要自付生活費，機票、住宿和學費都由政府支助），因為擔心花錢所以先說服自己放棄，但是，大學裡的交換學生機會是一個人一輩子當中想靠著出國來學習最便宜也最簡單的管道了（除了你拿到公費留學），要是真的有心學習，生活費的問題倒不是最關鍵的，真正有困難的，學校肯定會出手幫助，但想遇到貴人，必須自己具備有貴人想要幫助的特質和態度。

如果學業成績排名、經濟條件真的是你的大罩門，那至少還有最後一種方法，那就是遊學打工（註14），這是時下很流行的方式，很多語言能力底子不佳、在校申請不到交換學生機會、家裡經濟又不允許的學生便用此方式讓自己有出國學習的機會（並非指遊學打工者都是上述情形，而是這是最不受各式各樣條件左右的出國學習方式，然而，許多遊學打工機會還

是要透過線上語言面試，並非人人都可以成功獲得打工機會）。不過，要特別注意的是，遊學打工形式必須當事人有充分的行前準備，才不至於花了大筆機票飛到現場，沒有出場機會，花了時間，賺不到打工薪酬，沒有累積有意義的工作經驗，甚至連語言也沒有進步[註15]。

此外，幾乎所有的學校都會提供由老師帶領，到其他各國文化進行短期交流或見習的機會，期間較短，所需費用較低，甚至搭配學分抵免，這也是很好的多元文化接觸的學習機會。再者，學生也可以透過在國內的方式，參與由不同國家成員組織的活動，來擴張自己的國際視野，也是一個可以考慮的學習管道。

（四）給自己自我挑戰與成長的機會

大學生的學習不應該只有侷限在校園內，大學只是針對各個專業領域規劃完整的理論架構讓學生循序漸進的學習，但學問浩瀚無邊，若想充實自己，應該多加利用校園外的管道，例如：他校的學習資源，舉凡演講、營隊、競賽等。此外，社會上也有許多政府單位、財團法人、非營利機構，甚至公司行號所舉辦的各式各樣的競賽與活動，透過現今網路的方便與普及性，只要有心想參與，不僅資訊唾手可得，選擇也相當多元。

如果只知道與圍牆內的對手競爭，不免成了井底之蛙，有機會應該走出校園，與其他學校的同學一較高下，吸收他人之長補己之短，同時也了解自己的長處何在並提升自信。如同上述第二點提及，參與具指標性的競賽，若能獲得獎項，也等同於給自己頒發畢業證書以外的能力證明，這些活動參與的成就更能具體的展現你在某些領域上的特有才能，也同時證實你具有願意接受挑戰的態度與人格特質。

> 「機會是留給準備好的人」這是大家都聽過的句子，也都同意。
> 但是真正去準備的人卻很少。

(五) 讓自己提早認識社會

近幾年來，教育部推動大學教育應該要強調學用合一，鼓勵各項措施來消弭大學學習與實務之間的鴻溝，各大學除了引進業師教學、舉辦參訪活動以外，最具有實際效益的應當數企業實習了。能進到企業實習對於個人在確認職涯發展的路上有很大的幫助。雖然，大多數實習工作可能無法接觸到工作的核心內容，甚至流於打雜形式，但只要有學習的精神，都可以藉由工作場域的直接接觸去觀察到工作內容、工作環境是否與自己專長與特質相符。並從而在校園剩下的時間裡，盡可能補齊所需的知識與能力，或者建立該有的態度。

如果有些行業難以獲得實習機會，或自己尚未確認自己的職涯方向，也可以透過打工的機會去確認，唯獨要特別留意的是，打工的機會到處都是，若是為了累積有價值的打工資歷，或者是確認職涯方向，在打工的類型上必須審慎選擇。

圖 2-1 整合前述所言，成為個人在選擇職涯發展方向時的參考流程，從自我興趣、能力和特質的盤點來認識自己，再藉由廣泛的蒐集外部環境資訊來了解環境與其他人，接著透過實際參與工作累積經驗，並進行審慎的評估，以檢驗原本對自己、對工作的認知是否有錯誤或偏頗，在獲得較為明確的方向或幾個方向時，便可以為這些方向制定更具體，同時更聚焦的行動方案與學習計畫，以累積未來從事相關工作時所需的能力與條件。

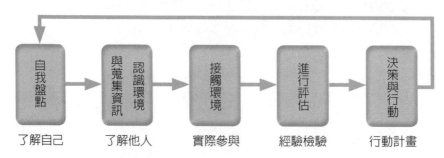

| 自我盤點 | 認識環境 與蒐集資訊 | 接觸環境 | 進行評估 | 決策與行動 |

| 了解自己 | 了解他人 | 實際參與 | 經驗檢驗 | 行動計畫 |

▌圖 2-1 職涯方向選擇的流程

　　本章最後列出一些政府部門提供給青少年及大專院校學生可以對職涯規劃與發展有關的資訊（請參考課後練習第 10 題內容），包含：資訊講座、競賽、志工活動、實習機會等。若能及早接觸校園外的世界，會對實際的職涯環境有更多的認識，尤其對未來尚沒有什麼想法、不知道自己能做什麼的讀者來說，多給自己一些不同的資訊刺激，才可能有進一步的想法。

 註釋

1. 王永慶先生逝世於 2008 年 10 月 15 日，享年 91 歲。據聞，當時王永慶先生非常擔憂當年金融風暴對公司的影響，因此前往美國視察生產線，但來不及回國便於美國紐澤西家中於睡夢中辭世。

2. 此 13 個價值觀為知名的美國心理學家 Milton Rokeach 於《人類價值觀的本質》書中所提出。

3. 美國知名的職業管理學者 Donald E Super 依據職業發展理論所發展出來的工作價值觀。資料來源為 Super, D. E. (1970). Manual for the Work Values Inventory. Chicago: Riverside Publishing Company.

4.《鋼彈主管，你如何領導你的海賊王部下——「不懂現在的年輕人……」因為你還沒用對方法》一書的作者嶋津良智在書中指出，領導人必須要理解現在的年輕人在想什麼，才有辦法和他們有良好的互動，也才能好好的領導他們，其中，便指出日本的年輕人喜歡守著小確幸，缺乏追求遠大夢想的企圖心，而這樣的現象與整個社會環境有很大的關聯。

5. 兩個知名的部落客 Joe Chang（張國洋）和 Bryan Yao（姚詩豪），共同成立一個部落格「專案管理生活思維」，網址為 http://www.projectup.net/blog/，透過自己在專案管理的經驗，以及許多生活體驗，在網路上撰寫許多發人省思的文章。

6. 來自 1111 人力銀行在 2006 年的臺灣上班族轉行大調查、2011 年的上班族調查以及 2015 年所進行的上班族創業意願調查。

7. 在心理學或組織行為領域中，會談到一種偏見或知覺偏差的情形，稱之為

「不斷投入承諾」（Escalation of Commitment）。意思是說，人們會不斷的對自己本來的決策投入更多的承諾感，即便發生了讓他感到失落或負面的感受，只會讓他更認同曾經做過的決策。就算意識到這個決策可能是錯的，也要持續堅持下去。這種情形不僅會發生在配偶選擇上，也會發生在職涯選擇。

8. 臺中司機吳旻璁先生，在任職統聯客運臺中市公車司機時，因為經常在執行任務時以多國語向乘客播送站名，甚至會主動問候乘客，例如：「讀書要認真哦」、「記得吃早餐哦」，這樣突如其來的言語經常讓乘客感到親切甚至有趣，於是被一名大學生拍攝下來並上傳到 YouTube，在網路上一夕成名，甚至還上了新聞，並於電視劇中客串司機。這位榮獲優良司機的吳先生同時上了維基百科。

9. 派克魚市場位於美國西雅圖 First Avenue 和 Western Avenue 之間的 Pike Street 上，成立於 1907 年，它之所以有名最主要的原因在於裡面的魚鋪店員只要聽到有客人要買魚，便會同聲大喊，並且將客人挑選的魚用丟甩的方式，拋給後方的同事，客人喜歡來這裡買魚是因為感覺上像在看一場秀，而且店員會親切且熱情的與身邊不管是不是來買魚的路人互動，那種沉醉於工作的模樣吸引了許多人的注意，於是他們的故事被寫成了書，拍成了影片，還成了各大學與企業的教育訓練教材。派克魚市場現在已經成了西雅圖知名的觀光景點。派克魚市場案例也被撰寫成多本書籍，在這個故事中，提供四個建議給所有讀者參考，即為：用心工作（be there）；遊戲（play）；在意顧客（make their day）；正確的態度（choice your attitude）。讀者可上網搜尋便可以看到許多部落客的介紹文章以及精彩的影片。

10. UCAN 原文為 University Career and Competency Assessment Network，簡稱 UCAN。是教育部推出的「大專校院就業職能平臺」（網址為：https://ucan.moe.edu.tw/）透過該網站，臺灣大專院校學生皆可以取得帳號，並進行職業興趣探索自我診斷測驗，這個測驗源自於 John Holland 的職業興趣量表，測驗後系統會告知職業性格六碼的排序。此外，還可以透過網站進行職能與職業查詢、職能診斷等各種與職涯發展有關的自我管理活動。

11. SWOT 分析是管理學領域相當知名的策略規劃、制定與分析工具。這個工具如今被廣泛的使用在各個領域與情境，例如：很多大學生，甚至高中生

參與入學考試時經常使用該工具來對自己與環境進行分析。然而，此工具最重要的不是只有列出自身的優劣勢（S: Strengths；W: Weaknesses）與市場的機會與威脅（O: Opportunities；T: Threats），關鍵在於透過分析後所得的訊息，提出對未來最可行的策略方向甚至具體方案。比如你的某一個優點、特色或專長，可以對應到未來市場上某些工作類型的需求。

12. Caldwell D. F. and O'Reilly, C. A., III. (1990). Measuring person–job fit with a profile comparison process. *Journal of Applied Psychology, 75*, 648-657. Greenberg, J. (2002). Time urgency and job performance: Field evidence of an interactionist perspective. *Journal of Applied Social Psychology, 32*, 1964-1973. Kristy J. Lauver and Amy Kristof-Brown (2001). Distinguishing between Employees' Perceptions of Person-Job and Person-Organization Fit. *Journal of Vocational Behavior 59*, 454-470. Xie J. L. and Johns, G. (1995). Job scope and stress: Can job scope be too high? *Academy of Management Journal*, 38, 1288-1309. Erdogan, B. and Bauer, T. N. (2005). Enhancing career benefits of employee proactive personality: The role of fit with jobs and organizations. *Personnel Psychology, 58*, 859-891.

13. 這幾年，教育部提供了許多相關鼓勵資源，例如：交換學生類的「學海惜珠計畫」、「學海飛颺計畫」，海外實習類的「學海築夢計畫」，以及提供參加國際性學術技藝能競賽及發明展的大學校院學生相關補助。

14. 打工度假的制度在世界上已經實施 30 年以上，這些年來，打工遊學、打工度假、打工換宿、實習打工等，在臺灣年輕人之間相當流行。為什麼是年輕人？因為赴國外打工是有限定年齡的，通常 30 歲以上就不太有這個機會了。並非你想到哪個國家打工都可以，每個國家給予其他國家的名額不定，像是臺灣國民目前能出國遊學打工或度假打工的國家約有 13 國。國家請詳見外交部相關網頁 http://www.boca.gov.tw/ct.asp?xItem=2707&ctNode=759&mp=1

15. 暢銷作家褚士瑩出版了許多對年輕人相當有幫助的書籍，其中，《比打工度假更重要的 11 件事》一書便是探討出國打工相關的議題，提醒想從事這個活動的年輕人，做這件事之前你應該思考哪些問題，才會讓自己的時間與金錢投資更有意義。

主題影片

中文片名：天皇料理人

原文片名：天皇の料理番

首播日期：2015 年 4 月 26 日（日本）

劇情長度：12 集

主要演員：佐藤健、黑木華、桐谷健太、柄本佑、小林薰

劇情簡介與推薦說明：

　　這部日劇是以真實存在的人物為原型進行改編，談的是日本宮內廳料理長秋山德藏在青年時期立志成為廚師的故事。秋山德藏年輕時在軍隊的廚房裡接觸到西方料理，開始了對料理的興趣，之後成為餐廳的料理長，並因為優秀的才能受到賞識，加上自己積極向上的決心，因而被推舉到外國，先後在德國和法國等國家學習料理，之後受邀返回日本成為天皇的御用廚師。這部日劇講述的便是這樣看似常見的勵志故事。

　　為了達到商業性，就算是史實劇也要經過一定程度的改編，加入一些動人或驚人的劇情，才能達到吸引觀眾的效果。若從這個角度來看，編劇從男主角與其身邊人物關係的刻劃著手，達到了一定的效果。特別是女主角的溫婉堅毅形象，以及男主角大哥對弟弟的手足之情，都讓一個傳記型的電視劇更加具有故事性。但觀眾也可以看到，雖然身邊親友的支持與適時協助是男主角成為天皇料理人的原因，但真正成就男主角，主要還是來自自己的性格與努力。

　　社會上像男主角青少年時期一樣，學習上不突出，不知道自己想做什麼的人很多。但像男主角一樣，願意不斷嘗試、不怕失敗，同時不怕旁人笑他做事三分鐘熱度的人卻很少。多數人都是順著親友的眼光與期望，甚至背棄自己的夢想，去從事自己不喜歡的工作，並且在懊悔及沒有熱忱的狀態下，結束生涯。

　　因此，男主角「喜歡就去嘗試」的行為是職涯規劃的概念中所鼓勵的，因為，透過具體接觸去了解自己、認識工作本質，確定自己的志向。然而，生涯選項嘗試是有年齡限制的，年紀越大，承擔的風險越大，越難以進行嘗試行為。因此，年輕人應該勇於為自己的志向多方嘗試。然而，絕大多數的人，青少年時期都在書堆及考試中度過，這會產生一個很大的問題：社會上多數人要

嘛沒有盡全力在從事自己的工作，要嘛就是很不快樂的認真工作（當然更多是不盡力也不快樂）。

這日劇還有一點很吸引人的是：男主角的拼命傻勁。這股拚勁想必感動了不少觀眾。但在現實生活中，我們是否有為了工作而充滿努力往前衝的拚勁？如果工作不是自己所喜歡的，自然沒有努力的動力。所有的人類行為幾乎都是有動機的。因此，知道自己要什麼，並且為了目標不斷努力，是個人職涯發展中最基本也最關鍵的兩件事。而這部日劇便透過精彩的情節帶領觀眾感受這個觀念。

順帶一提，除了職涯發展概念以外，劇中也提供許多職場人際互動的橋段可供欣賞。當個體處在組織不同的位置時，要如何扮演角色，所須關注的人際議題會有所差異都很值得討論。同時，故事也讓觀眾清楚的看到，在職場中，想要具有多大的市場價值，就須看自己擁有多少的競爭力，這些都與職涯議題有密切的關聯。

課後練習

1. 請試著回答以下問題：(1) 每個人都應該要工作嗎？(2) 你覺得成功的定義是什麼？(3) 你覺得學歷在現今社會的意義為何？一定要念大專以上才能找到好工作嗎？(4) 你覺得人活著一定要有夢想嗎？沒有的話會怎樣？

2. 試著向身邊的長輩或朋友請教，他們從工作中得到什麼（財務與非財務類）？蒐集所有的回答後，將回答的內容做整理，了解不同人之間看法的異同處。

3. 以下文字呈現不同類型的工作價值觀，也就是人們認為應該從工作獲得哪些內涵。

賺錢討生活	同儕前有面子	獨立經濟表徵	讓父母安心
學有所用	社會眼光	打敗討厭的人	貢獻社會
幫助他人	得到成就感	結交領域菁英	為了興趣
工作中成長	追求收入極大	享受賺錢快感	挑戰權力職位

(1) 你認為人為什麼要工作？讓你想要有工作背後的原因為何？先挑選你認為的理由 3 至 5 個，將挑出的價值觀描述加以排序。排序後，也邀請朋友一起進行此活動，比較並討論彼此的差異。這樣的練習有助於了解自己，同時也是職涯規劃的起步。

(2) 請根據你所選擇的價值觀，回答以下問題：我目前心中想從事的職業是否能滿足挑選出來的價值觀？我挑出來的價值觀都能夠從夢想職業獲得滿足嗎？如果不行，我有辦法接受這個結果嗎？

(3) 如果你挑選的價值觀多數無法從目前預設的職業獲得滿足，請重新對自己進行檢視，同時尋求專家協助。

4. 你最近有沒有短期想獲得的東西？指的是物品，而非事情。例如：一頓千元牛排大餐，或者一臺機車。請設法規劃並合法獲得它。例如：將幾週存下的零用錢，拿去吃一餐千元牛排，並仔細體會這個過程與享用時的感受。

5. 請試著立定一個短期可以達成的目標，例如：把兩個月，或這個學期夢想當作執行的期限，規劃幾項可以在期限內完成的事情，這些事情是你之前原本就想做還未做的，利用這個計畫把它完成。完成後去感受一下，是否帶給你滿足和成就，若是你從這過程感受到一點興奮感，可以試著再往下設定更難一點的目標。

6. 請依據你目前的夢想職業，拜訪從事這些職業的對象，並拜託他們接受你的訪問，請事先做功課，並擬定職涯規劃與管理相關問題來向他們請教。根據訪問的內容擬定未來行動方案，或修正原有的想法，可以有效的提供你在職涯規劃上的參考。

7. 請利用以下表格，假設現在你已經畢業脫離學生身分，必須開始負擔獨立經濟責任，你覺得你會在這些項目中花費多少、需要多少才足夠。請注意，這是一個月的清單，有些支出項目是一年只會花出幾次，但請用預算的概念將它平均到每個月來計算。

房租	保養化妝品	學習費用
水費	西裝送洗費	（小孩相關費用）
瓦斯費	約會開銷	逛街購物費
電費	男女朋友禮物費	理髮費
通訊費	就學貸款分期付款	出國旅遊基金
上班交通費	同事交際費	國內旅遊基金
紅白包	醫療費	買車分期付款
勞健保費	保險費	汽車使用周邊費用
父母每月孝敬費	伙食費	3C 產品更新費
父母生日佳節禮物分攤費	生活用品費	（房貸金額）
治裝費	育樂費	

8. 請問你未來是否想要有一間屬於自己的房子？倘若是的話，請現在嘗試透過各種管道去尋找自己想擁有的那間房子，並了解必須多少費用才能購買。倘若是自行建造的房子，則須理解土地費用為何？並依照自己喜愛的設計風格，深入了解相關裝修費用。請分析看看，要如何做才有辦法擁有這間房子？

9. 請根據以下九種（或更多類別）經歷，分別到目前為止，你參與過哪些，詳細列出：時間與期間、名稱、學會什麼能力、產生什麼成就。

社團	學會	活動
展演	競賽	志工
營隊	打工	實習

10.請參考以下網頁，並挑選至少三個感興趣的網頁進行點閱，並問問自己，我對這些網頁提供的資訊哪些感興趣？這些資訊提醒了我可以從事哪些與未來職涯發展有關的活動？

iYouth 青年國際圓夢平臺：https://iyouth.youthhub.tw/main.php
青年社區參與行動計畫 2.0：https://goo.gl/hjKLhC
教育部青年署 U-start 創新創業計畫：https://ustart.yda.gov.tw/bin/home.php
青年海外和平工作團：http://yopc.yda.gov.tw/ch/index.php
壯遊體驗學習網：https://youthtravel.tw/
RICH 職場體驗網 - 首頁：https://rich.yda.gov.tw/rich/#/
臺灣就業通青年職訓資源網：https://ttms.etraining.gov.tw/eYVTR/
青年資源讚：專屬青年的政府資源搜尋引擎：https://youth-resources.yda.gov.tw/
智慧鐵人創意競賽：http://ironman.creativity.edu.tw/16th/index.html
青年好政聯盟：https://www.youthhub.tw/ypu/index.php

延伸閱讀書籍

山口克己（2005-2006）。就業向前衝。臺北市：東販出版。

史帝芬・藍丁（Lundin, Stephen）、哈利・保羅（Paul, Harry）、約翰・柯里斯坦森（Christensen, John）（2003）。如魚得水。新北市：經典傳訊。

史帝芬・藍丁（Lundin, Stephen）、哈利・保羅（Paul, Harry）、約翰・柯里斯坦森（Christensen, John）（2010）。FISH！派克魚鋪奇蹟：一種激發士氣熱情的哲學。臺北市：三采。

約翰・貝德爾（John B. Bader）（2012）。大學生知道了沒？美國頂尖名校生必讀的 11 則入學忠告。臺北市：大寫出版。

馬克斯巴金漢（2016）。發現我的天才──打開 34 個天賦的禮物。臺北市：商業週刊出版。（原書名：Now, Discover Your Strengths）

褚士瑩（2013）。比打工度假更重要的 11 件事：出國前先給自己這份人生問卷。臺北市：大田出版。

Part 2
職場中的群我關係管理

第 3 章

如何和上司相處

本章學習重點

1.認識部屬與上司的關係。

2.了解與上司相處的原則。

第一節│部屬和上司的複雜關係

一 誰是你的上級？

在正式進入這一章以前，你可以先試著思考：在你目前生活周遭中，誰扮演你上級或者上司的角色？釐清這個問題，將會對本章的學習更有幫助。因為，對於尚未有正式工作經驗的讀者來說，若有可以移轉相關經驗或知識的對象作為學習本章的依據，較能夠將本章所提及的內容加以消化吸收；對於已經有工作經驗的讀者來說，更要體認到一件事，那便是，本章所提的內容，並非面對職場中的主管才適用。

人同時扮演多重身分和角色，也因此，在不同情境下，會有不同的人站在類似我們上級的位置。例如：雖然和數十年前強調師長威權的年代不同，現在的各大校園裡經常出現師生互動溫馨的畫面，但對於在學校就學的學生來說，老師還是有著較高的權力地位，對待老師還是不能像對待同學一樣，必須有些分寸。比如在某些學長學弟制文化較為濃厚的校園或個別系所，學長姐角色恐怕也帶有上級的意味，會藉由評價你的行為來對你產生一些獎懲的做法，而這種情形也明顯反映在某些行業當中（例如：航空業、軍警、護士）。又比方對於正在交往的男女雙方來說，對方的雙親可能是這段感情關係能否有進一步可能的關鍵影響者，所以他們的存在也如同職場上級一般的地位，與這些對象互動的過程中，理當要注意很多平常沒有注意的細節。因此，本章的內容，可以應用在很多的上級和你的關係中，這些概念大多是相通的。

本章內容可以應用或類比的「上級」對象：

1. 師長
2. 學長姐
3. 家中長輩
4. 打工處主管
5. 打工處資深同事
6. 交往對象的家人

二 「簡單」又「複雜」的關係

經營和上司的關係，比起經營和同事之間的關係，還要來得簡單很多。就像是大部分的父母都喜歡「聰明」又「懂事」的孩子一樣，上司通常也喜歡「聰明」又「懂事」的部屬。所謂的聰明指的是，不須費神指點就可以把事情做好，帶給父母榮耀、帶給上司佳績；同時懂事是指：在對的時候說對的話，也可以理解父母和上司對你的期盼。

因此，簡單來說，和上司相處，就是：把該做的事情做好，再加上在主管面前會做人會說話。

但，聽起來很簡單的事，同時卻很複雜。雖然擁有能力強的部屬，對很多上司來說求之不得，但是，當部屬能力過強時，有可能會搶走上司的風采，反而不見得是好事，所謂的「功高震主」便是類似的情境。有時候主管都希望不需要花太大的功夫指導部屬，部屬便可以將任務完成，這樣可以減少他自己的付出；然而，當部屬不需要上司的指導便可以完成任務，同時也可能讓主管懷疑自己存在的價值。歷史上最有名的例子就屬曹操和楊修之間的故事了[註1]，雖然楊修的聰明才智可以幫助曹操成就事業，但是當主管本身無法忍受部屬能力更強，或者部屬不知道拿捏分寸讓主管有失顏面的話，即使是優秀的人才也可能無法有獲得一展長才的機會。

而上述提到的「懂事」，是指理解主管想要的、期待的，同時也要知道主管不想要，也不願看到的是什麼。姑且不論你想不想成為上級眼中的愛將，大部分的人都不想成為被上級討厭的對象。那麼，接下來的內容就很重要。

三 充分了解你的上司

了解一個人很不容易。一個人即便到了成年，不了解自己性向、志趣，不知道自己喜好的還是不少，因此，了解他人也就更加不容易，更何況了解一個不是那麼可以輕易接近的人物，更是困難。

人面對陌生的環境通常不敢貿然行動，首要之務就是先「觀察」。和上級的互動也是如此，因此，應該儘量在很短的時間內了解你的上司，包括「喜好」、「性格」和「志向」三大方面。

（一）了解上司的「喜好」

「喜好」有很多層次，例如：和工作有關的「喜不喜歡部屬在會議中講出自己的觀點」，或者和個人喜好有關的「喜不喜歡部屬贈送禮物」，以及更細微的像是「喜歡喝什麼、不吃什麼」等。並且千萬不要以為主管的飲食喜好與工作無關，不須理解，以下有個故事：

> 有個公司主管是咖啡愛好者，每天必飲五杯咖啡才有辦法做事，對於代表華人文化的茶卻避之猶恐不及，喝了據說整晚無法入睡。該主管的專任秘書因故請假，當天由營業部的小職員進行職務代理，除了準備完整的會議文件，還幫開會的主管們桌上各放了溫度泡得剛剛好的茶。那位從不喝茶的主管望著桌上的杯子悶聲問道：『這是誰放的？』自以為貼心的小職員不僅沒有得到主管的讚賞，反而還在這位主管心中留下不太好的印象。

同樣的，曾經聽過某位主管熱愛喝茶，對茶葉以及泡茶的知識相當專業，同時只喝高山茶，低於海拔 1,500 公尺的都不喝，並且一喝就知產地，對於這樣的主管，如果想以茶相贈，也有可能因為事先對主管的喜好不了解而造成負面的效果，送了禮卻造成主管困擾。

　　與工作相關的主管喜好，更是需要用心理解，例如：上述提到的「主管喜歡部屬在會議中提出自己觀點嗎？」就是個很常見的職場案例。有一些組織文化，或者有一些主管很喜歡屬下有創新的想法，並且對於敢勇於發表看法的同仁給予較高的評價，不管最終該意見是否被採用，發表看法這件事本身就是一個工作表現，代表你的能力和膽識。然而，也有一些組織與上司，無法容許屬下有個人的想法和意見，希望藉此彰顯他的職權，同時也不容許有人質疑他的觀點。因此，搞清楚你的組織和主管的想法是很重要的。

　　當主管問你問題時，你要知道他是真的想聽聽你的想法？是測試你的能耐？還是想聽你對他歌功頌德？如果主管不喜歡聽過於誇張的吹捧之詞，沒有把握就最好不要任意稱讚主管。

　　曾經在雜誌上看過以下報導：有家公司的主管很喜歡問員工問題，且故意設定有點困難度的題目，並針對員工的回答，故意講一個錯誤方向的答案，且推演錯誤的說詞和理論，反駁員工本來的說法，來測試對方怎麼反應。有一些員工對自己專業沒有把握也就罷了，不僅沒有針對該疑問之處進一步詢問，還趁機拍馬屁，說他學到很多，讓主管留下深刻的印象，認定：此員工專業不足，且有投機行為之可能。

　　因此，這裡談的喜好還延伸到「期待與期望」。主管期待他的部屬應該有哪些表現或反映，不應該有哪些行為等等。上述提到的老師與學生的關係中，老師對於學生的行為也會有一些偏好的期待，例如：有些老師喜歡對自己未來有規劃的學生，或者喜歡見到學生參與校外活動，儘管那些行為與上課科目無關。對於女生而言，在可能成為你未來婆婆的長者面前，也要學會觀察她期待的媳婦應該是什麼樣子，是「事業上很有能力的媳婦」還是「會讓她兒子事業更好的媳婦」，是「溫柔婉約的女性」還是「會陪她說親友八卦的女性」，是「身材高挑氣質出眾的女性」還是「要會生得出兒子的女人」。搞清楚對方要的，再去塑造那個形象，才不會事倍功半。畢竟在取得成為妳想要和他結婚的對象太太的入場券以前，未來

的婆婆肯定是妳的上級角色。

因此，了解上司的喜好不僅重要，也需要下很多功夫，下表僅提供示範參考，使用上可以針對個別的特性增修內容，對於某些使用者來說，主管的飲食喜好或許不清楚也不會有任何影響，對於部分使用者來說，搞不好重要性遠超過與工作有關的喜好。

✍ 表 3-1　上司好惡認知檢驗清單範例

> 與工作有關的問題：
> • 你的主管喜歡屬下在會議時發表觀點？
> • 你的主管厭惡屬下上班遲到？
> • 你的主管最痛恨屬下有哪些行為？
> • 你的主管在組織裡面有沒有死對頭？
> • 在這個公司內，你的主管最提防誰？
> • 你的主管……（自行設計問題）
>
> 與工作內容無關的問題：
> • 你的主管對屬下的穿著打扮是否有要求？
> • 你的主管吃素嗎？是肉食主義者？
> • 你的主管對茶或咖啡有偏好嗎？
> • 你的主管喝咖啡會加糖嗎？
> • 你的主管假日喜歡從事什麼活動？
> • 你的主管生日是哪一天？
> • 你的主管有哪些興趣？
> • 你的主管……（自行設計問題）

（二）了解上司的「性格」

了解主管的「性格」的主要目在於有助於我們和主管之間的「溝通」，可以用更快速有效的方式進行，也可以降低彼此的衝突。例如：當你的主管屬於 A 型性格[註2]，也就是俗稱的急性子，不管你本身的性格傾向為何，便可以了解主管的期待，並盡可能試著去回應他的期待。

　　當你清楚主管具有高風險厭惡的性格[註3]，就必須在提案時，將所有可能造成損失的部分作較佳的補救策略，以提高企劃被接受的可能。當你的主管是高度「內控性格」者[註4]，表示他很重視員工的努力，當你犯了過錯千萬別怪罪給自己以外的原因。

　　雖然了解自己的主管性格，但倘若自己的性格與主管差異很大，還是會有相處上的許多困難，不過，至少早一點了解，可以因為降低錯誤認知進而減少不必要的衝突。

　　在學校裡，研究生撰寫學位論文需有至少一名教師擔任其論文指導教授，曾發生一名研究生在沒有修過某位老師任何一門課的情況下便成為其學生，結果，在整個論文指導的過程自然雙方痛苦不堪，因為學生的性格和指導教授差異很大，一個性急一個慢郎中，一個最痛恨不切實際一個喜歡說漂亮話。因此，在很多情況下，千萬不可以將個性互補這個觀念當作是好的，在執行具體且有期程的任務時，這樣的狀況並不是互補，反而會增加雙方溝通與互動的困難，因此，在充分理解對方與自己的個性下共事是較佳的。

🖉 表 3-2　上司性格檢驗清單範例

• 你的主管個性高調嗎？重視隱私嗎？
• 你的主管是個嫉惡如仇的人嗎？
• 你的主管會把工作帶回家？是工作狂嗎？
• 你的主管重視家庭的程度？
• 你的主管是個急性子嗎？
• 你的主管是個隨和的人嗎？
• 你的主管是個喜歡冒風險挑戰新事物的人嗎？
• 你的主管是個會隱藏內心真正想法的人嗎？
• 你的主管是個固執的人嗎？
• 你的主管……（自行設計問題）

（三）了解上司的「志向」

不只是待在下位的部屬們有志向，成為上司者也有他們的志向，有些主管對於升官沒有抱持希望也不積極爭取，有些主管則無時無刻處心積慮想往高位爬。有些主管對公司忠誠度很高，打算在公司裡待到退休，有些則想跳槽或具有被挖角的潛力。清楚你的主管未來的路在哪裡，就算你並非想跟著往上攀，至少也不至於因為不清楚主管的想法而做錯事或說錯話。例如：當你了解主管的生涯規劃，就可能知道哪些其他部門的主管是他的競爭對手，便可以在碰觸相關人物的議題上審慎回應。

康熙是歷史上在位最久的皇帝，他自己的兒子等到孩子都生了一大把了還沒有人可以繼承皇位，也因此，這也是歷史上爭位最激烈也歷時最久的一次，也因為很激烈，所以雍正的皇位正統性一直受到許多的質疑。有一次，康熙問阿哥們一個問題：「儒學的本質是什麼？」阿哥們一個個的回答康熙聽了都不滿意，而雍正只回答兩個字：「慎獨」[註5]，卻讓康熙聽了心中大喜。在知名作家羅毅的書中便對此評論：

> 「其實康熙要的不見得是最正確的回答，而是從問題中來試探這些富有野心的阿哥們，雍正藉由「慎獨」這兩個字巧妙地對康熙表明自己對權力的態度：我不玩鬥爭算計別人的遊戲，我寧可低調的獨善其身。這是雍正身價開始翻漲的一個分界點，康熙漸漸注意到這個從小不是眾所矚目的資優生，也不是後段班的兒子，有他不比尋常的過人之處。」

皇帝這麼高位的上司也是有「志向」的，康熙當時的志向是：我還要繼續撐起統領國家的重責大任。有可能是捨不得這個位置，也有可能是他還無法判斷皇位傳給誰比較好，總之，他暫時不想讓位是真的。因此，清楚上司的志向，了解他問問題背後想要獲知的答案，有時候遠比你所擁有的才能更重要也說不定。

對主管的理解，雖非一天兩天可以掌握，但只要長期用心觀察，或多聽同事們之間的經驗談論，可以逐步累積相關資訊。

第二節 | 展現專業能力與工作態度

其實，與上司相處最基本的便是在工作上做到讓主管滿意，無法挑剔。這不僅是身為職場人最基本的條件，同時也可以提高自己在職場上不被淘汰的機會。為什麼說不被淘汰，而非說往上晉升？因為在工作上盡心盡力獲取戰績也未必能獲得升遷，但至少不至於讓自己因為工作表現不佳由理由被組織淘汰 (註6)。

一 不犯基本的錯誤

展現應有的專業能力第一步便是：不能犯基本不應該犯的錯誤，例如：當你是銀行員，就不能數錯鈔、找錯錢。一個人在職場中犯錯難免，但錯誤有分等級，具有困難度、高風險的任務犯錯是累積經驗的好時機，但如果是不具有難度的任務，或者最基本的工作內容犯錯，就很難讓人相信此人有擔負更艱難工作的能力。

2015 年 6 月 11 日，臺灣職棒進行兄弟象與義大犀牛的例行賽，二局下半兄弟象的新人許基宏擊出了一支全壘打，正當全隊歡呼時，這名職業球員竟然沒有踩本壘壘包，於是乎不僅少了一分，同時一人出局，連帶的影響了全隊的士氣。雖然無法證實當天球隊輸球是因為這個事件的發生，但身為球員沒有踩壘包便是犯了最基本的錯誤。

每一個專業領域都有自己應該要留意且熟悉的基本工作內容與水準，不容許犯錯，犯了錯便容易大大降低旁人對你的觀感並質疑你的專業能力。很多人在未來會從事行政祕書或助理類型的工作，這類的工作專業性不亞於技術職務，卻經常被年輕人輕忽。有一次，臺灣最知名的專業學

術學會助理對會員發出一封活動公告電子信函，筆者收到該電子郵件時，立即發現該名助理把所有會員的名字連同 email 公開在收件者清單中，當下便眉頭一皺覺得相當不妥。果眞，當天下午，該學會的理事長特地寫了一封道歉信函給所有會員（這些會員都是全臺灣的大學教授和研究者），說明此事的缺漏。身爲一名行政人才，連發一封信函都做不好，還需要動用最高主管來向別人賠罪，這對自己的專業形象來說無疑是一大損傷。

二 不因事小而不為

許多人因爲滿懷理想進入職場，卻發現身邊每天處裡的事物並非如同原本想像的複雜或高端，反倒是一些例行性的雜事，經常會有大材小用的感慨，因此常對工作產生抱怨，或者沒有善盡自己的能力將它做好。

清朝知名大臣李鴻章在年輕時，曾經因爲價值觀不合以及對方人品有問題而不想要服侍原本的主管，轉而投靠自己的恩師曾國藩。曾國藩雖然答應他，但因爲當時沒有好的位置給他，只好請李鴻章擔任類似現今抄寫資料整理文件之類的文書工作。坦言之，對當時的李鴻章來說算是眞正大材小用，然而李鴻章不僅沒有任何抱怨，也沒有因此敷衍了事，反而打理得非常好，超乎一般的水準，讓曾國藩印象非常深刻。有一次曾國藩和李鴻章的哥哥李翰章談起了李鴻章，還說了這麼一句：「不以位低而嬉，不以才高而傲，乃弟少荃，前程不可限量也。」

臺灣的知名電視製作人柴智屏有偶像劇之母的尊稱，不僅藝術上眼光獨到，也很有商業的頭腦。然而柴智屏也並非一踏入社會就可以從事她很滿意的工作，剛畢業時求職不順，曾經在錄影帶公司擔任三級片的編劇，然而她並沒有因此敷衍，反而很用心做好份內的工作，在一次因緣際會下，劇本被當時知名電視製作人黃國治的太太看到，覺得這年輕人有才華。後來進入黃國治的團隊工作，柴智屏一開始撰寫短劇劇本，認眞學習現場工作，吃苦耐勞把每一份工作做到最好，有天因製作人無法完成工作，現場無人帶領而臨危受命，因爲平常工作認眞，資料準備完整，因此

一上線便一鳴驚人。這種故事感覺很像電影才會出現的情節，但實際上很多成功的人都有類似的工作態度。

就像是 2014 年中國大陸最火紅的宮廷電視劇《武媚娘傳奇》，裡面凶狠的惡貴妃原先屬意由蕭薔演出，但她堅持不演配角，所以找來一樣由臺灣轉戰中國市場的張庭，沒想到向來不排斥各種角色的張庭，不介意自己曾是臺灣電視劇壇的當家女花旦，答應演出只有前半場的角色，然而，其認真的態度和原本就深厚的演出實力，演活了這個后宮的厲害角色，該劇播出後爆紅，為她爭取了更多的演出機會^(註7)。

筆者在就讀博士班期間曾在 PTT 的研究生版上看過一連串的討論話題，大意是一群研究生在板上抱怨他們的指導教授們，或者任用他們為研究助理的老師們如何讓他們大材小用。例如：有研究生控訴老師讓身為研究助理的他打掃研究室、繳電話費、接送小孩等和「研究」無關的雜事。當時的筆者雖沒有辦法聘用研究助理，同時也身為指導老師的研究助理，卻有不同的體會。前半年擔任老師的研究助理期間，筆者曾被老師委託到距離宿舍交通時間來回約二小時的醫院拿藥，對於課業繁重的博士生來說，難免也會覺得有點耗費時間。但是，這件事情有兩個角度可以思考，首先，如果筆者不幫老師拿藥，老師得親自前往一樣路途遙遠的醫院，但依照老師的產出品質和時間價值，筆者拿藥當然比老師拿更適合，筆者要是覺得那兩個小時對自己很珍貴，可以花錢找個大學生當跑腿代替筆者完成此事。第二點，如果筆者的研究能力受到老師的肯定，他就會讓筆者從事更多的研究工作。因此，筆者試著展現自己的專業，並努力提升，沒多久拿藥的工作就再也不是筆者的工作了。筆者現在身為老師，想在研究生當中找到一個適任的研究助理相當不容易，研究生自己也還在學習研究這件事，很多學生連統計觀念都不完整，統計工具也不會使用，更沒有辦法協助蒐集外文文獻，如果可以因為幫老師清理研究室讓老師有更舒適的研究環境，或者繳電話費讓老師少跑一趟銀行，不就等於是協助老師進行研究工作嗎？姑且不論老師讓研究助理從事打掃工作適不適切，但從職場生

存學的角度，卻提供另一個思考供讀者參考。

因此，下一次不管你是工讀生還是正職員工，當你因為被派任「影印」這種類型的工作而心生不滿時，你可以嘗試這麼想：因為你經驗不足，由你負責影印，資深的同事可以更專注其他重要的任務，大家一起合力完成案子。況且，影印不是一件容易的事，不是每個人都可以有效率有效能的完成，有效率指的是不印錯任何紙張、不因為疏失發生機器故障；有效能是指影印出來的副本品質相當優良。很多大學生以為影印是簡單的事，實際上，很多人為了影印一張資料可能嘗試了很多張才完成，無形中造成成本浪費（工讀生時間成本和紙張成本），並且副本上面出現訂書針或髮絲影印痕跡，以及因為忘記拔除原稿的訂書針而造成機器卡紙請修情形經常有所聞。經由上述的說明，如果你還是認為自己的才能不應該從事影印工作，那麼請證明你可以做更重要的事！因為如果你可以做更有價值的工作，付你薪水的人一定不會浪費他的人事費用，會想辦法讓你做更有產出價值的任務；如果你連影印都做不好，別人如何相信你可以從事更重要的工作？

三 不要問基本的問題

在工作中，難免會遇到很多不理解之處，可以向主管請教，但千萬不可以向上司問基本型問題，像是：「XYZ 是什麼？」「這要怎麼做？」這種經由簡單的努力就可以找到答案的問題，都不應該去占用主管的時間。這樣做會讓主管至少對你產生以下幾個想法：你專業不足、你缺乏思考能力、欠缺問題解決能力、只想要輕鬆獲得答案。

在學校裡，有些學生也喜歡問老師基本型的問題：「老師，藍海策略是什麼？」「老師，蝴蝶效應是什麼意思？」「老師，怎麼在 Excel 裡面畫圖？」這些類型的問題，只需要透過簡單的方法，例如：看書，再不然學生上網搜尋都是很快速可以獲取詳細說明的問題，不應該拿來請教老師。同樣的，問主管的問題，必須是已經經過消化吸收，並且具有高度複雜性

的問題，才應該拿來和主管討論，不僅可以讓主管知道你已經對某個議題有充分理解，還另外針對這個提案有更深入的研究和看法。

此外，向主管請教問題時，應該自己準備好三個以上的答案或提案，陳述完問題同時讓主管知道你做了三個可能的思考方向，可否請主管先聽聽你的看法並給予你意見。學生向老師請教問題，也應該帶著思考過後的答案，並提出自己的看法，再由老師給予評論。儘管因為自己的經驗不足，思考的三個提案或答案都不成熟，至少，讓主管了解你是個具有思考力與解決問題企圖心的人才，這對你建立形象有一定的幫助。

四 不要輕易說你做不到

對於一個組織來說，支付薪水給你是希望你能夠幫助這個組織成長、解決問題，或增長獲利。因此，當組織或主管對你提出任務要求時，別因為任務具有挑戰性便輕易的拒絕，表示自己無法達到。這麼做有兩大問題，第一，讓主管看到你不願承擔責任與風險的性格，往後也難以委以重任；第二，當你不願意接受具有困難度的任務，也等於為自己畫地自限，往後也難以有所成長。

一部於 1986 年上映，知名的美國動畫電影《美國鼠譚》（原片名：*An American Tail*）談的是一隻老鼠在旅途中和家人走散，開始他一個人尋找家人的故事，在過程中歷經千辛萬苦，多次都想要放棄，最後終於皇天不負苦心人。要是沒看過這部片子，那至少一定對他的主題曲《Somewhere Out There》不陌生，這首歌曲已經成了最經典電影歌曲。歌手周杰倫還曾經與侯佩岑一同演唱過。可是，多數人都不知道，在電影中，有一首也很動聽同時具有勵志意義的歌曲《Never Say Never》，由不斷走音的童聲唱出格外可愛動聽，歌詞指出不輕言放棄的意思。雖然只是一首歌，但很有激勵的效果[註8]。

有一個知名的激勵理論「目標設定理論」（Goal Setting Theory），指出人如果想要追求更好的成就，只要設定一個正確的目標，那個目標本

身就具備有督促你往前進的力量，條件是那個目標必須具體、具有一定的困難度，同時有機會被完成。因此，當面對一項具有困難度的任務，就輕言說不的人，大體上應該是沒有什麼成長需求的員工，也難以獲得主管的賞識。

五 做到超過主管的要求

如果可以，身為一個好的下屬，不僅要做到主管要求的，甚至要超越主管的期望。Sheri Gottlieb 年輕時曾經擔任過全球音樂電視臺（MTV: Music Television，現在已更名為 A&E）的銷售助理，她不僅表現專業，工作態度也非常積極，到後來，她的主管把九成以上重要的事項都交給她處理，而她不是等著主管交辦任務，而是甚至在被主管要求任務前，就已經把那些工作都解決了，因而，她很快地就從助理變成了公司的副總裁。

在執行主管交辦的任務時，哪怕是困難度原本就低的例行事務，也要養成做到最好的表現，不因工作偉大與否來決定認真的程度，這樣會暴露自己的性格缺失與不正確的工作態度。《今週刊》在 2016 年曾對臺灣的上班族進行一場工作習慣調查，發現年薪 300 萬的高薪族和年薪 55 萬的一般上班族在很多工作習慣有所不同，其中一項就是年薪 300 萬的工作者不僅要求自己達到老闆要求的目標，而且會幫自己訂定超高的工作目標來自我挑戰，這類的人就是隨時做出超過主管要求的人才，自然受主管賞識或給予的機會就比其他人多更多。

筆者每年都會聘用教學助理來協助教學上的行政事務，其中，筆者請助理分擔的工作是：幫忙批閱考試卷上選擇題部分。一般的助理便是將選擇題批改完畢便歸還給老師，由老師批改接下來的部分，但是筆者曾遇過一名工作態度幾乎滿分的助理，他在筆者沒有做出任何指示時，不僅以最快速的時間改完選擇題，同時還將試卷按照學生的學號排列，這樣一來，等筆者整張試卷批閱完畢在電腦輸入成績時就會非常方便。但，這位助理令人訝異的可不只於此，他還另外整理了一張資料，上面以統計表格

方式，說明所有考生的選擇題平均分數、最多人錯的是哪一題、大部分的考生選第幾個答案，這些訊息可以快速讓老師知道學生在哪一個部分學習上需要加強，老師可以在發回考卷當天針對幾個要點說明。同時，這名助理在畢業前，還將自己如何擔任這份工作的流程和注意要項整理成電子檔案，在畢業時交接給下一個教學助理。這個例子便是體現了做出超越他人預期水準的表現，這些態度必須在進入真正的職場以前就養成，在職場中不僅可以有較佳的工作產出，也較容易獲得主管的賞識。

第三節 | 成為上司想支持的人才

接下來，我們要來談「拍馬屁」這件事。2011 年時，曾經有記者跑來訪問筆者，表示對筆者開設的「職場生存學」通識課很感興趣，聽說教學生怎麼拍馬屁（言下之意，報導出來很有話題性）。筆者心中相當不悅，首先，記者醜化了拍馬屁這個詞；再者，記者透過聳動說法矮化課程的水準；最後，這門課並不是教學生拍馬屁。拍馬屁這個詞，看你怎麼想，從正面的來說，每個人都樂於受到別人讚美，不論是外在，亦或是工作上的表現，倘若我們可以在適當的時機講了適切的話語，讓他人感到受肯定，藉以激勵對方，就算這是拍馬屁，也是非常有格調的人際行為。沒有格調的拍馬屁表示言語內容已經嚴重超過事實，這樣聽的人有時不僅不見得高興，還會對你這個人的人品產生質疑。

想要讓上司讚賞你，進而想要協助你，讓你在生涯上更順利，除了第二節提到的要具備專業和態度以外，接下來的內容，將從面對上司時如何做人來討論，要怎麼做才能讓上司更願意成為你職涯中重要的協助者。

■ 一 對上司抱著感謝的心

許多年輕人在職場裡賣力付出，覺得自己績效好是應該的，甚至不小

心對於自己的主管就顯得一副：「這個單位沒有我是不行的」高傲姿態。但我們可以從幾個角度看這件事，首先，最直接的是，就算你有才幹，如果你沒有進到這個部門就不會有今天的成就，而大部分的公司在招聘新人時，不會只有人資部門的人進行甄選工作，組織高階人員以及用人單位的主管（很多時候就是你目前的主管）會參與最關鍵的決定。換言之，是主管給了你舞臺，才讓你有了施展的地方。

從另一角度來看，研究發現，一個原本戰績優秀的員工跳槽到另外一家公司，工作表現似乎沒有在本來的公司來得搶眼。為什麼會有這樣的情形？因為很多的工作不是只有靠自己的聰明才智就可以完成，還得要整個公司的基礎資源完備，部門的其他同事支援其他服務項目，甚至有時候你完成一個銷售，是因為客戶過去在你主管還是基層員工的時期就有交情，所以愛屋及烏，換言之，有時候你的績效是因為主管的面子甚至是他過去所累積的聲譽所換來的。當然，主管和你都無法證明這件事的真相，但身為下屬，謙遜一點絕對是比較好的。

如果觀察整個社會，會發現一個人的禮貌程度和年齡成反比。幼兒園的小朋友在學校裡不是學複雜的知識，而是學會了經常且自然的說出請、謝謝、對不起。隨著年紀越長，這些話越來越少被自然的使用。現今大學生越來越少人使用 Email 作為溝通工具，因此，Email 的使用能力和禮節認知程度相當低，這裡先不談論 Email 的寫作方法，只談基本禮貌。遇過很多學生寫信來問筆者問題，在筆者回答後寄出，就再也沒有收到回音，筆者常常不清楚到底對方收到了沒？有一次，有一位研究生暑假前往某公司實習，工作上遇到困難，她寫了 Email 給筆者，信中充滿緊急和求救的信息，要筆者協助她，筆者放下手邊的研究工作，馬上花了很長時間回信給她一些資料和方向，希望讓她的實習可以更順利。信寄出了整整二天，筆者都沒有收到任何回覆，因為很擔憂她，所以又回信問她是否已經收到筆者的信。那位學生終於回信了，告訴筆者：「老師，抱歉，我沒有回妳信是因為很忙。」學生沒有立即回信已經不恰當了，竟然告訴老師她很

忙，因此，意思是老師不忙？

像上述的案例絕不是特例，在筆者與大學生互動的經驗中，半數以上是這樣的情況。當學生時代就已經不習慣感謝他人，進了職場更難真心做到感謝身邊的上司與同事，甚至客戶。當然，也有一些學生很重視禮節，很多學生寫信問筆者問題，在得到筆者的回信後會回覆筆者一封簡短的感謝信件（見圖 3-1），其實，老師們不需要學生的感謝，但老師們只是希望這種習慣的養成可以讓學生在未來遇到不友善的工作環境時，可以讓他人因為你的禮貌對你有較好的印象。

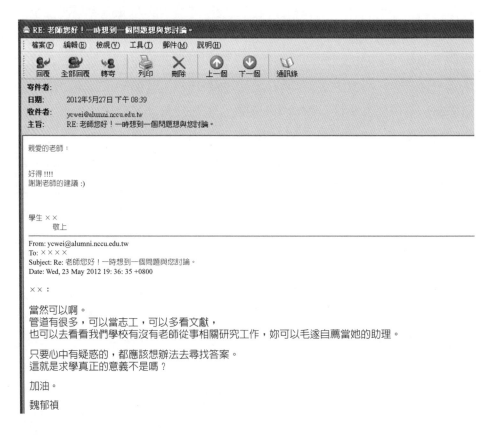

親愛的老師：

好得 !!!!
謝謝老師的建議 :)

學生 ××
　　　　敬上

From: ycwei@alumni.nccu.edu.tw
To: ××××
Subject: Re: 老師您好！一時想到一個問題與您討論。
Date: Wed, 23 May 2012 19: 36: 35 +0800

×× ：

當然可以啊。
管道有很多，可以當志工，可以多看文獻，
也可以去看看我們學校有沒有老師從事相關研究工作，妳可以毛遂自薦當她的助理。

只要心中有疑惑的，都應該想辦法去尋找答案。
這就是求學真正的意義不是嗎？

加油。

魏郁禎

▋圖 3-1　簡要的感謝回覆信函範例

學生最常對老師提出協助請求的就是：索取推薦函。不論學生要繼續深造還是就業，經常需要老師協助提供推薦函，以滿足申請或應徵的基本要件。多數的老師都是有求必應，但是多數的學生拿了老師的推薦函後就再也沒有下文，不論他後來是否錄取或不錄取，在禮貌上都應該告知老師，尤其是錄取時，更需要向老師分享你的喜悅，這才是完整的感謝，而非拿到推薦函的當下說聲謝謝而已。

要感謝你的上司，也不能貿然進行行動，最好要有具體的事件和感謝原因，並且在恰當的時機表達出來。這裡舉幾個真實案例，若你是大學生應該可以有更貼切的體會才是。曾經有幾名學生利用 Email 繳交課堂指定的作業，和許多連信件內容都沒打的同學相比，還加註了她們的學習心得（圖 3-2、圖 3-3），讓老師知道她們因為你的課學習到東西。如果在職

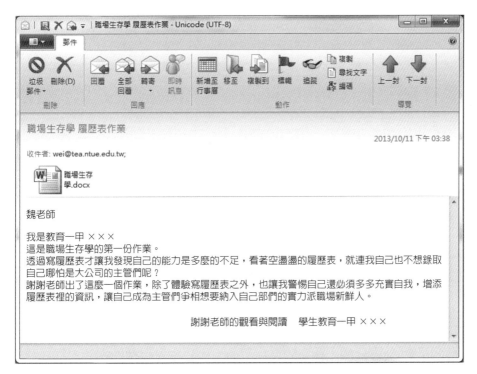

圖 3-2　感謝信函範例

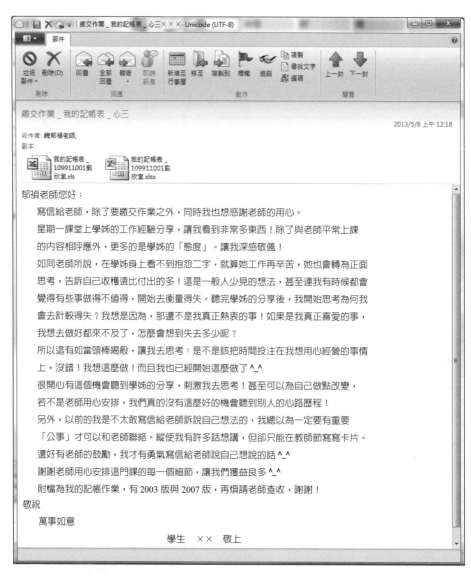

圖 3-3　感謝信函範例

場上可以做到類似的行為，等於間接告訴主管，我因為你而獲得成長，這種感謝形同稱譽一個人存在的高尚價值。不要小看這樣的動作，當你身邊的人都不懂這個道理時，你就顯得更與眾不同。

　　筆者曾經在課堂上出了一份作業：請同學想像一下自己現在在公司上班，經理交辦一項任務，請你代替他去準備一份禮物，送給一名很重要的客戶當生日賀禮，你在完成工作後想寫一封 Email 給經理，同時最近剛好公司幫你調薪，加薪了數千元。這個情境讓學生假想筆者是該名經理，寄信到筆者的信箱，結果，有不少學生的信都是不合格或者平淡無奇。有一名同學的假想信寫得很真誠，值得欣賞一下：

圖 3-4　感謝信函範例

　　其實，這封信的重點是交代一下主管交辦的任務做得如何，好讓主管安心，但如果懂得把握時機，在信末順帶提到一些感謝的話語，就不會顯得過於特別恭維。你能夠獲得加薪，絕對和你的主管，甚至主管的主管有關係，沒有他們的同意，公司的人事單位也不會主動多發薪水。因此，感謝主管是理所當然。

二 讚美你的上司

年紀很小的幼童只要聽到老師讚美，就可以換來老師想要的行為。大人和兒童一樣，也需要讚美。身為上司不管位階多高，和一般人、和年幼者一樣，也需要他人的讚美，或者說，需要他人的崇拜。在上一個標題中，此書所展現的感謝案例，也出現了若干讚美的意味在裡面。

一般而言，要對主管的言行提出讚美是較為不容易的。大部分的時候是主管交辦部屬任務，由部屬執行後依據品質給予部屬讚美；而部屬並非任務結果的評價者，則無法因為任務給予主管讚美。在職場中，或有部分機會，因為主管的領導或決策讓部屬感到欽佩，身為部屬便可以適當的表示對主管的崇敬之意。

此外，主管和部屬在辦公空間裡，不可能完全只有公務話題的往來，如果見到主管打上新的領帶、著了新的西裝、變了新的髮型，也都可以給予讚美。不過，要特別留意的是，有些話語必須小心的使用，過度的超越界線會有風險存在。例如：當你看到主管打上新的領帶或提了新的公事包，可以適度的讚美：「經理，你這條領帶好有品味。」或者「課長，你的新公事包很有質感。」讚美點到即可，要是在後面補上一句：「經理，你這條領帶好有品味，您太太的眼光真好。」好的情況是，一句話讚美了兩個人，糟糕的情況是，那條領既不是經理也不是經理的太太挑的，是經理外面的情人送的，這可就尷尬了。因此，在與主管互動對話的過程，得依據你對上司的了解有多少，來決定話應該講到什麼程度。

此外，雖然此書鼓勵讀者多讚美主管，但必須注意讚美之詞要言之有物，真有那回事說服自己認同再說出口，這樣比較可能具有真誠之意，不僅不會讓對方覺得你過於裝模作樣，也不會讓自己長期處於虛假偽裝的心理狀態。

而讚美上司的用語力道，得考量主管的偏好。有些主管不喜歡太過誇大的讚美詞，那就點到就好；有些主管則喜歡言過其實的讚美，在自己可以接受的範圍下，可以多強調主管的長處。筆者曾經看見有位同事對著自

己的主管讚美道：「您出版的教科書眞是國內首屈一指，筆者把它放在書架的正中央，每天都要拿出來拜讀一次。」對於學生來說，每天都不見得閱讀崇拜的老師出版的教科書，更何況，身爲同儕且對書籍內的理論早就清楚了然的老師，怎可能每天閱讀另外一個老師的書籍？因此，像這樣的恭維之詞已經有些過於誇張了。

三 尊重你的上司

五大需求理論談的是人的基本需求來源，其中一個爲「自尊」，自尊的感受首要來自他人是否對我們尊重。上司也是一般人，當身爲下屬的你覺得需要被尊重，上司也是如此。學會尊重一個人或許不會太難，但是尊重上司，有一些事可能會被忽略。

在分項討論之前，先來說一個眞實案例，國內知名醫學院採行的導師制度和一個班級分配一個導師不同，而是採用一個醫師帶領幾個學生的方式進行，同一個班級的同學們有不同的導師，而醫師們平日繁忙只有一學期一次的聚會可以和學生長時間碰面，稱之爲導生宴。某一個醫師門下帶了幾個博士生、碩士生，加上幾個大學部學生，因此聯繫吃飯這種事就由博士生來負責張羅一切，負責聯繫大家的是博士班的學姊，很客氣的在簡訊裡留下以下內容：「李醫師導生宴將於一月星期三或四舉行（1/20 除外），地點爲晶華，請回覆您方便的時間，謝謝！」結果，收到來自大學部的沒有禮貌學弟妹們的回覆如下：

學生一	「可不可以期末考完再吃，現在時間很緊湊耶！」
學生二	「一月 12,19,26,27 都可以」
學生三	「1/5 1/6 1/13 1/19 這些是比較方便的時段 二十六七日是不可能的時段 其他都還可以看看 謝謝！」
學生四	「我們的期末考大概從三到十三號結束耶（不知有沒有人考到十四號？！）可以那天或者之後嗎:）謝謝您」
學生五	「都可以！（b9840XXXX 姓名）」

如果你無法從上述五通簡訊發現異狀，那得小心，未來在職場上也可能輕忽人際關係的細節。雖然學生三和四有加上感謝詞，但是內容和語氣上還是有瑕疵，五名學生在知道簡訊發送者是資深學姊的情況下，竟然連稱呼一聲學姊也沒有，甚至簡單打個招呼也省略，沒有人記得打下一句「學姐好！」「辛苦了！」在本章的一開始便提醒讀者，並非只有公司直屬主管才是上級的角色，在許多情境下，某些人也同樣具有評價你行為的身分。就算不考量利益得失，稱呼他人，謝謝對方的辛苦是人之常情，上例中這些學生將來都是醫師，卻不懂對人的基本尊重，將來如何尊重他的病人，令人感到憂心。

2013 年臺灣軍中爆發陸軍疑似遭欺凌致死事件，令全國震憤。國軍不當管教因而造成不重視人權，甚至危害人命的事件時有所聞，因此，許多即將入伍的軍人或其家屬不免會擔憂軍中生活。也因為國軍存在這些問題已經不是一、二天，也尚未有解決的跡象，因此對於即將踏入該「職場」或已經在那裡的人來說，必須要有更多與職場有關的認知。筆者對於受到欺壓而亡的當事人感到哀戚，但接下來則是針對與「職場認知與職場倫理」的一般知識及潛規則說明，以提醒未來也須踏入軍中的讀者，以期可以更加懂得保護自己。

本章一開始便提到，在某些特定的工作領域和環境，職權位階高低權力差異很大的行業包括空服員、護士和軍人。一個個體，尤其是底層的個人，是不可能在短時間改變整個組織，因此，保護自己才可能讓自己的才能或偉大的理念有繼續發揮的可能。首先，新聞陳述的幾個事件，可以發現當事人對於職場倫理的遵守程度較低，包括依規定不能攜帶具有拍照功能的行動電話，在軍中已久的當事人不可能不知此規範，卻仍選擇在即將退伍前攜帶，這若不是想冒險，便是刻意挑釁軍中主管。

此外，筆者不知當事人對於自己在軍中的人際關係掌握的程度為何。由客觀條件來分析，軍中長官與其關係應該不算好。身為職場人，若不想成為主管的圈內人，就必須防止主管對圈外人做出不利的行為。假

設當事人在充分了解自己不受主管喜愛的前提之下，就更必須謹守軍中所有的禁止行為，以避免讓主管有找麻煩的機會。上述提到的客觀條件，包括：優異的學歷背景以及暫時性人力的身分。在下一章，我們即將會提到，在一個組織中，與眾不同有時候是兩面刃，與眾不同可以讓我們有更多成就自己的機會，但在很多時候也會遭來更多的危險，因為你的與眾不同會提醒其他人的平凡。在該個案中，當事人擁有相當好的學歷，甚至是名準研究生，對於軍中大多數的同僚甚至主管來說，部屬擁有比自己更佳的學歷，在軍中這個組織未必能有較大的貢獻，卻對主管帶來更大的管理壓力。因此，當我們擁有的比主管更多時，要蹲的比他們更低才行，更何況，軍中組織和一般的組織完全不同。再者，當兵者對軍中主管而言，就像是公司裡的實習生，屬於暫時性勞力，具備幾種象徵：對軍中沒有忠誠，很快就要離開，不是自己人；沒實際幫上什麼忙，作戰能力不夠，光體能就需要加強，還跟著領工資；因為制度規定，不得不進來，因此待得心不甘情不願。這樣的前提之下，軍中主管或資深同僚根本無法將當兵者視為同類，在有人就會有派系和群體的常態下，加上軍中環境封閉，當兵者便容易成為被欺凌的一群。

　　根據事件相關陳述，當事人曾犯錯造成主管印象不佳在先，後又曾對主管出言不遜不只一次，並且向高階主管表達許多自己對軍中的建議。假設全數屬實，（若有部分未屬實，以下仍以假設個案解說）當事人等於犯了許多職場人不應該犯的錯誤，而且幾乎都是屬於致命的錯誤，假如這些錯誤放在一般工作場所，其職涯發展也可能會遭受很大的挫折。在職場中，不論主管犯錯，或者主管對自己有多無理（只要沒有違法或造成身心損傷），身為部屬絕不能出言不遜（說話不敬或辱罵），因為當自己一但做出負面的言行時，和主管已經屬於同一層次了。情節輕者可以選擇忍下，情節重者，可以選擇不再於這名主管底下共事，身為當兵者，只要役期結束就再也不必相見，自不需要逞一時之快。當事者的家屬也證實當事人個性仗義直言，也曾向家屬表示自己曾做出對主管不敬的言行，或許當

事人因為尚未有實際工作的經驗，以學生的身分前往軍中，沒有認清軍隊裡已經是一個完整的職場了，把在學校當學生身分時可以做的事情如法炮製在軍中，自然最後受傷的是自己和自己的親友。

再者，許多年輕的職場人喜歡對工作環境指出問題點，這一點也是職場中的忌諱，因為主管不是請你來找毛病的，你若能力好，可以直接解決組織的問題，因為組織裡有哪些問題，主管們通常都知道，不需要一個在組織時間比他短的下屬來糾正。案件中的當事人若對國家的軍隊有獨到的建議，應當在確認離開這個組織，再將建議呈報給主管即可，他疏忽了自己的角色並不適合做這些建言，尤其是自己與軍中的人際關係並非很好的情況下。因此，這間接證實學生在離開學校前，必須先對職場倫理有基本的了解，方能保護自己，也才能有機會在職場上發揮自己的才能。（上述說明並非表述當事人的錯誤，而是為了避免更多的受害者，畢竟，再怎麼要求上下級權力差距的工作環境，都不應該不尊重人的生命。）

以下四點與尊重主管有關的做法，供讀者參考。

（一）不要請教主管不專長的領域

主管能夠身居該職，有時候並不盡然他在專業領域非常優秀，有可能高層看到了他的領導長才，有可能是他做人的技巧較佳，總之，並非每一個主管都是萬事通。第二節已經提到，你必須設法充分了解你的主管，這樣就清楚他擅長的領域是哪一塊？他哪裡不專長？盡可能的向他懂的地方挖寶，他不懂的部分就儘量避免詢問，可透過其他管道學習。

（二）不要反駁主管的意見

反駁一個人的意見等於是否定他。當然，這樣的說法並非意味著，我們必須認同別人講的任何一件事。就算在課堂上學習，我們也應該抱持著「盡信書不如無書」，以及胡適說的「做學問要在不疑處有疑」，不能全盤接收他人的說詞，要有自我的想法和思考力。然而，當你質疑對方的看

法，並且想提出自己的高見時，有一些做人的禮貌需要顧及。

如果你問：萬一他講的是錯的呢？我不說出來，不是很奇怪？萬一造成部門損失呢？我要當作沒聽到這個錯誤嗎？其實，和主管的相處沒有任何一本標準手冊可以列出正確做法，必須當事人衡量組織文化、主管性格、問題嚴重性綜合判斷下才能決定。倘若真的有意見想提出，也要注意禮貌。

情境：當主管的意見明顯有問題時……
白目說詞：老闆，如果這樣做，後果你自己承擔喔！
換個說法：經理，那如果我按照您目前說的去做的話，萬一經銷商那邊無法配合的話，不知道會不會讓這個新開發的客戶的貨品上架出問題？

如果你的用詞注意口氣，加上主管也不是庸才的話，聽你這麼一說，就提醒了他當初忘記思考的角度，不僅給了他臺階、救了部門業績，同時還讓主管發現你不僅會做事，還會做人。

情境：當你和主管的意見不同時……
白目說詞：老闆，這樣行不通的啦！
換個說法：謝謝經理指點，我覺得很有道理。但也許我們可以換個角度想，如果……

如果主管本身夠開明，願意廣納雅見，你在陳述意見時還是要注意禮貌，除了稱揚主管的看法以外，還要精準地說出你的見解，當明理的主管發現你其實比他想得還要有才能時，為了整體部門的業績著想，他也可以因此接受你的意見。但就算最後你的意見獲得支持，也不要忘了下一個大標題談到的內容（把功勞推給主管）。

（三）不要指出主管的錯誤

反駁主管的意見都得謹慎為之，更何況指出主管的錯誤更是大忌。被反駁的意見不見得是錯誤的，但被指出的錯誤那就代表對方的無知。以下有一個情境題，思考看看，你會選擇哪個做法？

如果你的主管誤會你，以為你做錯事，並公開在你的位置前面罵你罵得很大聲很難聽，現場辦公室超過 30 個人都聽到了。但事實上該工作是同事美美負責的，大家都知道，偏偏今天只有美美請假不在現場。你當場應該？

1. 當下委婉的表示這事是美美負責的，請示主管哪裡做錯了，你會努力協助美美盡快完成。
2. 向主管鞠躬，誠懇的表示很抱歉，請主管給你機會，你會盡快處理好。
3. 理直氣壯但面無表情的表示這事不歸你負責，希望主管明察。但你也很有義氣的不講出是誰。
4. 用雙眼泛淚當作優勢來終止主管的咆哮。

（說明請參考註 9）

筆者有個朋友在國家機關擔任機關首長的祕書，朋友的主管位高十三職等，依法出國可以搭乘商務艙，有一天，主管請朋友了解一下有沒有國際研討會可以出席，可以帶她一同前往。朋友很開心，找到了在西雅圖舉辦的研討會議，因為她也想去西雅圖。主管聽了以後，回答：「西雅圖太貴了，部內剩下的預算不多，我們兩個這一趟下來會花上 20 萬左右，妳找鄰近一點旅費便宜的國家。」這位朋友竟然回答主管：「老闆，你要體諒老百姓的辛苦，不要每次出國都搭商務艙就好了啊！」的確改搭經濟艙預算就夠了，但主管選擇搭商務艙是他的權利甚至福利，並非他的錯誤；如果他願意搭經濟艙是他個人的高雅節操，但身為下屬，這樣的對答簡直

是職場自殺行為。

標題雖然表示：不要指出主管的錯誤，但不意味著當我們發現主管正在進行一個即將造成重大影響的錯誤決策時還袖手旁觀。首先，有些主管非常樂意下屬提醒他的錯誤，當主管是這種類型的人時，下屬卻將主管錯誤視而不見，只會讓主管質疑你的忠誠度。再者，即便是獎勵指出錯誤的主管，也需要下屬使用禮貌的方式來點出他的錯誤。

當然，有些主管是典型的認為自己不會犯錯的人，因此，他需要下屬絕對的尊崇他，面對這樣的主管，就千萬不能指出他的錯誤。在大學校園裡，也會出現這樣的老師。多年前，曾經有學生告訴筆者，他很難畢業了，因為他曾經在課堂上舉手針對老師講課的內容提出質疑，那名老師日後用盡理由不讓他取得那門課的學分。知道他的處境後，筆者先是臭罵了那學生一頓才開始安慰他，罵他的原因是，身為高年級生判斷人事物的能力養成不夠，早就應該看出那名老師無法容許他人評論他的言辭，就不應該年輕氣盛的想挑戰，這下嘗到苦果。大學校園裡也是個小型的職場，在這之中好好學習，也會有很多收穫。

以下的例子雖看似笑話，但職場中可能會有這種人，更有可能我們在不知不覺當中，也會犯下類似的錯誤。到底該不該點醒主管的錯誤，以及怎麼做，是職場一門大學問。

經理正在和客戶代表講話，身為助理的你也在旁邊。

經理：我們公司大概有 500 名員工

助理：是 585 個

經理：從 1972 年起，本公司就開始營業了

助理：是 1971 年

經理：最近幾年裡，公司發展得很快，士氣很高

助理：不一定，公司員工壓力很大

> 經理：我們今年引進很多新產品
>
> 助理：9種，沒有去年來得多
>
> （之後，客戶再也沒有見過那位助理……）

（四）不要越級報告

在職場中，越級上報絕對是職場大忌，就算公司實施所謂的「門戶開放政策」[註10]，這個公司提出的友善制度也不能隨便濫用。公司的組織架構圖顯示一個組織裡，所有成員的權責劃分角色，清楚揭示著誰應該對誰負責，誰可以對誰下指令。如果第一層級的總經理喜歡直接向第七層級的基層員工下任務命令，會造成中間所有層級管理者的困擾，因為中基層主管會不知道他的下屬現在正在進行什麼工作，也會覺得自己的主管權力被剝奪。同樣的，身為下屬若跳過自己的直屬上司，向更高層的主管匯報工作內容，也會造成同樣的負面效果。在職場裡，越級上報絕對是身為一個職場人讓自己的人際關係面臨危險的最快方式之一。

四 把功勞推給主管

在學校裡，學生認真準備作業、撰寫報告，以及讀書，所獲得的成就都是屬於自己的。在職場裡，你的每一分努力雖然會反映在你的個人績效中，但是，和學校不同的是，身為屬下，你的績效緊緊聯繫著你的主管，以及整個部門。因此，為什麼標題提到要將功勞推給主管，是因為，你的績效最後都算在他的績效底下，在某些時候，順水推舟把自己的付出所獲得的好處讓給主管，你自己並沒有任何損失，因為在一般公司裡，員工的績效有很大的部分是來自主管的主觀考評，因此，適當地把好處讓給主管，最終好處還是可能回到自己身上。

談到這裡，或許讀者可能有疑惑，這不就和先前談的過度拍馬屁同樣的道理嗎？明明是自己的辛勞卻給主管。在這裡，先舉一個案例：

銷售員和客戶的買賣談得差不多，要簽約時。經理走過來……

經理：事情辦得怎樣啊？

銷售員：客戶準備要簽約了。

經理對客人說：明智的選擇，你會喜歡我們的產品的。

客人離開後，

經理：恭喜你，完成一份訂單。

銷售員：老闆應該恭喜您自己。要不是您最後那段話起了作用，這筆交易還說不準呢。

經理離開時，滿面春風……

　　這個例子就是把功勞給主管的範例。對於銷售員來說，你拿到的任何一張合約，雖然就是你個人一筆業績，但最後的業績都是算到主管頭上，你的一句話，並不會減少你的薪水或傭金，但卻會讓主管開心。但很多人可能會不以為然，當業務很辛苦，從客戶名單的建立到不斷的死纏爛打讓客戶願意點頭買單這過程相當艱辛，怎可能說是主管的功勞呢？在消費者從事消費活動的過程中，花錢有時候不是只有取得該物品，而是在享受過程整個感覺，因此，當有一個更高職級的公司主管願意給自己拍胸脯保證，甚至服務，消費者會比較願意被說服，或者激發他們購買的動機[註11]。

　　以下還有一個例子：

會議桌上……

副總：很好，這個案子做得很出色！

業務課長：謝謝，不過，我做的只是簡單的工作。都是經理的功勞啦，如果不是他提點，這個案子也無法有目前的成形。（最好經理就在會議桌上）

後來，這位課長成了經理最寵信的員工。

117

實情可能是，因為經理很忙所以這個案子從頭到尾都是課長提案、蒐集資料、撰寫，經理從頭到尾都沒有關切。但是，這位課長之所以有辦法提出被副總稱讚的案子，是因為除了自己的才能以外，自己的思考方向或許受到經理長期帶領的影響，因此，身為下屬的人很難否認自己的能力沒有受到上司的身教或指導。最少，也是因為經理信賴你，肯定你的能力，才放手讓你做，才有今天在副總面前表現的機會，要是不肯定你，絕不會把重要的案子交給你，讓自己也同時在副總面前難堪。而副總因為這個事件，不僅對你的才能印象深刻，也同時對你懂得尊重主管、感恩主管而另眼相看。

清朝大臣李鴻章雖然後來位子越爬越高，但是始終沒有自己的軍隊，跟在曾國藩的身邊，一直幫曾國藩練兵。有一次，因為上海被太平軍占領，情況危急，李鴻章很想被派去上海一展身手，如果可以攻下來，甚至可以在那裡成立自己的軍團，但是上海是很搶手的地方，兵家必爭之地，李鴻章一直沒有機會被派到該地。有一天時機到了，李鴻章拿出以前從太平軍搜括的江蘇省全圖去找曾國藩，曾一見面就和他討論軍情，李鴻章很具專業能力講出看法，並從懷裡拿出正確的地圖送給曾國藩。曾國藩看了地圖以後，改變了主意，本來心中想派他去幫自己的弟弟曾國荃助剿江寧，要派左宗棠去攻上海，這下子變成反而派李鴻章去上海，因為有了地圖，曾國荃就可以靠自己的力量攻下江寧。此外，曾國藩並送李鴻章8營軍隊，一營500人，他對著李鴻章說：「少荃啊，鄉間有句老話，叫做將心比心。你把江寧送給沅甫，我就把上海贈給你，作為回報。你的淮勇只有5營，我再撥8營給你，就當閨女出嫁的嫁妝吧！上海是豐腴之地，大有可為，你要好好把握機會。」

對於李鴻章來說，那份當年辛苦獲得的地圖，是自己的功勞，對於打仗的人來說，地圖等於自己的手臂，但是李鴻章知道他的恩師現在為了

打仗很困擾，因此把自己的功勞送給了自己的恩師（自己的主管），沒想到主管回送他一個將領求之不得的舞臺。當然了，別忘記本章第二節所談的，展現自己的專業能力很重要，要不是李鴻章本身是個人才，就算有10張地圖送給主管，主管也不見得把上海委託給李鴻章管理，畢竟如上述所言，不管哪裡的兵地，最後的勝敗都還是算在曾國藩的績效裡。

　　下面選自國內企管領域知名學者司徒達賢教授所撰寫的一則經典個案，可供作為讀者思考。一般而言，不管是由上而下的命令，抑或是由下而上的意見反應，都必須按照組織層級劃分來進行，越級上報不被允許，同樣的跨級溝通，甚至進行任務要求也會造成指揮不統一，導致管理失效的情形。然而，難免職場中還是會出現類似個案中的情況，身為下屬，面對更高階主管的問題甚至徵詢意見時，究竟應該如何反應才能同時展現自己的才能，又能維持較佳的人際形象，是每一個立志在職場中有一番作為的人才必須提早思考的議題。

【行銷策略】

　　年終業務會報是總經理主持的。會中，業務一部陳經理請口才最好的錢課長負責進行簡報。由於過去這一年成績並不理想，因此總經理對經營結果以及業務一部此年所採之策略並不滿意。但由於時間限制，在會中並未多談即告散會。

　　過了一週，總經理又仔細思考過去年的問題後，想與陳經理談一談。正好此時陳經理外出拜訪客戶，但總經理又急著想了解一些進一步的細節，因此他請了錢課長來交換意見。

　　總經理主要的目的在問當初為何採用 A 策略而不採用 B 策略，並請錢課長說明業務部當初的想法。錢課長回想起一年多前業務部內部會議時，他自己是 B 策略的支持者，但由於陳經理及其他幾位課長強力主張採行 A 策略，最後乃捨 B 而就 A。

　　現在錢課長發現總經理的思考邏輯、所引用的數據，以及所偏好的方案，幾乎與自己去年的完全一樣，心中十分興奮，可見自己年紀雖

輕，但 MBA 學位還是值得肯定的。（個案來源：司徒達賢，《華人企業論壇》2000 年春，第一卷第二期，pp.119-124）

思考問題[註12]：

1. 如果你是錢課長，此時應做出什麼反應？應向總經理怎樣說明？

2. 此一個案對「做人」與「做事」二者的平衡，有何涵義？

本節所提到的「感謝」、「讚美」、「尊重」，以及「給功勞」說明上雖然切入的角度不同，然而，彼此之間是相關聯的。例如：把自己的功勞分送給主管，一方面有感謝提拔之恩，同時也是顯示對主管這個位子的尊重。而有時候，我們向主管表達感謝之意時，同時也是在針對主管的能力或是風範提出稱讚之意。只要將上述的的基本概念掌握清楚，就可以妥善的在適當的時機運用出來。

第四節 | 樹立良好人際形象

除了有才能、也懂得對待主管以外，還需要注意一些事情，才算是完整的學習到與主管相處之道。

一 提高工作能見度

在學校裡，你只要願意花精神讀書，考試就有機會考好，就算答得不理想，老師還是看得出來你有讀書，只是方法可能不是很正確；你只要好好準備資料，書面報告也可以呈現你的努力和專業能力，你不需要刻意張揚大家都知道。但是，在職場裡情況則不一樣，有時候你沒有說，別人不知道你做什麼，不知道你做了什麼，就等於你沒有做。

更何況，大部分的人從事的非「以個人為單位」的任務，很多時候需

要團隊完成某個工作，而這又和在學生時代裡團體報告不同，當你不懂得表現自己的付出，有可能最終在進行績效考評時，主管因為印象中不記得你有什麼表現而給你較低的評價，但實際上，你比其他成員還要更用心。

因此，要想辦法讓主管知道你做了什麼，讓他知道你對組織的貢獻。有些屬下很懼怕主管，可以不要和主管單獨面對面就儘量不要碰面，但其實有機會和主管單獨相處是很好展示自我的機會。例如：不小心和主管一起搭乘電梯，主管提及你的工作時，便可以適當的指出你正在負責哪一部分業務，你做到什麼程度，有哪些客戶有什麼反應等等。想要和主管保持遠遠的距離絕不是上策。

二 當個便利貼部屬

有些學生在進入職場前，對於職場會有錯誤的期待，例如：每天從事的是自己專業的工作、時間到了就可以準時下班等，但實際上在工作中，有時不僅不能準時下班，還得協助主管從事一些不是你份內應該負責的業務，但只要是不出賣靈魂肉體和不違背良知的事，通常建議初入職場的年輕人：不要拒絕主管的合理要求。

例如：主管會在下班時請你協助業務要用的資料蒐集，可能會用到你的下班時間，甚至使用你的私人電腦與網路設備。又例如：在公司沒有給予加班費制度的情況下，主管要求你下班後留下來二小時。也有可能主管會請你協助進行一些似乎無法累積工作經驗的例行工作，例如：協助他把某圖文打成電子檔。只要是為了公司整體目標的達成，並非主管刻意為難，應該要接受臨時要求的工作，並且不計較是否有報酬，甚至有時候，主管交辦某些任務，是為了考驗你的態度。當個使命必達的部屬，會讓你在主管心中留下好的印象。

若你問到：聽說有些主管會叫屬下幫他做私人的事，例如：幫忙訂球票、假日幫忙搬家等。這些任務也應該答應嗎？如同上述所言，這些事並不需要出賣靈魂肉體也不違反良知，要是在能力範圍內，協助主管並非壞

事。有些人可能會覺得被主管利用，但從廣泛的角度來看，你不只是被主管利用，也被整個公司利用，因為公司用薪水買你的勞力和心力。而你的主管是用他的權力買你的勞力和心力。再者，如果主管不是把你當成比較願意相信的人，也就不會請你幫忙協助他私人的瑣事，不是嗎？

從社會交換理論[註13]的角度來看，對於主管的合理請求能夠給予回應，主管通常會在適當的時機給予回報。主管或許沒有辦法保證你協助買球票，他就會幫你加薪或升遷，但至少他不會故意找你麻煩，也有可能在某些機會來臨時，給你多一點機會，例如：公司有外送員工受訓的名額時，會優先推派你去受訓，讓你有成長的機會。在組織行為學裡，有一個理論講得很直接且到位，那就是「領導者部屬交換理論」（Leader-Member Exchange Theory，簡稱 LMX）。該理論指出主管和每個部屬的關係是不一樣的，主管通常會和自己價值觀較為相近的部屬有較為頻繁且密切的互動關係，這些人會受到主管較多的觀照，也有可能因此享有一些比較特殊的好處[註14]。

當然，實情是不盡然接受主管的要求一定會有回報，但經常拒絕主管的要求，那可能就會有負面的影響。筆者曾經親眼目睹一名同事，因為再三拒絕主管對他指派不屬於他任內應該進行的任務，而後主管對待他的態度冷若冰霜，雖短期內奈何不了那名下屬，但長期下來，總算遇到下屬追求自己升遷的機會時遭到主管的強力打壓。

撇開獲取回報或給主管留下好印象這些理由不說，從正面積極的角度來看，接下一些別人不願意做的雜事、額外的工作，有時候會為自己累積更多的專業能力，甚至訓練自己有效率處理事情的能力。結合餐飲與文創產品的知名店家「好，丘」總經理王鵬淩接受誠品刊物《on the desk 提案》在製作職場專題訪問時便向讀者們建議，在職場上要放下一切，打開心防吸收所有事物，特別是剛踏入職場的新鮮人，不要拒絕那些看起來吃力不討好、無足輕重的事，試著讓麻煩找上自己，才可能累積別人沒有的能力，為下個機會鋪路[註15]。

三 不要答應做不到的工作

　　雖然前面提到，身為部屬應該隨時接受主管交辦的工作，但是，前提是必須審慎評估自己的資源和能力，並非主管提出的任何要求都要答應，倘若自己真的沒有辦法接受這份任務，不能只有拒絕，最好的方式便是幫主管解決這個難題。例如：當主管希望你可以協助完成 A 任務，你因其他工作尚未完成無法協助時，至少可以幫主管找來一位他可以接受，同時有能力幫助主管完成任務的同事。這樣一來，雖然你拒絕主管，但卻也主動協助解決問題，在主管的眼中，你是具有解決能力同時願意幫助他的人才。

　　如果一開始就知道自己真的沒有辦法達成，就不應該答應主管。因為會讓自己的誠信掃地，同時能力受到質疑，更嚴重的是，會給主管帶來很大的麻煩。因為當你無法完成任務時，所帶來的損失通常是你無法承擔的，嚴重一點的，還得由主管的主管來出面解決，這樣一來，往後想要在主管面前有好的形象，恐怕就很難了。

　　倘若本來一開始評估後認為可以完成而答應主管，後來發生不可抗拒因素導致延宕，則一定要在任務截止日前 24 小時內通知主管，因為身為主管，通常具備有處理危機的能力；當然，如果可以，更早讓主管知道更好，千萬不能為了面子硬撐。一個具有能力的主管，應該還有辦法在一天內想辦法解決你的問題，如果截止期限當下才告知，那等於讓主管沒有應變的時間，這就等於錯上加錯了。

四 不要向主管抱怨他人

　　在職場中，總會遇到和學校求學時一樣，有一些偷懶的同事，如果對方的偷懶確實且嚴重的影響你的工作內容，你必須想一些婉轉不直接傷害人的方式處理此事，千萬不要馬上發怒，一狀告到主管那裡。在很多時候，得理不見得能得天下。

你的抱怨有可能讓主管懷疑你的人際關係不佳，缺乏與他人共事的能力，甚至自己的專業能力也不足；換言之，主管也可以這樣想：如果你夠有才能，溝通技巧夠好，就有辦法讓身邊的同事願意一起跟著你做事，因此，不抱怨並改善問題可以透露出你具有領導方面的才能，能夠號召不怎麼用心在工作上的同事，激發他們努力的意志。

在大學校園裡，很多時候學生的報告是採用團體方式進行，每個班級總會遇到少數幾個學生來抱怨：某某人都不做報告、每次討論都缺席。筆者通常會讓學生知道，筆者不會干涉他們之間的互動，大學生必須學著面對這種情況，因為將來在公司裡也會面對這樣的同事，與其向老師抱怨同學的不投入，可以試著想出各種方法來了解對方不想參與的原因，鼓勵對方付出；要是對方能力有問題，也可以用其他形式補足他人的付出，總之，有各種方式來管理團隊成員。在沒有老師的公司裡，輕易向主管抱怨同事，只會讓自己的品格遭受質疑，不可不慎。

五 不要在背後說主管壞話

一般來說，在任何人背後說壞話都是不當之舉。凡事有陰陽，從陽面來說，說人閒話很不道德；從陰面來看更實際，因為你永遠不知道你講出去的話，有一天會不會傳到對方的耳裡（通常會）。

有一種情形是，你的主管在某些情況下讓所有的部屬都感到不開心，換言之，辦公室的同仁都對這名主管有意見，大家聚在一起數落主管的不是，常讓大家有了生命共同體的錯覺。即便處於這樣的環境下，你能做的便是最多當個旁觀者，千萬不要主動評論，也不要附和同事們對主管的批評，因為，即使目前大家都不喜歡該名主管，但沒有人知道會不會有一天，其中一名同事因為某些原因將大家評論主管的言詞傳遞給主管，以換取其他好處。

此外，團體的討論行為經常發生一種「團體偏移」（Groupshift）[註16]情形，因為當大家一起討論一件事時，就會讓參與討論的個體心態和言詞

都更加大膽起來：「不是只有我這麼認為，其他人也有這種感覺。」於是發表意見的人將本來不敢說出口的說了出來；同樣的，也可能因為氣氛偏向有所保留，而使得討論的過程原本想表達意見的更不敢表達，使得最後的資訊沒有充分的揭露和傳遞。因而，當大家一起批評主管時，可能出現談論內容越來越誇大的情形，最終未經證實的傳言可能都會出現，進而傷害到當事人。

六 展現高度抗壓性

　　一個人從事工作難免會遭遇挫折，甚至遇到主管的責罵。不管當下自己是不是很難過，都不可以在主管面前流淚，不僅被認為不成熟，也是抗壓性不足的象徵。很多女性以為眼淚是很好用的工具，可以拿來對抗男主管，但是，其實大部分的男性很不想看到女性流淚，特別是當這個流淚是因為自己引起的，你在主管面前流淚會讓主管更加憤怒，因為明明是你犯了錯，卻讓旁人以為身為主管的他過於苛責，反而傷害到他。

　　有一位朋友因為抗壓性低，在就讀博士班期間數次因為和指導教授的會談讓他深感壓力很大，會談後他總是哭著走出老師研究室，很多人看到總不免關心，次數多了以後，大家就開始傳言那位老師對學生很苛刻，常把學生罵哭。但其實當事人自己也同意，老師用意良好，也沒有指責他，只是自己抗壓不足，但卻因為他的行為讓老師名聲受到傷害。這樣的師生關係和職場的主管部屬關係一樣，都是很難修復的。

　　從另外一個角度來思考，有人罵比沒有好。身為學生，通常都很討厭家長的嘮叨，更厭惡老師的責罵，但自己思考，當你發現自己犯了錯卻沒有人發出任何聲音時，還是有些失落感，這就是人性矛盾的地方。

　　主管罵人通常是在兩種情況下，第一，你真的錯了，既然錯了，被罵也是應該，就把被罵當作也是學習，犯錯被罵的當下還有薪水可以拿，豈不是很值得安慰？另外一種情況則是：主管只是想罵人。面對這種主管，你需要做的只有一件事：讓他開心地罵。因為他只是在抒發情緒，回應他

只會讓他感到不受尊重，並且你可以為他的低情緒管理能力感到可憐，於此，你已經比他更高一層了，不也很令人開心？

七 謹守分際

在職場中，不論同事或主管，情誼的發展順其自然就好，不需要刻意想去經營更進一步的情感。特別是當你受到主管賞識時，要更加謹守分際。有時，我們可能因人格特質或才能，受到主管的特別喜愛，雖然表面上是令人雀躍的事，卻也不要忘了，職場畢竟是個具有競爭意味的環境，你的得勢反映著其他人的失勢。如果刻意張揚你和主管的好關係，大部分的時候只會為你帶來忌妒，倘若引來一些犯錯的同事想請你幫忙關說事情，不關說會讓同事認為你過於驕縱自大，關說了則會破壞主管對你的肯定和信任，不管你怎麼做，裡外不是人。更何況，你很難把握你和主管的好關係可以持續到什麼時候，因此，不管你怎麼獲得主管喜愛，都不要忘記他永遠是你的主管。

在職場和各種角色相處過程中，主管是最需要謹慎面對的對象，主要的因素當然來自於主管對於下屬具有績效考評的權力，更麻煩的是，經常我們面對的主管並不是只有一位。下面的一題課後練習一樣選自國內企管領域知名學者司徒達賢教授所撰寫的一則個案，在個案中，主角所面臨的是其他單位和層級的主管要求，如何應對並沒有標準答案，該如何在自己的主管以及其他更高階主管面前展現最適切的應對與行為，同時維繫組織內應有的公平正義，雖不容易卻也是身為職場人應該學習的實務課題。

註釋

1. 曹操和楊修有許多有名的互動故事，例如：「闊門」事件，曹操曾叫人建造花園，完工後他看了不給評語，只在花園的門上寫了一個字——「活」，楊修看了以後也沒問過曹操的意思就叫工人把門改窄一點，曹操看了以後很高

興，一問之下得知是楊修的指點，曹操雖然嘴裡稱讚，但心裡面不是很愉快。而最經典的要屬「雞肋事件」，建安 24 年，曹操和劉備對戰，不料兵敗退兵至斜谷，曹操正為是否要撤兵的問題困擾之際，晚上在營中見到軍中的膳食官送上的雞湯中有雞肋，於是便嘆了一聲「雞肋啊……」楊修知道了以後，馬上叫士兵們收拾行裝準備退兵，因為楊修了解曹操那句嘆句的意思是指：曹軍現在的處境很尷尬，進兵則會全軍覆沒，退兵則丟臉，留在那裡沒有多大意思，所以了解曹操有退兵的打算與傾向，然而，就是因為猜中曹操心思，卻被曹操用擾亂軍心為理由，以軍法處斬。「食之無肉，棄之有味」這個成語便是這樣來的（後來被傳為「食之無味，棄之可惜」）。

2. 性格的分類很多種，其中一類將人的性格分為「A 型性格」（Type A）和「B 型性格」（Type B）。A 型性格的特徵便是：個性急躁、耐心差，喜歡同一時間點做多件事。相反的，B 型性格則心態上較為輕鬆悠閒，對時間的要求也較不急迫。

3.「風險厭惡」又可稱「風險趨避」、「風險規避」，是指一個人願意承受不確定性的意願與能力，是一種心理因素。風險厭惡程度越高，代表越保守，越不願意嘗試過去沒有經歷過的事物。

4. 美國社會學習理論學者 Julian Bernard 發現個人對自己生活上所發生的事情，其結果所能控制的來源有不同的解釋，如果個體喜歡將結果歸咎到外在力量、外部環境造成的，比較偏向相信命運和機遇，這種稱為「外控性格」（external locus of control）；而相信自己能夠對事情發展的結果擁有多數的掌控權，認為成就多半來自自己的努力與付出，這種則為「內控性格」（internal locus of control）。

5. 慎獨是中國傳統文化極其重要的一個概念，源於儒家，是儒家修身養性的心法，講求道德的高度自覺和日常嚴格的自律，被譽為儒風最高境界。出自《禮記·中庸》，其意是說君子獨自一人時要謹慎行事。這是古人倡導的一種道德修養。

6. 臺灣的《勞基法》對於勞動者提供相當大的保障，一般企業在正常營運沒有危機且獲利正常情況下，想要解聘一名員工並不容易，特別是當勞動者表現良好時，更是組織在困頓時期想優先留下的員工。

7.《武媚娘傳奇》是 2014 年 12 月在中國首播的古裝宮廷劇，描述中國唯一女

皇帝武則天的傳奇故事，由於劇中的演員美女如雲、戲服造景相當華麗、同時女演員從妃子到宮女個個都擠出半圓的胸部，加上故事本就具有話題，因此創造出高收視率。劇中有多名臺灣演員參與演出，張庭在該劇的演出場次僅有 42 集，該劇共有 82 集。

8. 《Never Say Never》的歌詞為「Never say never, whatever you do. Never say never, my friend. If you be that, your dream will come true. They will come true in the end. Keep up your courage, don't ever despair. Take heart and then count to ten. Hope for the best. Work for the rest and never say never again. Never say never, whatever you do. Never say never to me. If you be, if you come shining through. That's how it's gonna be. Remember to look on the bright side. Until then never say never again. 作者省略歌唱過程穿插的趣味旁白，有興趣的讀者可以自行上網尋找。Never 除了大家熟知「從不」以外，還有「不可能」的意思，歌名前後兩個 Never 分屬於上面兩個意思。

9. 在這個情境裡，看得出來這名主管不分青紅皂白就罵屬下，並且用詞不佳，對於這樣性格和低情緒管理能力的上司，就算你採用很委婉的姿態告知他罵錯人，只會讓他更加難堪並且更生氣，他可能會找其他理由繼續開罵以模糊他罵錯人這件事。同時間，這種情況下辦公室肯定是安靜無聲，因此，你再怎麼壓低音量還是會讓身邊的同事聽到你和主管間的對話，無法給主管臺階下會讓主管認定你缺乏做人的技巧，儘管他自己也不擅長做人。至於眼淚則只是顯露你的抗壓性不佳。你無須擔心扛責的問題，因為該任務有負責人最終還是得由他來負責，至於你暫時性的接受指責很快地就會因為八卦的人性，大家以及罵人的主管都會知道這件事情不是你負責的，你幫主管保住當下的面子，這是很重要的。

10. 「門戶開放政策」一開始是用在國家的外交領域，指的是國家可以在另外一個國家享有平等的商業、工業等經濟互動權力。例如：歷史上，中國曾經有一段時間自成一個封閉經濟體，不接受外國的貿易往來，到後來改變做法鼓勵外國投資和貿易活動，即為門戶開放。後來企業間也開始使用這個詞。這個詞有兩種意義，一種是從字義表面來看，指的是公司高層主管的辦公室大門隨時敞開，或者實施沒有高階主管專屬辦公室這樣的傳統做法，讓主管和其他員工們一起工作，減少階級感受。較深入的解讀便是，與有沒有辦公間無關，是指公司內的員工，不論層級，在任何時間，都可

以用任何的形式，包括口頭或書面的表達方式，向高階主管人員，甚至總經理進行溝通，提出自己的看法。美國同時也是全世界最大的零售通路商Walmart 據說就是採行這種政策。

11. 在很多行業裡，公司會主動幫員工印製高於真實職稱的頭銜在名片上面，好讓員工出去拜訪客戶時可以獲得較多客戶的認同。因為銷售方的職級會影響消費者購買的意願。

12. 身為公司的基層主管，平日不太有機會與公司內最高經理人直接討論業務決策，這個情境的確是個發揮自己才能的大好機會。但是至少要具備幾個條件才不會貿然行事。首先，你必須對總經理有充分的了解，知道他是否真的想了解當時的決策內容，還是別有用意；此外，總經理是否喜歡同仁過於展現自我的想法和意見，這也是必須了解的面向。再者，你必須擁有優異的表達技巧，才能在總經理面前侃侃而談並且做出具見解的解釋，若你真的是人才，或許你還能點出總經理在決策上沒想到的死角或癥結點。當然，你必須在顧及現有組織內所有成員良好互動的前提下來展現個人才能。以上僅提供部分思考角度的補充，並非答案。

13. 「社會交換理論」（Social Exchange Theory）由美國社會學家 George Homan 提出，並由 Peter M. Blau 和 Richard Emerson 等社會學者發揚光大，並且盛行在社會學領域，可以協助解釋社會很多現象。因為組織也是一個小型的社會，主管和部屬之間經常存在交換關係，然而這個交換關係並不具有明確的闡明，而是透過彼此的行為形成一種隱形的約束和交換條件。當主管面對一個較為願意聽命行事，或與之關係較佳的部屬，則較可能給予某些好處作為報償。同樣的，部屬也是因為有了這份可能的交換作為期待，而對主管的要求盡可能地回應。

14. 「領導者部屬交換理論」（Leader-Member Exchange Theory）也可譯為領導者－成員交換理論。相關研究發現，任何一個位置的領導者在對待他的部屬是不同的，通常只會和小部分的部屬成員建立比較密切的關係，這些人可能是外在特徵相近（例如：性別、年齡）也可能是工作態度、價值觀，或者思考方式與領導者較為相似，使得主管與他們溝通較為容易。這群人在理論上被稱之為「圈內人」（in-group），類似白話中的「國王人馬」。因為受到主管的信任，比較容易得到主管的協助和提拔，而研究也發現，因為雙方產生了「社會交換」關係，因此圈內人通常離職率較低，對主管

滿意度較高，在工作上也獲得較高的評價。

15. 誠品書店出版了一份書店月誌《on the desk 提案》，提供讀者免費取閱，2014 年 9 月的主題為「初職者，進擊！」除了介紹一些與職場能力有關的書籍清單與活動以外，也訪問許多業界人士，提供寶貴的職場意見給讀者參考。由於該刊物索取完畢就無法獲得，有興趣者可至線上閱讀，網址如下，文中引用的內容在第 6 頁。http://www.esliteliving.com/dm/dm_detail.aspx?sn=2014090101

16. 「團體偏移」是指一群人在經過討論過後，因為一方面仗著人多勢眾，個體的立場會越來越強化，本來的想法會更為極端。假設原本自己的想法是，面對不明理的主管應該要想方法適切地讓主管知道部屬的心情，結果經過眾人們你一言我一語地討論下，因為有著大家的同向支持，責任可以獲得分攤，使得每個人的講話越來越大膽，想法越來越激進，最後大夥共同決議用激烈的罷工手段讓主管知道他們的不愉快，雖然和本來的想法一樣：都是讓主管了解屬下的不滿，但決策出來的做法會更具有破壞性。因此，也有人稱之為「團體極化」（Group Polarization）。

主題影片

中文片名：穿著 Prada 的惡魔

原文片名：The Devil Wears Prada

上映日期：2006 年 6 月 30 日（美國電影）

劇情長度：109 分

主要演員：Meryl Streep, Anne Hathaway, Emily Blunt, Stanley Tucci

劇情簡介與推薦說明：

《穿著 Prada 的惡魔》描述一個名校大學畢業的高材生，原本設定的記者工作落空，卻誤打誤撞應徵上知名時尚雜誌的總編助理職務。在面試階段，這名高材生的表現就已經跌破了總編輯的眼鏡，儘管表現笨拙，但總編輯突發奇想，想聘用看看和過往不同特質的女孩，看是否能有不同的工作展現。然而，

對時尚工作一點都沒有概念的女主角，在工作上遭遇很多挫折，後來在同事的指導下，從外在的形象展現煥然一新，接著也改變了對這份工作的態度，讓她在總編輯面前越來越有好的評價，就當她工作越來越順利時，卻開始懷疑這個選擇是不是適合她的職涯。

《穿著 Prada 的惡魔》因為有著時尚名牌 Prada 的贊助，在電影的服裝與配件上熠熠生輝，注入許多時尚的元素，加上這位惡魔老闆的行徑，使得這部電影成了大家茶餘飯後討論的話題，而且電影片名流行多年仍廣為大眾所知。雖然《穿著 Prada 的惡魔》從個人來說，是一部關於生涯選擇的電影，然而，從女主角與主管的相處情節中，可以看到許多值得討論的上司與下屬之間的職場議題。

首先，身為下屬，展現自己的專業水準是最基本的。女主角應徵時尚雜誌總編輯助理，卻對這份工作沒有基本的認知，特別是總編輯助理是跟著特定人士工作，有大半時間是協助主管處理事務，然而女主角竟然對即將要共事的主管個人毫無所知。這無法歸罪於這份工作不是她夢想中的新聞工作，因為沒有人脅迫她來應徵時尚雜誌社助理工作，既然想要這份工作，在應徵前就應該對這份職務內容和要求做功課，這不僅是對自己負責，也是對共事者的尊重。

女主角在電影的前半場幾乎犯了職場人不應該犯的所有錯誤，當她開始為主管工作時，她竟然問主管最基本的問題，不僅再度顯示不專業，也表現出自己無法進入狀況的心態。當總編輯要女主角準備 10 件裙子，她竟反問主管要什麼樣的裙子？根據市場調查，部屬最受不了主管指令不清楚，但有時候是部屬腦袋不夠跟上工作的敏感度。在頂尖時尚雜誌社，總編輯要的裙子難不成是 3 年前流行的款式？女主角問錯問題，至少她問錯人。

此外，取得工作權後的女主角仍然不改她錯誤的工作態度，心中只將這份工作資歷當成未來回到新聞圈的跳板，這樣的心態直接影響她的工作表現，在一個追求盡善盡美的主管眼中自然是被批評的一無是處。只因為從事的並非夢想的工作就散漫對待，哪天就算真的到了新聞界，也可能因為所待的部門或公司不如自己預期般的美好而依然擺出低落的工作態度來。當女主角嘗試改變心態時，她終於理解她原本不以為然的時尚產業有其存在的社會意義，甚至自己的平價穿搭仍難逃離時尚界從上到下的影響。當她心態改變了，自然帶動天資聰穎的她思考與解決問題的能力，讓自己獲得主管的讚許。

　　電影中把總編輯詮釋為惡魔，這個惡魔不僅是個工作狂熱分子，講話尖酸刻薄不留情面，而且還要求助理接受她 24 小時隨時召喚。雖然在職場中，我們並不主張長期跟隨這樣的主管共事，但身為職場人卻應該主動有這樣的認知，像是展現高度抗壓性、隨時準備接受主管安排的任務等。

　　最後，身為下屬，不論和主管在工作上多合拍多親密，私下也應該與主管保持一定的距離，不僅不需要讓主管踏入自己的隱私領域，也不該踏入主管的私人界線。因為沒有人想讓別人看到自己卸下武裝和退去職場上光彩亮麗後最真實的那一面，特別是當對方和你有著上下階級之分的關係時。排除探討人們是不是應該忠於自己的內心，追求理想的職業，這部電影在詮釋職場新人應該用什麼態度面對自己的主管相當成功。

課後練習

1. 請利用最近幾次繳交作業的機會，在電子郵件中同時表達對授課教師的感謝。嘗試將老師當作練習的對象，學會即時表達感謝之意。

2. 你知道打工處的老闆（如果你有打工）、學校師長、系所學長姊，以及交往對象的長輩（假使你有交往的對象）在飲食上有哪些好惡嗎？你知道他們對你的看法嗎？

3. 請根據第 109 頁醫學院導生宴的例子，向學姐回一封較符合職場倫理的簡訊。

4. 請根據以下模擬的情境，對當事人發出一封適當的電子郵件，請練習寫出這一封信件。

　　大學畢業後，你在一家中小型企業上班，已經待了將近一年的時間，工作順利，和同事相處也很愉快。因為你平時表現還不錯，主管經常會指派你一些臨時且看似有點重要的工作，例如：昨天早上經理把你叫進辦公室，對你說：「年末了，我想趁這個季節給公司一位很重要的客戶準備一份禮物，但我明天一早就要出國了，你去幫我處理一下，費用在一萬元上下都可以，事後跟會計核銷，這週內送到客戶手中，全權交給你了，事後跟我報告一下就好。」

你告訴經理，一切沒有問題，你會辦妥，你也確實完成該任務。現在，請著手寫一封 Email 告知經理你已經辦妥。另外，值得一提的是，兩個月前，經理曾因為你一年下來表現不錯，幫你加薪 3,000 元。

（剩下沒有提到的細節，你可以自己發揮）

5. 請閱讀以下個案，並試著回答最後的三個問題。

人事關說

行政部下的總務課最近有一名辦事員出缺，登報招考後，共有 11 位大專畢業生應徵。經筆試後初選三位，擬在面談後錄取一位。行政部王經理特別交代總務劉課長，有關人選之決定，他沒有意見，但希望劉課長儘量公正客觀，就公司與職位之需要選用最恰當的人選。

在面談前一天，總經理特別助理丁先生特地來看劉課長，說明總經理交代：「如果三個人差不多，希望能給其中 A 君多一點機會。」並指出這件事不必給太多人知道。

劉課長剛從工廠調升過來不久，對總公司這邊的文化並不熟悉，與總經理、王經理、丁先生都只有業務上的往來，說不上有什麼私人情誼。（個案來源：司徒達賢，《華人企業論壇》2000 年春，第一卷第二期，pp.119-124）

問題思考與討論

1. 請問劉課長在丁先生說明完畢後應做出什麼反應？應該向丁先生說些什麼？

2. 這件事應否向王經理報告？怎樣報告？王經理大約有什麼反應？

3. 劉課長在擇人時，應否考慮丁先生的話？若答案是肯定的，則應如何將此事納入考慮？

* 這個個案的思考有幾個要點需要留意：(1) 總經理特別助理的權力與地位；(2) 總經理特助表明關說是總經理的意思，此事很難證實；(3) 雖然主管表明授權予你決策，但不代表他不需要知道過程。

延伸閱讀書籍

司徒達賢。領導溝通綜合個案 2000 年，華人企業論壇（2000 年春），第一卷第二期，pp.119-124。

汪衍振（2010）。李鴻章升官筆記（卷一至卷四）。新北市：普天出版。

河合薰著，原木櫻譯（2010）。當個老闆賞識你，同事不會嫉妒你的大紅人。臺北市：漫遊者文化出版。

誠品書店。初職者，進擊！On the desk 提案，2014 年 9 月份，誠品書店。線上閱讀 http://www.esliteliving.com/dm/dm_detail.aspx?sn=2014090101

羅毅（2013）。雍正教會我的 36 則亂世成功術：職場中「低調提升自己」，同時「高調讓他人失控」的沉默攻略。臺北市：智言館出版。

第 4 章

如何與同事互動

本章學習重點

1.了解同儕之間的競爭關係。

2.學習如何提升自己的人際關係並透過與同儕的互動讓自我成長。

第一節 | 同事間的競爭關係

一 太早得到未必是好事

　　許多人在踏入職場後明顯感受到職場中充滿競爭，甚至為了爭取較好的表現或成就而出現鬥爭行為。其實，競爭關係在人們尚未進入職場中就普遍存在，只是身為未入社會的學生，心性較為單純，也未必想參與學業上的競爭。加上教育環境原本就有很多機會提供學生展現長處，不似職場的升遷管道狹隘，唯有在工作表現上贏過他人才能獲得更好的待遇或職位。

　　不論是大學生或研究生，畢業初入職場大多帶著師長的鼓勵和祝福，懷著滿滿的幹勁和企圖心想要進入企業或社會一展長才。特別是性格原本就較為積極、充滿企圖心的學子，更是如此。好的人才在組織內有好的表現，不僅是個人所追求，也是組織所樂見，但最好先掌握一些原則，不僅不會讓自己受到傷害，也可以在長期生涯發展上有較好的成果。

　　有些在校園裡原本就表現優異，或者很是出風頭的人才，可能會急於在進入職場時發光發熱，所以不小心就給自己的職涯帶來負面的影響。以下小故事可以作為參考：

　　有一個粉領新貴辛苦工作三年後，為了讓自己好好休息再出發，同時也因為要犒賞自己，因此毅然決然辭職，並帶著三年工作攢下來的積蓄一個人獨身前往歐洲旅行 30 天。在抵達第一站的希臘薩洛尼卡城裡，竟然幸運的套圈圈套中了一隻比人還要高的超大泰迪熊布偶。這位女孩子興奮不已，平常在臺灣玩類似的遊戲都是把錢貢獻給老闆，更何況這種布偶一隻要價不菲。一開始女孩真的開心的不得了，高高興興的謝過老闆後揹著這隻布偶離開，但是，很快的，她就發現，這

個幾十分鐘前讓她開心的事情已經開始成爲她的負擔，她的旅程才剛剛開始，卻必須在未來不斷更換旅遊地點和旅社之間，帶著這個龐然大物隨行。若要先郵寄回臺灣，光是打包的費用加上郵資差不多也快要可以買一隻同樣的泰迪熊了。

同樣的道理，在職場中，過於急著表現自我的人就會陷入同樣的困境。人一輩子工作的時間比念書的時間還要久，求取功名都可以苦讀這麼多年了，在事業上追求卓越也不急著在初入職場的那一年半載。有一句話說得很有道理：「懷才就像懷孕，就算你想藏，遲早有一天還是會被看到。」因此，年輕人剛進到新的工作環境裡，應該先好好把自己的工作做好，累積好的聲譽，同時建立良好的人際互動關係，等時機到了，只要你是個人才，想藏也藏不住。

二 做事之前先學會做人

2010 年日本富士電視臺推出一部由榮倉奈奈主演，和職場霸凌有關的日劇，中文劇名爲《決定不哭的日子》。裡面有一個橋段是這樣子的：

美樹是某個食品貿易公司的新進員工，剛進到公司不滿半年，適逢公司爲了拓展業務向全公司員工徵求新企劃案。沒想到，美樹的創意獲得主管的賞識，企劃案雀屏中選。依照公司規定，獲得這個新業務企劃案的人同時是此次商展的負責人。但由於美樹是新人，公司委派一位資深的員工賢治協助她。然而，大家對於一個新人可以獲得企劃提案成功心中多是忌妒大於羨慕，特別是賢治，更是心中不悅，但基於主管指示又不能不接受任務。原本約好要和合作廠商商談企劃的當天，賢治故意沒有抵達現場。隻身前往的美樹因爲第一次承擔這種業務，無法回答廠商最根本的問題，讓合作的廠商全員停工卻無法得到

基本的尊重。美樹回到辦公室卻發現賢治氣定神閒的和其他同事聊天，生氣的質詢賢治為什麼失約。賢治反問美樹，既然是她自己的企劃為什麼連簡單的東西都不會。美樹負氣的說：「我知道了，我自己搞定吧！」接著熬了一整夜，將整理好的相關資料送給廠商。沒想到廠商因為美樹一個人隻身前來，又因為得知所有的資料由美樹一個人完成而拒絕與該貿易公司合作。

　　在美樹花了一夜的時間準備資料，終於可以回答合作廠商的所有問題後，為什麼還是被拒絕？如果你是主角，你接下來應該怎麼做？或者說這個故事提醒你如何預防這樣的錯誤發生？

　　現在許多的職場工作都強調團隊合作，不像在學校裡，只要好好念書寫作業就有機會得高分，也不像分組作報告，就算組員偷懶只要你一個人多費點心思，報告還是可以如期完成，並且有機會受到老師讚美。在職場中，大部分的時候一個任務的完成需要很多人的專業和協助，甚至還會運用到跨部門的人力，因此很多公司在招聘新員工時會特別留意應徵者的團隊合作能力^{（註1）}。筆者也曾意外得知，有些知名的機關或公司聘用非一流大學的學生作為實習生，並且還有許多實習生因為表現良好，畢業後直接被實習機構僱用，面對筆者的好奇，對方委婉的解釋：「一流大學的學生能力強我們都知道，但是在組織裡的工作需要合作才能完成，一流大學的學生可能因為太優秀，在和別人合作上不太擅長，我們過去有許多不好的經驗，現在合作的這些學校雖然不是一流大學，有的甚至是私立科技大學，但是學生該有的能力有，又很願意合作，態度又好，我們當然要用。」

　　在上述提到的日劇中，表面上女主角受到同事們的欺凌，但不妨從另一個角度來看，其實女主角對很多做人做事的基本道理沒有掌握，甚至可以說到了無知的地步，在工作環境中，空有知識和對工作的熱誠，有時候

是不太管用的。

2015 年 3 月，臺灣一則新聞指出東華大學體育與運動科學系的大四學長姐，因為不滿大一學弟妹路上遇到了沒有打招呼對學長姐不禮貌，因此全班被叫到操場罰站淋雨，並且有幾個人被留下來灌酒，其中一名男同學因為不支倒地，因而上了新聞版面。雖然這是一則新聞，事實的細節外人永遠不清楚，體育界是否有所謂的學長姐傳統也不是本書想討論的重點，但此新聞事件也同樣可以給未出社會的大學生一個提醒，或許用灌酒這種方式進行校園霸凌是該被導正與禁止的，但是，一旦出了社會，在許多職場裡，霸凌也會發生，只是用不同形式存在罷了。新聞事件中的大四學長姐或許正因為單純，因此選擇光天化日霸凌學弟妹；將來在職場中，你也有可能因為沒有對資深同事打招呼而招來怨憤，這個怨氣則可能在你看不到的地方對你做出傷害。

筆者出此言並非危言聳聽。筆者教過的一名學生，畢業後擔任空服員工作，有一日和筆者分享職場心得時提出了一個事件，同時也是她心中的疑惑。考取空服員後，必須經過很長的訓練、讀書、考試，最後才能上飛機進行在職訓練（On-the-job training，簡稱 OJT），這是空服員從地上訓練到成為獨當一面的空服員很關鍵的階段。在 OJT 執行機上任務時，會有所謂的學姐幫你打分數，這個分數決定了你能不能成為正式的空服員，如果無法通過，就只能打包回家，先前的辛苦化為泡沫。而筆者學生順利過關，但她始終不能理解同期一名同事表現可圈可點，平常也沒有對學姐不敬，為什麼學姐給她的分數低於標準分二分，所以這名同事只好哭著離開她夢想的工作。在職場中，經常不知道在什麼時候得罪人，有時候不是你說了哪些話或做了哪些事，有時候反而是沒主動做哪些事，或者對方期待你應該主動說哪些話而你未說。提出這些案例只是想提醒讀者，待人真誠客氣是職場最基本的，那怕做了這些還是不足夠。在做事之前，先學好如何做人，有時候，就算不見得會讓你的工作較順利，但至少不會受到阻礙。

三 與眾不同是好事嗎？

現在這個社會，許多人都勇敢追求與眾不同，基本上這也是備受大家鼓勵的，特別是一個社會要進步的確需要有許多新的想法，而不是人云亦云。在教育場域裡，老師們也都希望臺灣的學生可以多學學西方國家的年輕人上課時勇於表達自己的看法，而不是單方面接收他人知識和訊息。

不過，在職場裡，與眾不同的分寸拿捏以及展現時機可是很重要的。有一本非常經典充滿智慧的書籍，書名是《當一隻孔雀來到企鵝國》，故事描述有一隻聰明、亮麗、活潑的孔雀來到企鵝國，但是企鵝們早已牢牢地建立一個冷漠且充滿官僚氣的社會體系。孔雀的才能和風采讓自己顯得非常與眾不同，雖然企鵝們知道孔雀很有才華，心中也不得不佩服他的才幹，但是孔雀大膽表達自我的作風卻令企鵝們不安。於是孔雀在企鵝國裡，到處碰壁，有志不能伸，還被企鵝們排擠，終日鬱鬱寡歡。

故事用華麗豔冠群鳥的孔雀來代表擁有才能的職場明星，而全身烏黑、走路呆板的企鵝代表龐大且僵固的組織或工作環境，當你越展現出優秀的表現，越是提醒其他人他們的平庸。偏偏在組織中，許多工作通常是需要大家一起協助才能完成，因此，越有才能的人必須越懂得收斂自己華麗的羽毛，才可能和其他人有較好的互動，也才能有機會適度展現自己的能力。

如果你進入職場後，發現你的同事談論的都是你平常沒有特別接觸的活動，或者不感興趣的主題。例如：你只聽爵士或古典音樂，但是大家都愛討論流行音樂；你愛藝術電影，整個辦公室卻在瘋韓劇；你下班時最愛一個人騎單車，同事們卻熱衷揪團參加路跑……。那你會怎麼做呢？

曾經筆者以訪問學者身分在美國待了一年，在那期間發現了一個很有趣的現象，有一個女學生在臺灣這個以棒球王國自稱的國家生活了25年，從沒看過臺灣職棒，也不認識半個選手，更遑論棒球規則。但到了美國（她和筆者同時抵達美國，不過她是留學生身分）不到三個月的時間

裡，竟然可以滔滔不絕叫出一長串美國職棒選手的名字，並且經常和友人談論各隊的戰績。這就是所謂的「Acting White」，為了和當地美國同學成為好朋友，有共同的話題可以插入他們的對話，於是在穿著也好、行為也好，甚至思想也都不免跟著美國人的習慣走。不管你認同不認同這樣的**轉變**，在這裡，舉這個例子是要提醒大家，在職場上有時候培養和別人相同的興趣，不僅可以創造話題，進而可以為自己建立良好的人際關係，在工作資訊取得上或多或少會產生一點幫助。

四 「同事」和「朋友」的差異

接下來的內容可能一般沒有經過社會歷練的大學生比較難以接受和相信。不過，想進到社會裡打滾，我們還是要試著聽聽可能發生的案例，並學會保護自己。

首先，請先試著回答以下問題：

1. 到目前為止，你心中認為的「朋友」有多少人？（你可以自己針對朋友下定義）
2. 你認定的「好朋友」多少人？（你可以自己針對朋友下定義）

請記住你剛剛心中列出的名單，繼續回答以下問題：

3. 請問如果在寒流來襲的半夜 3 點，正當你熟睡時，朋友打電話把你叫醒說他發燒，請你陪他去掛急診，而你願意馬上從床上跳起來出門去找他，載他到醫院，這樣的朋友在你心中有多少人？甚至你距離他的住處光是搭車需要半小時，而且你沒有交通工具，還能讓你半夜出門的朋友有多少人？

這些問題既沒有標準答案，也不意味著數字越多就有什麼特別的意

義。但是，經過多次的實際調查經驗，一般人在上述這三個問題回答的數字會越來越少。曾經有學生在回答上述第三個問題時反問筆者：「隔天有早八的課嗎？」學生天眞的提問反映了對朋友的付出是有條件的，這同時也是反映了事實。特別是年紀越大，擔負的角色越多，需要考量的事情變多了，百分百朋友的數量也就越來越少。

我們都聽過「十二生肖」的故事，故事中告訴我們，原來貓和老鼠竟然本來是好朋友，現在見面如世仇，那是因爲老鼠曾經爲了自己的利益而背叛貓，在即將到達河岸邊時，把不會游泳的貓踢到水裡。在故事中，老鼠成了十二生肖的第一名，而貓連第 12 名都排不上。在閱讀這個故事時，大半的人都只把它當成一則寓言故事，顯然無法體會貓的痛苦，那是來自被最要好的朋友所背叛。在排生肖比賽中，玉皇大帝需要 12 隻動物，老鼠就算不踢走貓，按理，牠怎樣也可以排上榜，不知道牠的心態究竟是「想得第一」所以完全不讓他人有搶先的機會？還是「壓根就不想讓貓上榜」？這件事恐怕只有老鼠知道了。

兒童繪本作家李歐・李奧尼（Leo Lionni）有一部作品，叫做《帝哥的金翅膀》，描述有一隻叫做帝哥的小鳥，一生下來就沒有翅膀，失去身爲鳥類最重要的部位，因此牠無法和同伴一樣，在天上自在的飛翔。雖然很難過，但好在同伴都很照顧牠，經常幫牠帶回好吃的果實，牠很高興擁有這群朋友。儘管如此，帝哥還是夢想有一對翅膀。有一天，上天聽到牠的祈禱，贈給了牠一對翅膀，而且還是金色的，非常耀眼美麗。帝哥開心的在天空飛翔著，但牠也因此發現，牠的朋友都躲牠遠遠的，並且對牠說：「你以爲有了那對金翅膀，就比我們還要高貴，對不對？你就是想要與眾不同！」說完牠們就離開帝哥了。這本閱讀對象應該是學齡兒童的繪本，竟然出現了血淋淋的社會現實面，暗示讀者：「朋友」是在某些條件下才會存在的關係。帝哥不清楚當牠有了翅膀，可以和大家一起飛翔不是很好嗎？還是如同《我們沒有這麼要好》小說中所呈現的：友誼的存在是因爲強者或弱者之間互取所需之下的狀態，一旦這個平衡發生改變，友誼

也就不存在了。

在《帝哥的金翅膀》繪本中，帝哥為了選擇友情，捨棄了自己美麗的金色羽毛，只保留黑色的部分，牠的朋友們接受了牠，並且對帝哥說：「現在你和我們一樣了。」這個結局回應了上一小節談到的主題「與眾不同是好事嗎？」雖然和十二生肖一樣，這些都只是寓言故事，卻可以給我們帶來一些思考。

人一生中可以交往到一群好友，是很幸福的事情，但要無上限的追求朋友數量只會削減你和人互動之間的品質。朋友不在多，可貴的在彼此是真誠互動。而由於學生時代交往的朋友最不會產生利害關係，因此，最可能在未來人生的道路上給你最長久且真心的支持。

《學校沒教的就業學分》這本身的作者在書中舉了一個切身的例子，她說有一次因為工作緣故，她和另一名同事因公外出，走在紐約街頭等紅綠燈時，天氣涼爽微風徐來，作者的心情很愉悅，突然對著身邊的同事感性的說道：「我很高興妳是我最好的朋友之一。」那位同事的表情和回答讓作者一生難以忘懷，那位同事說道：「好朋友和工作上談得來的朋友是不一樣的，這個妳應該知道吧？」這樣的回答等於冷冷的潑了作者一桶水一般。作者因為上班五年來，覺得和這位同事共事很愉快，沒有過爭吵，工作上搭配得很好，把她當起了朋友。然而事後才知道真正的朋友和工作上的朋友是有差別的。

⌕ 表 4-1　朋友和同事的差異

真正的朋友	工作上的朋友
• 在人生艱困的時光陪在你身邊的人 • 沒有職場利害關係考量的人	• 每天見面 8 小時，不當朋友也不行的人 • 剛好在同一棟建築裡消磨時光的人

這樣舉例，並非表示在職場裡不會交到真心的朋友，只是機率上來說較低。要是你無法分辨身邊的同事到底是不是你的朋友，你可以試著回答

以下問題，或者用同樣的問題檢視對方可能的反應。

⏳ 表 4-2　辨別真正的朋友和工作上的朋友

- 如果他離開公司，你還會繼續和他保持聯絡？
- 如果你發生一件緊急事情，你會考慮請他幫忙？
- 在辦公室之外，你會和他廝混嗎？
- 你看過他的另一半嗎？
- 你看過他其他朋友嗎？
- 如果他升遷了，你會真心為他感到開心嗎？
- 如果在超商遇到，能和他聊公事以外的話題超過 10 分鐘嗎？
- 你去過他住的地方嗎？
- 除了工作以外，你和他有其他共同點嗎？

2014 年元月有一個新聞用「眞心換絕情」這個知名的臺語歌曲名當標題，報導指出當時的交通部長葉匡時和媒體人蔡玉眞因爲 eTag 業務有簡訊上的往來，卻因爲蔡玉眞認爲話題涉及公共議題，她認爲交通部長的觀點有問題，因此在電視上私自將簡訊內容公布出來。這事讓交通部長認爲被「朋友」出賣了，葉匡時部長認爲蔡玉眞是他認識很久也很熟的朋友，因此把她當朋友吐露內心的心情，而對方卻把朋友間的簡訊公開，讓他感到很受傷。或許對於蔡小姐來說，公開這個簡訊是她的工作，可以爲她的曝光或發言帶來更多的成果，相形之下，朋友的關係也就不是那麼重要了。相信交通部長經歷這件事，對政治圈內所謂的朋友定義有些不同的看法了吧！

五 避免談論私人財富

不管你願意不願意，到了某個人生階段，一個人擁有的財富會成爲在社會上被判定成就高低的標準（當然，這不是唯一的判定準則）。也因爲社會上有這樣的現象，使得有些人喜歡透過張揚自己的財富來獲得滿足。在職場中，即便自己因爲受到上司的肯定而獲得加薪，也沒有必要讓同事

知道。工作環境再怎麼歡樂，畢竟是充滿競爭的地方，你的加薪帶給同事壓力，同時遭到忌妒；對於你的上司來說，你到處張揚此事，使他必須對其他部屬做某種程度的安撫，無疑增加他的工作負擔。

再者，許多人具有理財的能力，除了薪資這類「主動收入」以外，也會透過投資活動來創造「被動收入」[註2]，這些在生涯財富規劃與管理上自然是好事。然而，若不知道謙虛低調，則可能爲自己在職場上帶來許多負面的影響。舉例來說，假設你在投資股票上相當在行，每月從股票投資上賺取許多收益，當你向同事炫耀時，你的同事會有什麼反應？不論他有什麼反應，至少會伴隨著忌妒的心理，因此，他也想和你一樣透過投資致富，當他請你透露買賣哪幾檔股票時，你又該如何回答？你隱瞞，同事會抱怨你；你誠實回答，對方買賣股票後有兩種可能，一個是賺錢，另一個當然是賠錢。若是賺錢，他也不會謝謝你，就算口頭說一聲感謝，更多的謝謝是給了自己，基於人常犯的「自利性偏差」[註3]，你的同事多半認定自己之所以賺錢，是因爲自己有儲蓄，能投資，也因爲懂得爭取資訊，才爲自己賺了一筆錢；當同事購買你提到的股票而賠錢時，他不會怪自己，但不愉快得找一個人來怨恨，你將首當其衝。

在職場中暴露自己的財富或理財能力，容易使自己與同事之間的競爭範圍從工作成果延伸至私領域，不僅對自己的工作表現沒有幫助，更可能危及自己與同事之間的人際關係。

六 學會自我保護

職場相對於校園較爲複雜，原因大致如下：

1. **職場競爭較激烈**：職場出頭的位置較少，校園裡想擁有成就的發展管道多元。

2. **職場人在經濟上有較大的需求**：就學的學生較多比例是由家人承擔經濟，對自主經濟需求較低，而職場人必須仰賴比同事更佳的表現來提高經濟能力。

3. **職場中同事之間的情感維繫較難**：學生因為身分的緣故，可以透過各種學習和遊樂機會與同學建立情誼，在這些環境下產生的感情較為堅固；職場裡的同事也可能因為共同解決艱難的任務而產生情誼，但較少擁有輕鬆的互動機會，加上前述多項因素影響下，同事間的情誼較容易因為工作或職務上的競爭而變弱。

4. **職場成就具有較強的自我認同**：對多數人來說，在學成績好不好不是這麼重要，但在職場上能不能有很好的發展則影響較大，因為整體社會總是以一個人的工作及職位來評價成年人的成就。

在充滿競爭的複雜環境裡，除了要保持不傷害他人、公平競爭的態度以外，還得學會自我保護。所謂的自我保護，除了本書提到的內容廣義來說都屬之以外，在執行任務的過程，也必須留意一些細節。首先，重要的文件必須備份，同時加密。許多職場戲劇中，同事惡意刪除重要電子檔案、修改檔案內容、銷毀紙本文件以嫁禍競爭對手的橋段可不會只有在戲裡才會發生，就算不考量人心險惡面，也應該為避免自己可能造成的疏忽對組織以及客戶造成的影響。

承上，由於電腦是現代工作者經常使用的辦公工具，經常必須藉由電子郵件的方式來傳遞或繳交工作成品或半成品。舉例來說，假設依照作業流程，你完成職責內應準備的文件後，必須交由另一名同事附上其他內容再往下一個流程。懂得自我保護的方法之一，便是傳送你的任務時，也同時讓你的主管知道你已經轉交下一個步驟中應該接手的同事，以避免同事因個人的怠惰將責任怪罪到你的延遲。

此外，個人不應放置重要的私人文件或物品於開放式的辦公空間。基本上，除了某些可以為工作帶來正面效益的私人物品可以放置公司以外，無法直接產生效益的物品則反而因使用組織空間而有侵占公務之嫌。舉例來說，將個人的家人照片、文具用品或盆栽放在辦公空間，不但可以營造舒服的辦公環境，也等同宣示自己對組織的長期貢獻忠誠。但倘若將書籍、衣物、行李箱等，與工作無關，也無法提升正面工作情緒的物品堆放

在辦公空間，不僅造成工作效能不彰，也可能隱私外洩。

最後，現今許多工作或多或少都需要仰賴創意與創造力，因此，創意可能成為同儕間競爭的關鍵能力之一。倘若是具有競爭性的創意構想，可以為個人的工作績效帶來幫助，不應該隨意透露或於公開場合談論，除非自己認為創意點子源源不絕不在意他人剽竊，否則有心人士拿去立功就可能讓自己造成損失。

七 學會辨別職場中真假消息

有一句老話「好事不出門，壞事傳千里」。如果想讓一個消息讓組織內的成員知道同時相信，最好的方式就是透過傳言，如果可以選中適當的開始人選，效果加倍。在組織中，「傳言」從來未曾消失，而且傳言通常具有幾個特性：(1) 多和少數人追求私利有關；(2) 不受管理階層所控制；(3) 多數人偏偏都認為，這些傳言比管理者所正式發布的還值得讓人相信！

在職場中，不論從哪裡聽來的小道消息，只要涉及自己的權益，必須設法確認真實性，同時避免以訛傳訛。例如：當同事間傳出因為你曾得罪主管，因此上層即將把你的薪水調降 5%。你心生不悅，開始以上班遲到和不認真處理公務作為抗議，結果反倒真的因為未將客戶要求的工作完成而遭到降薪處罰。殊不知，你或許曾經出言不遜，但主管看在你的前提是為了組織著想，早就不當一回事，卻讓對你有敵意的同事拿來做文章，只能怪自己沒有針對二手消息進行確認。

第二節 | 透過人際互動學習與成長

一 建立人脈網絡，累積社會資本

　　許多商業類雜誌和書籍近幾年不斷推出人脈存摺的觀念，甚至還有專門書籍教你如何有效「管理」人脈。或許對未出入社會的大學生而言，這樣的說法稍嫌功利，因為大部分的大學生交朋友都是真情流露並且充滿義氣的。

　　那麼，換個大學生比較可以接受的角度來談好了，今天你如果可以多認識一些有理想、有見識、有能力，也同時和你一樣有義氣的同學，並升級為朋友。假設未來某一個時間點，你正好想自己出來創業，需要幫手或者合夥人，你想到了身邊朋友當中，甲很有創意、乙有法律專業，你剛好欠缺這兩個領域的人才，三人就可以站在認識較深的基礎上一起合作，一起分享果實（不過從創業的角度，有不少先進倒是建議好朋友不要一起做生意，此議題和本書無關，在此不多談）。

　　換言之，當我們不要從「利用朋友」這個角度，而改由「和朋友合作」的想法思考，多交朋友有時候會在你需要（或者他人需要的時候）產生一些效用。更何況，一個人生存在社會當中，需要別人幫忙的時候遠超過我們可以預料的，只要記著「以後有機會也要回報對方」這樣的想法，就算請別人幫忙也不是不好的事。

　　那要如何累積人脈呢？就學生來說，除了平常課堂上，社團活動中、參與校外活動過程都是可以認識很多人的機會。大學生有很多機會和不同系的同學一起修課，或者和不同系的人當室友，這都是最輕易可以交到各種類型和專業的朋友的絕佳機會。此外，當今網路科技發展的程度已經是幾十年前的人無法想像的，在這麼豐富的網路資源下，妥善的運用這些平臺和科技去結交一些有理想、有思想的朋友也是很好的管道。

　　標題提到的「社會資本」（Social Capital）在社會學、經濟學、政治

學，以及管理領域經常被拿來進行很多的學術研究，是個發展很久卻仍很興盛的討論課題[註4]。但我們這裡用比較簡單的解釋，個人的社會資本指的是：「人與其他人之間可以轉換成價值的關係總和。」

由上面那句話，我們應該注意到兩個重點，一個是「可轉換為價值」，另一個為「總和」。「可轉換為價值」意思是，你認識很多人，這些不見得是有用的關係，在重要的時間點，無法幫助你解決困難。2013年第 1332 期出刊的《商業周刊》就用「認識誰，比你是誰更重要」當封面標題闡述相關觀念，不過也引發知名人士的討論[註5]。而人和一個人相識，那個人和其他人相識，人和人之間的關係可以是相當錯綜複雜的一張大網。有個很知名的理論「六度空間理論」（six degrees of separation）也提供了部分的解釋[註6]。另外，之所以稱為關係的「總和」，乃因為不只我們和所認識的人的關係，還涵蓋這些關係往下延伸的可能關係。

總結來說，社會資本談的是：「你認識的人，不僅具有幫助你的能力，還有意願幫助你，甚至會想辦法透過他認識的人來幫助你。」而別人為什麼要幫助你？這在本章的第三節會做討論。

另外，要特別注意的是，社會資本要經過許多時間才能有所累積，但是每用一些就會少一些，不小心還可能變成負數，也就是關係負債，不得不慎。有一部在 2002 年上映，由 Al Pacino 主演的美國電影《People I know》（片名臺灣譯為：致命人脈）便描述一個認識許多上層社會名人、政客和明星的公關專家，利用自己的豐沛人脈和專業手腕，創造事業巔峰，但也因為他認識了太多重要的人物，知道了不應該知道的祕密，而讓自己身陷危機。不過，這畢竟是電影，劇情總是聳動些，而個人社會資本的累積和運用的確是一門需要長時間學習的人生學問。

二 見賢思齊，見不賢內自省

在各個環境中，學校也好、職場也罷，應該多接觸那些具有影響力的人。這裡講的接觸，不是指攀關係，也不是為了討好，而是「學習」！學

習他人的長處。

　　例如：有一些同學特別有號召力、有領導才能，或者上課時總是可以提出很多你都沒想過的見解，老師很喜歡問他們問題，同學很喜歡參考他們的意見，這種人通常對周遭環境具有一定的影響力，也一定有過人之處，有很多值得學習的地方。我們可以多向他討教，或者了解他的時間管理技巧、學習動機、學習有沒有特殊的方法等等，讓自己可以不斷的進步。在公司裡，也有一些人，可能是主管人物，也可能和你一樣只是基層人員，卻讓你感覺到主管很賞識他們，很喜歡詢問他們的看法，這些人都是值得學習的對象。

　　如果進一步把一般組織及公司內的人，依據影響力和職位高低可以粗分成四類來看（圖 4-1）。右上角的「位高權重」指的是公司中有威望的高階主管，他們不僅身居要位且深獲員工的愛戴，就算你對大位置沒有欲望，從他們身上學到的東西用在自己的事業規劃甚至家庭及人生管理就足以帶給你很大的收穫。經常在雜誌上被訪問的那些專業經理人，有一些就屬於這一類，我們也會發現，這類的人可以有今日的成就，背後都有一些可以學習的重要人生觀念和準則。

　　而右下角的「明日之星」有可能辦公室座位就在你旁邊，他只是比你早幾年進入公司，但卻深受主管喜愛，這種同事一定也有值得你學習的地方，不管是做事或做人方面。那麼，至於左上角的「風光不再」以及左下角的「無藥可救」類型的人呢？有一些人雖然身為主管，身邊卻沒有一個

┃圖 4-1　組織內四種不同值得學習的對象

部屬真心服從他，經常在私下損他，他上頭的主管礙於某些組織文化或原因無法降他職或資遣他，這樣的人到底如何變成這樣的局面？而那些看得出來一輩子都在公司裡準備默默無聞，同一個位置做到退休的這種類型的人，也需要向他們學習嗎？答案是：要。學什麼？很簡單，學習避免成為這類的人。

三 千萬不要一個人自己吃午餐

看到這樣的標題，大家可能會很驚訝。一個人吃午餐不行嗎？我們現在假設一個狀況：你剛從大學或研究所畢業，順利找到第一份正職工作，第一天到公司上班，帶著自己昨天準備的便當（因為剛簽約租屋，押金加上治裝費等等，把求學時代打工的積蓄用光了，一開始上班還沒有領到第一筆薪水，所以要先節儉度日），準備中午休息時享用，結果好心的同事約你：「你今天剛來公司上班，一定不知道這附近哪裡可以吃飯，要不要和我們一起去吃啊？」如果你誠實回答：「不用了，謝謝你，我自己有帶便當。」或者「我中午都不太吃。」「不好意思，我在減肥。」

不管什麼臺詞，只要你連續拒絕三天，相信第四天以後不會再有人約你吃午餐。的確對初入社會的新鮮人來說，自己帶午餐比同時一窩人一起去吃飯省多了，但是當大家都不再約你吃午餐會怎樣呢？

請你試著回想，在你參加的高中同學會裡（或國中、國小也可以，如果你們有舉辦的話），一邊吃著美食，你們都聊些什麼話題？除了回想過往的趣事以外，通常就是彼此分享「資訊」的時刻，換句話說，開始八卦已經畢業了的大家在幹嘛。而通常越八卦的內容都會針對那些「沒有在現場」的同學，出席的人就算有八掛可以讓人家爆，也會因為當事人在而不敢誇大內容，甚至不好意思提起。

這樣描述，大家應該就可以理解，在職場裡，特別是關鍵的一開始時刻，拒絕同事的邀約將會是很大的風險。而且這背後也可能被解讀為「自大」、「孤僻」、「不合群」等負面形象。因此，適時的與他人互動是很

重要的，不僅可以和同事之間建立好關係，也可以藉由同事之間的交流學習到他人的長處，甚至工作的訣竅等等。

　　然而，這裡要強調的是，剛進到一個陌生的環境時我們對於同事的邀約先不要急著回絕，但並不意味著同事的邀約每一次都得答應不可。適才的說明也可能讓讀者誤解，在職場上每天的午間休息時間一定都得花在和同事一同用餐或者閒聊中「搏感情」？當然不是如此，倘若是初入職場，盡可能的透過和同事一起用餐來快速認識工作環境、公司制度，甚至做事情的訣竅。但是，並非每一天都得把和同事用餐當作工作之一，偶而也可以安排自己想從事的休息方式。只是，在一開始增進自己和他人的互動機會有其必要性，等到自己已經在職場上建立穩固的人際互動關係時，我們可以依照自己的時間、金錢需求彈性調整和同事之間的約會次數，有時候答應、有時候委婉拒絕。當大家對你印象很好，也很喜歡你時，就算你後來很少和大家一起吃午餐，也不會有人因此挑你毛病。要和同事相處愉快、互動熱絡，不會被同事排擠，不是只有靠一起午餐這種方式。同樣的，如果自己在其他地方不留心，犯了職場的忌諱，那麼就算天天都和同事一同用餐，還是可能被同事邊緣化的。

　　然而，這裡衍生一個議題：和誰吃午餐很重要！

　　雖然上面提到不要自己吃午餐，但也不是隨便同事號召就跟著出去，這當中還是有很多細微的事情需要留意。例如：倘若上班第一天向你伸出友誼之手約你吃飯的同事，正好是被公司冷凍或被其他同事邊緣化的人，你輕易地接受邀約，有可能就會被其他同事甚至主管貼上標籤，而你可能踩到地雷還未知。

　　此外，未婚女同事和已婚男主管兩人單獨吃飯、兩個單身男同事一起吃飯、單身男女同事吃飯、已婚男女同事兩人吃飯、主管和下屬單獨吃飯。想想看上述的組合，是不是都有機會讓有心人士講閒話？在職場中，吃飯是門大學問，在這裡提到的只是一小部分而已。

四 培養觀察能力

培養良好的觀察能力是每一個人都需要具備的功夫，而人通常或多或少有點天分。發展出「心理社會發展理論」（又稱人格發展論）的德裔美國心理學家暨醫師 Erik H. Erikson 指出，小孩子在 1 歲半到 3 歲左右，就會依據大人的臉色和心情好壞來反應他們的需求，甚至知道應該向哪一位大人爭取才有糖可以吃。更何況具有眾多社會經驗的成年人，更容易學習並提升觀察力。

對於職場新人來說，這個能力尤其重要。在此，有個良心的建議：在進入一個新的工作環境 30 天內，要設法搞懂這個組織的一切潛規則。例如：這個公司對穿著有什麼忌諱？這個公司裡哪些人是未來明星？你的直屬主管和誰是死對頭？你的老闆的所有喜好？這個公司開會時喜歡員工閉嘴還是發言？這個辦公空間裡有哪些人是千萬惹不得？等等，在這裡無法一一列舉職場的潛規則。總之，多觀察多聽總會有收穫。

第三節 │ 培養正向人際關係

一 真誠助人，不求回報

人與人的交往和互動，一定要以「誠」為第一原則。否則欺騙也好、利用也好，這種做法只消一次，就可能讓自己再也無法取得他人的信任。特別在職場中，我們和同事們的往來是長期的，並可能延續到萬一離職到其他公司，還是會有交手機會，並非單次、特定時間點的互動，以後確定不會再遇到。因此，個人在職場中，就如同在重複賽局[註7]裡的賭徒，尋求合作與公平競爭會好過背叛與欺騙的作為。

會在很多書籍和雜誌中看到專家的建議：盡可能的在能力範圍內幫助他人，並且不要去想著他欠我人情。在職場中，不要一天到晚只想著自己

要成功、要怎麼踩著別人爬上高位，有時候幫助他人在某些領域成功，會讓自己在意想不到的地方獲得更大的成就。

在組織行為學領域中，已經有很多研究證實：當你經常幫助別人，做一些不是你份內需要做的事，通常會讓自己反而在工作績效上有更好的產出（前提是不能放著自己的工作不做，一天到晚當爛好人），因為你的同事也會在你需要的時候反過來幫助你；並且，經常從事非必要性任務的人，也容易因為受到主管好感而給予較高的總體評價（註8）。

況且，特別在華人文化底下的社會，人和人相處經常會出現「互惠」行為，今天你送來一袋家鄉的蘋果，改天我非得還一串母親包的粽子不可，人大多不想占他人便宜。因此，當人們願意主動幫助他人時，也會在某些時點受到他們的恩惠。

筆者第一年教書時，有一次適逢需要到國外出差，需要有人幫我代課，筆者找了一位當時還在博士班就讀的學弟幫忙，其實可以找的人選很多，第一個聯繫他是因為看中他的業界經驗與表達能力都很優秀，筆者不希望代課的人砸了自己的課，對不起學生。可惜的是，那位學弟並非這樣思考，倒是把自己的自尊放得很高，不僅沒有立即表示願意協助，在筆者還來不及說第二句時，就回了一句：「我的價碼可是很高的喔！」於是，筆者只好直接找了另外一個也很優秀、有禮貌，同時很懂得利用機會學習的學妹來幫忙。過了幾年，那位學弟畢業了，他沒進大學教書直接回到企業界服務，有一回他聯繫筆者：「可不可以有機會到妳的大學裡兼課？有演講的機會可以找我去喔。」筆者始終客氣敷衍他，心中非常清楚他雖想留在業界，卻也很想要有「和大學殿堂沾上邊」的尊榮感，但在教育部要求降低兼任教師比例的大環境下，要推舉他讓他可以在大學裡兼個課也是需要費很大的力氣，換言之，需要消耗筆者的社會資本。因此，過往與他互動的經驗讓筆者很難說服自己，透過消耗自己的社會資本來為他創造機會。甚至，又過了幾年，筆者熟識一些企業顧問與諮詢的管道，可以有舉薦人才的機會，筆者還是沒有動力去推薦這位學弟而是推舉別人，關

鍵原因倒不是一般大家會聯想到「報復」。而是，面對這樣的人，筆者不清楚，將他推薦給學校機構、管理顧問公司時，他的不懂謙虛、不懂做人的態度會不會傷害了筆者的好意，甚至為筆者推薦的機構帶來不必要的麻煩。

二 在適當時機感謝和讚美同事

在與上級互動的章節裡，已經談過拍馬屁這個觀念，在這裡不多說，有興趣的讀者可以回去翻閱該章節。這裡要強調的是，沒有人不喜歡他人的讚美，如果你的讚美之詞言之有物，而且充滿真誠，不僅對方心花怒放，自己也因為讓他人開心而感到很有意義，例如以下二個案例。

【案例一】

同事美華周末剪了一個新髮型，看起來不僅有型，也更加有自信，這時妳對她說：「美華，妳這個髮型超好看的，在哪裡剪的？真的很有型耶，雖然說妳本來的頭髮我也覺得很好看，但這個新髮型更加襯托妳的臉形，看起來更有女人味喔！」不管對方覺得妳誇不誇張，心裡面還是開心的。

【案例二】

你前往客戶端拜訪，客戶介紹你認識未來有機會合作的第三方廠商，是一個年紀比你長的女性，看起來頗有高階主管架式，你的客戶說：「這是未來大家要合作的雜誌社總編，曹小姐，妳別看她看起來嚴肅，她人很客氣，小孩今年準備上大學，是個每天都要回家煮飯的好媽媽喔，交換一下名片認識認識吧。」這時候，妳要是可以接上一句：「真的假的？完全看不出曹總編您小孩這麼大了，我以為您只有30多歲呢！」（聽起來推估她應該是50，但看起像40，你可以講少一點就成了30多）這一招對大多數的女性都是致命的讚美。不過，這是在其他人或當事人先提起的情況下才有這些讚美，否則不應該主動探知對方的年齡和私生活。

　　感謝一個人，並且在適當的時候，用適切的方式展現出來，就是一種拍馬屁的高質感表現，甚至可以跳脫拍馬屁這種說法。例如：筆者有個好朋友很會畫畫，她年終時把自己的畫出版成新一年度的桌曆，同時讓網友預定，有一年筆者向她訂了很多本送給學校同仁，其中有一位同仁寫了一封 Email 給筆者：

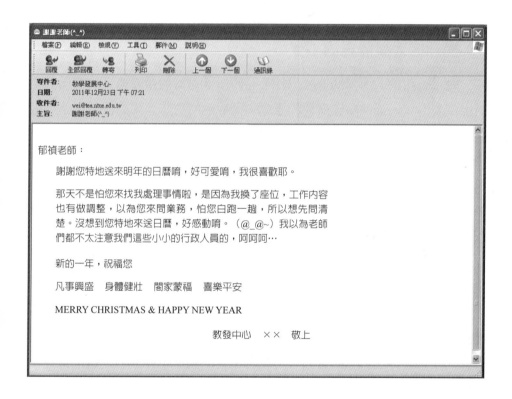

　　筆者也回了她以下內容：

XX：

妳還沒有調任工作以前，我就經常麻煩妳，很不好意思，我覺得老師要能夠心情愉快地從事教學，行政同仁的支援很重要，只要有單位無法提供老師需要的協助，會大大影響老師教學的效率和

心情。所以，我不認為是「小小的」行政人員喔，對於幫助過我
的，我都很感激，和這些協助比起來，送您小小的桌曆微不足道。

同樣的例子不只一樁，往後在校園裡遇到這些同事，大家彼此自然互
動，開心的聊天，慰勞彼此辛勞，謝謝對方的辛勞，不僅可以讓對方感到
開心，也可以增進彼此之間的互動關係。

三 提升他人被需要的感覺

除了感謝他人、幫助他人以外，有時候「**適時的接受他人的幫助**」也
是很重要的。人都渴望被需要的感覺，因此適時懇求他人的協助，讓別人
有成就感，感受到被需要，可以有效的提升你和他人的關係。男女朋友交
往，就算女生能力很強，個性獨立，連燈泡壞了、馬桶不通都有辦法自己
搞定，這樣的女生有可能會讓另一半感到很大的壓力。適時的依賴對方，
讓對方感受到被需要，可以為雙方的感情加溫。同樣的道理也適用在其他
角色之間的互動。

筆者有位同事曾向筆者陳述過一個故事。他的近親中有一對夫妻，先
生在科技公司當業務，太太平常在家裡當家教，也會到附近小學擔任代課
老師，因為不具有國小教師資格，所以並不是正式員工。有一次筆者同事
無意間從第三方親友處得知那位太太想要回學校念研究所，起因是想申請
教育學程，取得正式教師資格，可以有穩定的教學工作。但是這位女性親
友從沒有向筆者的同事請教過相關資訊，或許她覺得上網找就有資訊，或
者問她自己的同事就可以。但是，筆者同事和筆者一樣，就在培育國小教
師的大本營裡任教，對於相關資訊的掌握一定高於外部人士。國小教師的
培育管道是否發生改變、政策有沒有哪些新利多、教師甄選的要點等等，
甚至考研究所念師資培育學程等相關內情，外部人士不可能知道的比組織
內的人清楚。如果她來請教筆者同事，他肯定會把知道的都告訴她，並且
會回頭幫她挖掘她想知道的細節，而不是經過很多年了，她還是個臨時約

聘教師。

　　有趣的是，這對夫妻的先生也是同樣的情形。筆者同事拿到的學位領域是商學，並長期與外面管理顧問界有接觸，這位先生的長期人生規劃就是想離開公司當專職業界講師，但他可能也認為自己人脈頗廣，靠自己就行，從不主動向筆者同事請教相關資訊或經驗交流。因此，雖然筆者的同事身邊有一些資源可以幫助人，那也只能提供給需要他協助的人了。

　　人不能獨自生存，不僅在社會上如此，在組織裡亦然。如果適時的向他們請求一點協助，這些協助不能對對方造成困擾，但可以讓對方發揮所長，不僅可以幫助自己獲取所要的資訊或結果，也可以讓自己的人際關係有更好的發展。

四　用心與他人互動

　　在職場中，我們與同事相處的時間相當長，扣除個別處理公務的時間以外，有許多機會與同事進行正式與非正式的互動。若是與工作有關的互動，自然必須相當專注，以避免工作執行上造成錯誤；而在與工作無關的互動中，雖然可以輕鬆應對，卻也必須謹慎。積極的來說，必須要用認真的態度來和他人應對。因為，沒有人希望自己講話的時候，聽的人不用心聽。例如：當你和同事聊天時，同事告訴你，他剛好最近喉嚨非常不舒服，醫生要他避開所有會辣的飲食，結果，當天午餐時間，你約他到公司附近的以辣味餐點為主的餐館用餐。倘若一次疏忽尚無大礙，若屢屢都是類似的情形，就可能被同事視為不尊重他人，影響自己的人際關係。

　　假設有一天你初入職場，在茶水間遇到一名資深前輩，初次見到你在聊天時問你任職哪個部門？你告知後過了三天，該名前輩將同樣的問題問了第二次，你可能感到訝異未必會感到不悅，但倘若該名前輩前前後後問了不下五次，卻從未記住時，你會如何看待那名同事？又如何評價他的人際能力？因此，在與人互動上，要留意真的想知道的事情再開口發問，只要對方說出口的特別事件，必須刻意記在心裡，並在適當時候使用它。

在消費心理學裡，要讓消費者對產品或服務產生深刻印象，產生購買動機的方式，不外乎創造產品或服務和消費者之間的情感連結。假設獨居的你為了方便，每週固定有三天會在同一間麵館用餐，一個月下來，老闆從不曾跟你多講半句話，你每次交代不吃蔥，一個月後依然可以在碗裡看到蔥花。另一種情況是，在第二週時，老闆在你還尚未交代不加蔥以前，他就主動問你：「你不喜歡蔥對不對？」兩種情境相比，你對於哪個麵館的印象較佳？在哪個麵館用餐會讓人倍感溫暖？

不管處於何處，人都希望被關心、被用心對待，尤其當人與人之間具有比陌生人更親近的關係時。本小節一開始提到筆者學弟認定自己非常優秀，不願意協助代課的例子，其實故事還有後續發展，由於他後來轉換職涯跑道，成為專業企業講師，除了受邀上課以外，也要推廣自己的課程。然而，每每他與筆者聯繫時，從不主動關心筆者的近況，要不是在通訊軟體上開口馬上問筆者有沒有需要演講的人選，要不就是直接把他的廣告檔案傳送過來，一句問候也沒有。這樣的行為和筆者不認識的廣告廠商發廣告一模一樣。哪怕是有目的性的，先鋪陳問候關懷，再提出要課需求，也都好過不用心的對待。在職場中與社會中，我們都需要他人用心對待，尤其在充滿競爭的職場環境裡，若能用心的與他人互動，則可以更有助於提升自己的人際關係。

五 謙虛謙卑為上

不是有句老話「越成熟的稻穗，頭彎的越低」嗎？雖然大部分的人，特別是年輕人聽不進去這種八股的建言，不過，站在職場生存的角度，這話真是不假。前面已經提過粉領新貴遊歐洲的故事，接下來講一個比較接近大學生的例子。

　　某個大學的籃球校隊按例每年都會招收新生，但通常要坐冷板凳
一、二年，才有機會成為全國性大專比賽的先發球員。一來需要時間
磨練技能，二來總得讓高年級的學長先上上場嘛，特別是這個學校球
隊組織已經具備了社會上很多正式組織的特性：敬老尊賢，資深的優
先。

　　有一年，一位新生因為籃球資質不錯，底子夠，一進大學就被選
進校隊，但太過得意忘我，經常在許多場合有意無意地展現自己的才
能，並且公開表示自己是校隊中最不可或缺的靈魂人物。沒想到這樣
的行事作為讓校隊中幾位高年級的學長感到相當不愉快，認為他不僅
不懂謙虛也不尊重學長，於是在很多練習的時機故意整他，或者說操
他，想給他顏色瞧瞧。

　　其實，如同先前所言，懷才像是懷孕久了大家都會知道，球技高
超，只要是同樣打球的內行人一定很快就會發現，如果以球隊整體戰績考
量，在關鍵想要贏球的時刻，你再怎麼資淺，學長也不得不讓你上場。越
是優秀，要越低調；越是謙虛，他人越可能給你機會。而一天到晚強調自
己的優越、宣揚自己的成功，是不明智之舉，因為那等於是在「提醒他人
的失敗」。

　　全天底下，可以說只有兩個人會對我們的成就真心感到開心[註9]，
其他人多半心裡是五味雜陳的。你得到書卷獎，同學表面說恭喜，對那些
本來就不在乎的人他可以拗你拿獎學金請喝飲料，對於因為你得獎擠掉他
獲獎的同學來說，就算認輸心裡面還是希望下一次打敗你。即便親密如男
女朋友，女方的成就同時也是男方的壓力。手足之間，更常被父母拿來作
為比較的話題，「你怎麼不學學你哥哥，從小就沒讓我操心」或「你弟弟
下個月要帶我出國玩」這類的話語也常引發兄弟姊妹之間的私下競爭或情
誼變質。至於職場上的同事，與你既沒有同窗的情誼，也沒有血緣關係，
你從上司和客戶那邊得到的讚美、你在工作上獲得的任何成就，只會讓同

樣是競爭對手的同事們感到不安與忌妒而已，不會有別的好事。

六 對每個人一視同仁

在前面曾經提到，在職場裡，人和人的互動不僅影響別人對你的評價，也會影響你的工作表現。這裡要更進一步談的觀念是，我們要懂得尊重身邊所有的人，不管他們的職位高低，不論他們的身分為何。

以前曾經遇過一個大學系辦的女助教，她對男研究生講話和女研究生講話的音調和態度完全不同，這樣一來，要是遇到什麼爭議問題時，她就很難說服別人她的立場很公正。此外，一個對異性講話明顯溫柔的同仁一定會遭到大家的非議，成為辦公室茶餘飯後討論的焦點。

許多公司有聘請工讀生，或者實習生的制度，通常礙於他們的流動性高、忠誠度低，加上年齡和專業都未到火侯，所以公司通常不會交辦重要任務給他們，這是出於營運上風險的考量。身為同樣被公司聘任的一分子，就算你是專職的員工，對於這些暫時性勞力，也不能夠站在高人一等的姿態對待他們。凡事都是陰陽兩面，從陽面的來說，他們同樣都是來工作領薪水的，同樣為人就應該被受到尊重，更何況他們只是比較晚接受訓練，並不代表他們到了你這個年紀表現會比你差。如果我們不僅不會頤指氣使差遣他們，反而處處教導他們，協助他們，讓他們可以有很好的歷練，對整個公司甚至國家都是好事，而我們有辦法指導別人時，代表我們也有擔任領導者的部分能力了。況且我們也是從工讀生身分一路學習過來的，沒有人天生就應該很會從事某一份工作。

從陰面的來說，有誰能預期今天被你冷眼相待的實習生，哪一天不會爬到你的頭上，成為你的頂頭上司，反過來報當年之仇呢？又更戲劇性的，在你百般刁難某位實習生之後，才赫然發現，原來他是董事長的兒子，暑假特地安排他前來你的部門歷練，甚至觀察辦公室同仁的現況。

除了工讀生和實習生，新人也是很需要協助的對象，有時候幫助新人快速熟識環境，盡快學會工作技巧，不只是幫助對方，長遠來看，對自己

的任務完成也是有幫助的，因為新人老是學不會，最後上司還是有可能要你這位資深的前輩接收他完成不了的工作。

筆者有個親戚非常有繪畫天份，念大學期間經常受到餐廳邀約，前往為他們新開的店面畫壁畫，由於顏料用的是難以清洗的水泥漆，因此他總是穿著同一條工作褲（上面沾滿了各色顏料）前往繪圖。有一天，他完工後直接回家，快到家門口時，聽到了鄰居在背後的竊竊私語（不過嗓門很大）：「你們看，那不是陳家的小孩嗎？竟然當起油漆工來了，沒在讀書了嗎？」首先，油漆工是個很多人都需要他的偉大職業，再者，這樣議論別人是很不道德的。

另外有一個聽來的故事是這樣的：有位大學生非常優秀且孝順，擔心父親過於操勞，寒暑假有空時總是會幫擔任水電工的父親搬工具，一起出任務。有一天在大廈電梯裡遇到一對母子，那位母親對著自己的小孩說：「你要好好念書，不要像那個哥哥一樣，這麼年輕卻辛苦的在這裡搬工具當工人。」據說故事裡的那位哥哥蹲下來，告訴那位小朋友：「弟弟，你要好好念書，才能夠像哥哥一樣考上臺大法律系，並且行有餘力在這裡幫父親的忙。」或許這只是個帶有諷刺意味的故事，但想要傳遞的意涵和本文的標題是一致的。

還有一群在職場裡經常被忽略的人物，他們的工作可以這樣描述：就算做得再好，對公司的業績也沒有幫助；但是他們的工作沒有人做，卻會影響公司其他人的工作。這些人像是：總機、警衛、清潔人員等。對待這些同事，我們也必須用平等的態度，甚至用感謝的態度謝謝他們，有了他們，我們才有安心、安靜的工作環境。

書讀得好的同學要尊敬，因為他可能是你孩子的教授；
書讀得不好的同學更要尊敬，因為他可能會是你孩子的老闆。

上面這段話語雖然有笑話意味，但從現實案例來看，倒是有幾分可信。總歸一句話，不管是誰，只要盡他們的本身在做事，都值得被尊重。

七 避免談論他人是非

在本章前半部，我們已經提過避免讓別人談論我們是非的其中一個注意事項就是「別一個人吃午餐」。這裡我們要講的是：不要成為講他人是非的人。白話來說，就是：不要八卦。

不過，這可不容易，似乎八卦、講人家閒話是古今中外很多人都很熱衷（或不自覺就這麼做）做的事。接著談幾個觀念，要是大家還是覺得講八卦的心理所獲得的快感和滿足遠超過可能帶來的風險，那自己可以權衡一下是否要繼續這麼做。

首先，你試著想想看，倘若你的朋友 A 跑來跟你批評 B，並且講了很多不好聽的言詞，你心裡會有什麼想法？

1. 原來 A 和我比較好，所以跟我講 B 壞話
2. B 這麼糟，我之前都不知道，還好 A 有跟我說
3. A 會不會也用同樣的方式對待我，跑去跟 B 講我壞話
4. 其他

或許 1 和 2 都可能是事實，但從人性的角度來看，3 發生的機率非常高。筆者就曾經犯過類似的錯誤，求學時代誤把一位同學當知心好友，相信她講的八卦內容，甚至還加了自己的評語和意見，結果，果真她跑去跟其他同學講我的壞話，順便連同我的評論都放進去當加料使用，可想而知，之後筆者和其他同學的關係會變成怎樣？

還有一種常見的情形是，一群人在一起聊天，談起對某些人的評價，一些未經證實也不太恰當的言論已經開始出現（就是八卦意味很濃厚了），這時候就算你不想講別人是非，但你在現場是事實，聽者也有份，

即便你沒有表態，事後發生什麼事，你也得算上一份。要是你附和了，那你就成了主要的共犯。

有句話說：「小道消息就像是口臭，只有張著嘴的人覺得無所謂。」但卻對身邊的人造成傷害。筆者曾經在課堂上做過無數次同一個實驗，證明：同一份謠言內容平均只要經過四到五個人，謠言的內容就會發生很大的變化，甚至和原本的相距千里。筆者在實驗前先撰寫了一份八卦的草稿（裡面的內容當然是設計過的，而且內容故意設計得長一點，但也不過一百多字），然後邀請五個同學幫忙進行實驗，筆者先照稿念給第一位同學聽，然後請原本在教室外遠處的第二位進教室，由第一位將聽到的訊息講給第二位同學，依此類推。等到第五個同學聽完第四位傳遞的八卦，其他在場知道從頭到尾經過的所有同學都已經笑翻天。因為同學們會自己解讀聽到的內容、增加自己杜撰的內容，而且有的參與實驗同學竟然還以為筆者「設計」的八卦內容是真的！這個實驗給大家很大的警惕，八卦真的是很恐怖的事情，還可能毀了很多人。因此，如果可以，凡是未經你親自證實的消息，就千萬不要參與傳遞的過程。

八 不要讓他人有講自己閒話的機會

之前提到和同事之間吃飯的議題、和異性互動要一視同仁，要是弄個不小心會讓自己成為別人八卦的對象。此外，還有一些做法也會讓自己暴露在被講閒話的危險中。在日劇裡，經常會發生一種橋段，那就是女主角不小心在外面過夜了，一大早驚醒，奮命也要趕回家換套衣服再出門上班，否則就會成為辦公室當天竊竊私語的話題之一了。在臺灣的職場文化裡或許不至於這麼敏感，也不是說所有的衣服都要天天清洗，但盡可能應該要天天換衣服，以避免無所謂的猜測。此外，就算衣服不想天天送洗，也要注意不可以出現異味，一旦有髒汙就應該要盡快清洗，注意身體和衣物的整潔雖不是工作的項目，但是影響人際關係的其中一個因素。

電腦是大多數職場人士工作時的基本配備，加上網路和各類軟體的

發達，使得人們非常仰賴電腦與網路來查詢資料或處理許多業務。然而，許多職場人未必有正確的職場倫理觀念，因此可能在上班時間利用電腦與公司網路從事私人的事務，這些按理於法是不被允許的。但在情感上，多數的雇主與主管並不會相當嚴格的監控，即便是這樣，身為職場人應學習正確的觀念，理想上，不應在上班時間從事私人事務，至少，不應該使用辦公室的電腦或網路來進行。某些規模較大或者資訊科技（Information Technology，簡稱 IT）部門較健全的組織，甚至會透過系統監看員工於上班時間瀏覽哪些與工作無關的網頁，或透過組織伺服器發送與工作無關的電子郵件。筆者便曾在進行企業訪問時，得知國內一家規模數一數二的證券公司，因為苦於員工利用公司的高速網路，於上班時間下載非法影片，只好透過 IT 系統計算，公布「本月上色情網站最久」的員工名單以示懲戒。

在臺灣，過去這些年來，團購的風氣很興盛，甚至還有許多以團購為主要服務的電子商務網站成立，辦公室裡同事間的團購更是工作之餘的樂趣之一。如果因為節儉，或者不愛吃甜食等諸多原因，從不參與團購，經年累月下來，連這種小細節都可能成為被人說閒話的可能，明明只是不喜歡買那些東西，卻可能被解讀為不合群。所以偶而參與大家的活動，不喜歡吃甜食也可以買來分送給其他沒有參與團購活動的同事，或者送給警衛、平常打掃辛苦的清潔人員也可以。

再來就要提到一項和「禮節」有關的事。現在的年輕人對於許多事情缺乏所謂的禮儀，例如：搭電梯時先進卻不主動幫慢進入者按門、在電梯內大聲對談等，在公開場合也習慣大聲講電話，這些小事都有可能成為壞了自己形象的原因。在辦公室裡因為是上班時間，盡可能不要講私人電話，並且將手機設定為震動功能，就算要講電話，也應該盡快解決，並且到無人的場所完成通話。在辦公室裡講電話還有很多注意的細節，例如：正常音量優於悄悄話，因為當你越故意壓低聲音，越吸引大家的好奇心。

此外，有技巧的講電話也是需要學習的。以下是一個有趣的範例，供

大家參考。括號中的臺詞是較正面的建議版本，讀者可以嘗試用不同的對話閱讀看看。

你的醫生打電話給你……

醫生：護士已經把你的症狀告訴我了，我想我可以告訴你結果，你應該是得了痔瘡。

你：我得了痔瘡？該死，我就知道。難怪我老覺得坐在營火上。

（太好了。有什麼特別的嗎？）

醫生：你說對了。

你：噢，你建議用什麼藥品呢？希望不是什麼難聞的藥膏。

（謝謝你告訴我，下一步您的建議是？）

醫生：我建議用一種無味的新藥膏。

你：這藥會不會很貴？我的健保給付有包含直腸方面的醫療費用嗎？

（好的，謝謝。等我先研究一下細節，會盡快跟您聯繫。）

相信五分鐘後全公司都會知道你得痔瘡。

（你隔壁的同事可能根本沒注意到你在講電話，或者以為那是客戶打來的。）

本章第一個小節提到在職場中應該避免談論個人財富狀況，在這裡，也要提醒讀者應避免和同事有金錢上的往來。根據筆者的調查，大一學生在就讀大學的前兩個月就曾經向同學借錢的多達七成，曾經借錢給同學的當然也將近七成，借錢的理由不外乎：忘記帶錢包沒錢吃飯、需要繳交書錢或班費、零用錢花光向同學借錢買喜歡的東西。大多數借錢的費用（不談論特殊因素）少則幾十元，多則近千元。然而，有趣的是，當筆者向那些「曾經向他人借錢但已經還錢」的同學問道：「你可以百分百肯定，對方心理上確實認知你已經把錢還給他了嗎？」卻極少有同學對此有自信。同樣的，那些「曾經借錢給同學」的人，也無法百分百確認：那些

167

「他以爲還沒還錢」的人「眞的還沒還」。倘若借錢與還錢兩方出現記憶錯誤，造成認知差距，則可能成爲被說閒話的話題，傷及人際關係。

因此，筆者把前述提到的，整合全章的內容，把容易造成別人講自己閒話的原因，整理如下表 4-3，供讀者參考。

◇表 4-3　職場中容易讓別人講閒話的原由

- 單獨和有爭議的對象一起用餐
- 和昨天穿一樣的衣服
- 在公司大聲講私人電話
- 表現小氣或與衆不同
- 在不對的時間點用餐
- 在辦公室享用味道重的餐點
- 使用公司的物品處理私人的事務
- 態度過於傲慢
- 喜歡談論私人財富
- 和同事之間有財務上的交易或金錢往來
- 不喜歡且鮮少參與同事之間的交際活動

九　不要樹立敵人

本章節一開頭便指出有效的增加自己的人脈，有助於人際關係提升。但相信很多讀者和筆者一樣不太擅長主動與人交朋友，不喜歡交朋友不要緊，至少不要樹立敵人。雖然有時候敵人會自己產生（例如：因爲對你的成就產生妒忌之心進而傷害你），但可能的話，降低敵人數量的重要性遠過增加朋友的數量。

當然，如果可以，多交往一些眞心誠意的朋友，必要時這些朋友也可以幫你抵擋敵人發出的攻擊。不過，有一句話很有意思：「當全世界都是你朋友，表示你根本沒有朋友。」朋友交往重在情義和眞心，而非一味的累積朋友數量，畢竟友誼是需要持續的投入關心。

在上述提到的社會資本概念中，有學者提出更進一步的論點：人和人之間的關係，根據互動的頻率還可以分為強連結（strong ties）和弱連結（weak ties），強連結比較可能帶來交換有價值資訊的利益。換句話說，如果交往一堆朋友，卻都只是點頭之交，這些朋友有時候和沒有差異不大。但是，要創造強連結的人際關係，代表兩者之間要有密切高度的互動。然而，每個人所能運用的時間都是固定且有限的，因此，與其盲目認識一堆人，卻沒有時間關心對方，倒不如將時間和精力花在少數值得深交的朋友身上，用心往來，就算不考慮關係價值的轉換，在生涯過程中，這些友誼也才能長久（註10）。

✚ 戒掉抱怨的壞習慣

（一）公開抱怨是危險的行為

在與上級相處章節，我們談到了避免向主管抱怨他人。在這裡，再一次提醒大家，抱怨是個很糟糕的壞習慣，因為沒有人喜歡聽抱怨的話，就算是好友，聽你抱怨工作上不順頂多也一、二次還願意安慰你，如果抱怨持續下去並且內容重複，會讓人漸漸感到不愉快。抱怨充滿負面的能量，這個負面的情緒會感染給別人，人們通常喜歡聽到開心的事勝過不愉快之事。此外，持續抱怨也意味著你欠缺處理事情的能力，同時顯示情緒智商（Emotional Quotient, EQ）也不太高，久而久之，習慣性抱怨會讓辦公室友誼變質，更甚者，你的抱怨內容會讓有心人士拿去當把柄加以利用。

抱怨或許能減輕短暫的精神壓力卻無濟於事，而且會讓更糟的事情接著而來，到後來願意在你身邊聽你抱怨的人可能都是和你有一樣遭遇卻同樣無法解決問題、自怨自艾之人。要是不相信，你可以嘗試著進行一項實驗，便是每天連續在你的臉書（Facebook）或 IG 動態上發布抱怨性內容，這樣持續幾周，甚至一個月，然後觀察按讚的人數會不會發生變化。

曾經有學生向筆者表示：「臉書這種東西就是要拿來抒發情緒用的啊！」關於臉書的使用注意事項，網路上可以搜尋到一堆專家（特別是公

司人資人員）的具體建議與中肯提醒，在此便不多說，我來舉一些常見的案例，讀者可能覺得很熟悉。經常在臉書上看到有學生喜歡經常性、習慣性的發抱怨文，內容像是：

> 「天氣這麼熱，是要逼死誰啊？」
>
> 「媽的一堆考試念不完的書還有該死的報告，以為我們只有修你一科嗎？」
>
> 「真心覺得這個學校很爛，行政單位搞不清楚狀況像皮球一樣踢來踢去，一肚子火，早知道當年就去念淡水那間學校。」

有沒有似曾相似的感覺？你或身邊的人是否發過類似的網路社群動態呢？首先，我們先來看抱怨天氣熱的案例，或許每個人都曾經熱到想罵人的經驗，但罵了會比較涼快嗎？腎上腺素增加後只會讓血液循環更快更感到熱氣沖天，而且通常這類學生，會在下雨時發出「要死了每天都在下雨，我怎麼出門啦，真是不方便」、「太陽死到哪裡去了，快點出來啦」，陰天時會說「天空灰灰暗暗的，真是陰鬱，害我心情都好不起來」。這樣的情緒抒發長期下來會給他人建立一個負面的形象，那就是，你是一個情緒管理能力不佳同時喜歡將錯誤怪到他人身上的人。

2007 年 6 月號的《哈佛管理評論》（*Harvard Business Review*）出版了一個教學個案，中文譯名為〈沒有隱私的年代，我被 Google 開除了〉（原文標題：We Googled You），內容並不是指主角被 Google 這家公司開除，而是指現今網路工具的普及，加上部落格、網路相簿、社群等互動平臺的流行（這幾年又有臉書、微博、推特……等），人們可以有很多管道抒發自己的意見，但也因此將自己暴露在公開環境中。有些公司的人資人員會在正式錄用合格的應徵者前透過網路來了解這位應徵者私下的行為，來判定他是否適合該公司。因此，在網路上言論過於激進，甚至會公開批評自己的學校、老東家，甚至嘲諷上司、同事的人，如何能受到新公

司的青睞呢？

如果你真的要抱怨，以下有一些角度可以協助你：

- 請慎選管道。
- 抱怨的對象是能夠解決問題的人。
- 抱怨的對象是願意解決問題的人。
- 抱怨的時機最好挑選對方有心情聆聽的時候。
- 抱怨的地點挑選能維護談話隱私的地方。
- 能舉例說明抱怨的事項確實存在。

（二）正向心理的力量

最近這幾年，「正向心理學」（Positive Psychology）成了心理學領域學術發展的**趨勢之一**[註11]，也受到管理領域的關注，並指出正向心理可以預測出較佳的工作產出與健康。以上述例子來說，天雨綿綿雖然出門溼答答，但不就是大學生可以光明正大穿著特色夾腳拖和短褲上課的最好理由？而且表示這一季缺水限水的機率下降了；陰天時既不用打傘也可以省下防曬乳的費用；晴天雖熱，至少有藍天可以看，只要往好的角度想，不管什麼天氣都可以讓自己心情愉悅。

再舉個實際的案例，大部分的人都不喜歡寒流來襲，特別是臺灣的寒流通常夾帶小雨，一整個寒風刺骨，對於要早起上課上班的人來說很是痛苦。有一年冬天寒流來襲之際，學生們多半發出負面言詞時，筆者指導的一位女研究生卻很開心，筆者問她為何不擔心寒流，一張青春美麗的臉笑著告訴筆者：「我終於可以把我的雪靴正大光明拿出來穿了，當然開心囉。老師妳都不知道我住在高雄時都不敢穿雪靴，怕人家罵我神經病。」那天氣熱呢？她說那就可以理所當然穿迷你裙。

而那些喜歡抱怨作業、報告、考試多的學生，只是用文字親自向大家證明：他的時間管理能力很差。因為這學期會有哪些報告？什麼時候考試？通常都是第一週就知道的事，為何第十七週甚至最後一週才在趕工

呢？那個罵自己學校的人，或許的確因為行政效率不彰而受了點氣，但是罵自己學校的人和罵自己沒有兩樣，這樣的人即使當初選了另外一間學校，到頭來也會因為其他的原因罵那一間學校。

知名的日本作家松浦彌太郎提倡把人生的遭遇用資產負債表的觀念去面對，簡單來說，資產和負債應該要達到平衡。而人生會經常遇到不順利的事情，但這些不順利只要換個角度就可以變成是正面的說法。他舉了《魯賓遜漂流記》的故事說明，魯賓遜就是因為用借貸的觀念，在日記中為生活中不好的遭遇寫下好的一面，來不斷激勵自己，找到希望。例如：因暴風雨襲擊漂到一個無人小島是悲慘的事，但好的一面是自己活了下來。

其實，就算不搬出資產負債表的觀念，不舉魯賓遜的例子，這樣的道理都不難理解。問題在於在遭遇不幸或不順利的那一刻，自己能不能快速止住負面的情緒擴張，趕緊想一個正面的解釋。最近一位同是學術圈內的朋友向筆者抱怨，他任教的學校表面上說是讓每個老師可以申請教育部的彈性薪資，獲得推薦者可以在既有的薪資框架下擁有較多的資源，結果在所有的申請者當中，論教學表現與研究產出他都是佼佼者，最後唯一落馬的卻是他這位資歷很淺的助理教授，獲選者要不是教授就是資歷較深的同事，評選過程也沒有明確的紀錄或考核標準，很明顯不公平，也無法服人。但是，他心裡雖不痛快，卻也知道持續的不痛快只會讓自己更受傷，也可能間接影響到他和這些資深同事的相處，因此，他換個角度想，總歸一句話，這些獲選者贏在比他年紀大，人生唯一無法用金錢換來的不就是青春嗎？因此，和那些老教授相比之下，自己多出來好幾年的青春年歲，和一年區區十萬元的彈性薪資相比，這些金錢顯得一點也不重要了。這樣的思維方式，可以有效的讓自己快速從不愉快裡跳脫出來。

筆者也曾有過一個經驗，就是無意間從一本評價不差的學術期刊社寄來的新期數刊物中，發現一名曾屢次在我職涯上進行破壞的同行發表了新論文，我立即翻閱拜讀。按理，看到這個職場小人有了新成就，一般人就

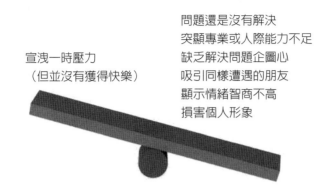

問題還是沒有解決
突顯專業或人際能力不足
缺乏解決問題企圖心
吸引同樣遭遇的朋友
顯示情緒智商不高
損害個人形象

宣洩一時壓力
（但並沒有獲得快樂）

圖 4-2　抱怨的優缺點

算沒有怒氣充冠也是心情不悅，筆者卻意外發現自己竟然沒有產生不舒服的感覺，仔細想，這算是好事呢！怎麼說呢？第一，這學術文章和筆者自己的研究有關，筆者不僅感興趣也覺得很有趣，自己也長了見識；第二，從同是研究工作者的角度來看，能產出此篇文章，肯定下了很大的功夫，站在臺灣學術界發展的立場來看，筆者當然樂見有人願意付出；第三，依照此人的性格與心性，他有了這個小成就自然就比較不會找筆者的麻煩；第四，知道大家都在努力著，也會提醒筆者不可以懈怠。這樣一思考，原本可能讓自己不開心的事，就會變成一股正面的力量了。

（三）加強情緒管理

現在由於網路科技的發達，人們可以輕易地使用很多平臺來作為情緒宣洩的工具，但是，這些抱怨、牢騷，甚至謾罵的確可以減緩當下的不愉快，但並沒有因此讓自己變愉快。唯有設法解決或部分解決該問題，才是根本之道；若讓你不愉快的事件非你能力可以解決，則應該設法讓自己不要受到影響，或者轉而從事可以間接改變負面心情的工作。古典激勵理論有一個經典的「雙因子理論」（Two Factor Theory）可以提供抱怨者一個啟發，那就是：不愉快的相反並不是愉快，頂多只是「沒有不愉快」，要讓自己在不愉快的事件中愉快，只有靠自己想辦法去解決問題，並從當中

獲取成就感，進而讓自己愉快 [註12]。

如果在解決問題之前，還是很需要處理心中負面的情緒，可以透過很多方法解決，例如：找最親密的親友且最少人的情況下傾訴、透過其他喜歡的活動抒發（例如：跑步、逛街、吃東西）、對著無人的地點或物品抒發……等，既可以排出不愉快的那口氣，也將對自己外在形象傷害到最低。不管如何，透過公開的網路介面抱怨是最不明智的做法。

國際通商法律事務所（Baker & McKenzie）主持律師陳玲玉執業超過 40 年，是個處理過大小知名法律案件的律師，她在法律界的卓越表現並非只有贏得訴訟，而是長期以來所抱持的善念，成就了她的法律事業，同時也為社會帶來正面的成果。受到母校臺大法律系的邀約，於 2014 年 2 月首次站上大學講臺，為大學生授課，她不僅僅教導那些未來的律師們商務爭端解決的方法，還傳授了很重要的人生通關密語。包括：「常想一二，不思八九」、「這樣很好」，以及「正向思考」[註13]。這些都與情緒管理談的完全相通，良好的情緒管理會讓自己的事業和人生有較佳的結果。

總之，與其花時間在抱怨上面，倒不如思考如何解決問題，哪怕只是一丁點的改善也好過不停的抱怨。在理財暢銷書《有錢人想的和你不一樣》中，作者就提出窮人和富人之間的差異，其中有一點便是：窮人習慣把抱怨當作家常便飯，而富人根本沒有時間抱怨。窮人會抱怨政府執政無能、景氣不佳、老闆苛刻不加薪、老婆不會持家……等。而富人即便被朋友倒帳或做生意虧損幾千萬甚至數億，卻可以在短短幾年內東山再起的案例屢見不鮮，這就證明了這兩類人面對事情處理的態度完全不同。我們可以不用期許自己成為億萬富翁，但卻可以藉由學習富人的處世態度來提升自己。

註 釋

1. 面試是一般企業最常使用的甄選工具，面試有很多種類，根據公司特定的需求和目的，會採用不同的面試方式進行。有一種面試方式稱之為「小組討論面試」或稱「團體討論面試」，進行方式多半由數名應考者組成一組，面試官提出討論問題，由組員們互相討論後，由組代表或個人發表看法或結論。這是一種對應徵者的集體面試，面試官會根據公司想要的人才需求去設計評分準則，再從中挑選想要的員工，或者淘汰不想要的員工。通常會採用這種形式面試的公司，多半是要求錄取者進入公司後要執行許多和他人共同完成的任務，因此團隊合作能力展現在此種面試過程中非常重要。

2. 一個人的收入可以分主動收入與被動收入。透過勞動取得的收入，就是主動收入，也就是只有工作才有，一旦不工作，收入便會變少，一般受僱的工作者的薪資都是屬於這一類。被動收入則是指：即便沒有工作，也會產生的收入。例如：房屋租金、書籍版稅、生意投資固定收益、股票股利股息⋯⋯等。

3.「自利性偏差」（self-serving bias）是一種心理學常見的現象，意思是，人們通常會把自己的成功歸因於自己，而把自己的失敗歸因於環境影響。例如：學生考試考好，通常會認為是因為自己努力，如果考不好，就會怪老師教得不好或題目出得太難。

4.「社會資本」在學術領域中，至少可以分三個層次：個人層次、組織層次，和國家層次。在本書中，是從個人層次的角度來談社會資本對個人職涯的影響。

5. 知名音樂創作人陳樂融先生在其《陳樂融自選輯》個人網頁（http://fc.ktchiu.com/）中擔憂的表示，雜誌內容可能有其實用性，但雖然人脈重要，仍要提醒年輕人不能只有一味巴結他人，從他人中得到好處。本書的整體主張同意陳樂融先生的看法，累積自我的能力、了解自己的方向並認同自我，和認識其他的人，同等重要。

6.「六度空間理論」也被譯為六度分隔理論，指的是兩個完全不認識的人平均經過六段關係就可以連結起來，此說法來自哈佛大學心理學教授 Stanley Milgram 所進行的實驗，這個理論指出世界比我們想像的還要來得小。

7. 重複賽局（Repeated Games）是賽局的特殊型態，又稱之為動態賽局。一般所討論到的賽局假設雙方只有一次交手的機會，在重複賽局裡，兩者有長期關係，例如：在某社區販售相似商品且相鄰的兩家商店。雙方通常會用未來的報復或者回報作為預期手段，以維持目前的合作狀態。

8. (1) Allen, T. D., & Rush, M. C. (1998). The effects of organizational citizenship behavior on performance judgments: A field study and a laboratory experiment. *Journal of Applied Psychology, 83*(2), 247-260. (2) MacKenzie, B. S., Podsakoff, P. M., & Fetter, R. (1993). The impact of organizational citizenship behavior on evaluations of salesperson performance. *Journal of Marketing, 57*(3), 70-80. (3) Podsakoff, N. P., Whiting, S. W., Podsakoff, P. M., & Blume, B. D. (2009). Individual- and organizational-level consequences of organizational citizenship behaviors: A meta-analysis. *Journal of Applied Psychology, 94*(1), 122-141.

9. 這兩個人通常指的是自己的親生父母親，除了少數會極端偏愛另外一個表現較差的小孩的父母親例外。又或者因故由祖父母撫養長大者，也是例外。其他親人都有可能因為「比較」或「競爭」的心態，無法對你的成就真心感到開心。知名心理學家 Carol D. Ryff 主導了全美國中年人的相關調查，在研究中發現，小孩的成就越高（包括教育程度、職業與工作、收入，及經濟狀況等），父母的幸福感（well-being）越高，這結論和一般的常識符合。但是，在研究中也出現有趣的現象：比自己優秀的子女也會激起父母的忌妒。雖身為父母，自己同時也是一個獨立的個體，因此，小孩比自己更有成就，同時提醒父母自己的差勁，這種矛盾的心態在研究中被證實。這也可以解釋有些母親忌妒女兒的婚姻比自己的好，父親忌妒兒子比自己買更好的房、有更高的職位。不過，即使如此，該研究還是證實了父母對自己孩子的成就會真心感到開心，因為那是他們幸福感的來源之一。

10. 雖然許多研究認為強連結有助於資源的複雜知識的交換與取得，但弱連結卻有助於「多元資訊」的取得。美國社會學家 Mark Granovetter 也發現在尋找工作上，緊密相連的朋友反倒沒有那些弱連結的關係來得發揮作用，研究指出，或許弱連結不如強連結堅固，但卻有著特定效能。或者可以這樣思考，畢竟一個人在社會上能夠建構的強連結數量遠少於弱連結，但需要他人協助的機會卻很多，因此弱連結的重要性也不容小覷。總的來說，

誠以待人是人生中、職場上都必須遵守的基本原則，不論對方和你的互動強度為何。

11. 正向心理學（Positive Psychology）又稱為正面思考或積極思考。是指當人遇到挫折時，產生解決問題的企圖心，正面迎向困難與挑戰。有別於傳統心理學，從解決人的問題角度出發，Donald O. Clifton 則突破思考，終其一生關注人有哪些正面的特性和能力，可以透過自我的方式去解決問題，甚至避免問題發生，或稱為正向心理學始祖。至今，這門學問不僅在學術界蓬勃發展中，也開始受到大眾的關注。不僅哈佛大學教授 Tal Ben-Shahar 開設該門課，成為全校最受歡迎課程，國內的雜誌也做出許多相關報導。

12. 雙因子理論又稱為「激勵保健理論」（Motivator-Hygiene Theory），由美國的行為科學家 Fredrick Herzberg 所提出，他主張讓組織內員工感到滿足（來自激勵因子）和造成員工不滿足的原因（來自保健因子）是完全不同的。例如：薪酬不合理，員工會感到「不滿足」，但就算薪酬很合理，頂多只會讓員工「沒有不滿足」，要讓員工感到「滿足」的方法，則必須提供像是具有成就感的任務。

13. 在網路上可以查到以「常想一二，不思八九」這個通關密語為標題的故事，傳聞來自台積電創辦人張忠謀先生和屬下的故事，雖難以確認真偽，但故事本身可以帶給人改變的力量就是個好故事。至於另外兩個通關密語的故事，感興趣者可以參閱《法理與善念》該書第 211 頁和 213 頁。

主題影片

中文片名：不幹了！我開除了黑心公司

原文片名：ちょっと今から仕事やめてくる

上映日期：2017 年 5 月 27 日（日本電影）

劇情長度：113 分

主要演員：福士蒼汰、工藤阿須加、黑木華

劇情簡介與推薦說明：

　　一位在廣告公司上班的新人青山隆，因為資歷尚淺，老是在工作上出小差錯，因此經常遭受主管咆嘯，甚至向他丟擲東西。一直忍受職場霸凌的他有一天因為灰心喪志，加班後回家路上還接到主管的來電，他突然感到萬念俱灰，緩緩往月臺走去，並且在電車即將入站時跳下鐵軌。千均一髮之際，一位年輕人拉住他，並且自稱是他的小學同學山本（實際上，山本的雙胞胎弟弟曾經和青山面臨一樣的遭遇並且自殺身亡）。兩人在酒館裡相談甚歡，山本甚至給了青山許多工作上的建議，讓青山原本灰暗的想法煙消雲散。

　　山本的建議奏效，讓穿著明亮、笑容變得開朗的青山在工作上更加積極有幹勁，因此獲得一份大訂單。然而，就在一切看似好轉時，青山因為把客戶需求記錄錯誤而遭受客戶責罵，一位前輩女同事主動出面協助，原以為她的幫忙來自善意，後來才知道前輩為了更好的業績，偷改青山電腦資料，並藉機接手了這筆訂單。這下子主管對他的嘲諷和霸凌更加嚴重，甚至以他破壞大家工作氣氛為由，要他在辦公室對著大家下跪道歉。青山再度揚起輕生的念頭，這次選擇的地點在公司的頂樓。沒想到在青山家找不到他的山本，憑著不好的預感，即時在公司再次阻止青山自殺，甚至對他勸告：難道不能離職嗎？青山被這句話敲醒，赫然前往公司，勇敢遞出辭呈。

　　離職明明是很容易離開職場霸凌的方式，但對於許多人，尤其是日本人來說，非常不容易。就算對工作環境或對工作本身有所質疑，還是會擔心離職後找不到工作，被貼上失業者的標籤，因此寧可繼續忍辱待在組織裡，直到精神上無法承受為止，只好做出傷害自己生命的行為。

　　不只是日本，其實許多亞洲國家都有類似的社會文化，認為擁有一個穩定的工作是有面子的象徵，對得起父母，也較為社會接受。因此，很多不適合成為上班族的人每日為了薪水痛苦的工作；而很多可以在運動、藝術或表演領域有成就的人才，為了社會評價卻得放棄他們原本的夢想。在職涯選擇過程，有很多框架使得許多人無法真正追尋自己的夢想，並做出正確（不會後悔）的決定。

　　在電影中，青山的主管為職場霸凌做出最極致的示範：言語上進行侮辱、手持文件敲打員工的頭、朝部屬臉上丟擲文件、對女性部屬口語和行為上性騷擾、亂踢辦公室物品等等。職場霸凌經常在現實生活中發生，差別僅在於程度

有異。此外，職場霸凌也會發生在同儕之間，在電影中，前輩利用手法奪取主角的訂單就是一種職場霸凌，而當主管與女同事對主角做出欺凌行為時，其他同事的漠視本身也是一種霸凌。如果主角真的輕生，這些人都是共犯。

　　不過，從另一個角度來看，主角本身也犯了一些踏入職場容易犯的錯誤，例如：過於信任他人，導致被搶走訂單，又例如：缺乏自我保護的觀念，沒有將自己工作中重要的資料進行備份，同時必要時將電腦或檔案進行鎖碼，導致有心人士有機可乘。再者，主角找了很多工作都沒有公司願意錄用他，目前這個公司可能是主角不得以之下的選擇。換言之，廣告公司這份工作對他而言可能是從沒認真想過的工作，當獲得這份工作時，主角似乎沒有花額外的精神理解這個行業的工作型態，以及他的職務所應該具備的技能，缺乏專業與自信是導致他在一開始工作不順利屢遭主管打壓的主因。

課後練習

1. 請利用以下表格，針對自己的喜好將喜好項目欄位進行修改，並試著從你身邊的同學和朋友找到和你一樣興趣和嗜好的人，將他們的名字記錄下來。

喜好項目	自己的答案	誰和我一樣
我最喜歡的水果	（範例：蘋果）	（範例：張小華、蔡小英）
我最喜歡的休閒活動		
我最喜歡的音樂曲風		
我最喜歡的……		

此外，嘗試回答幾個問題：(1) 找到和你一樣興趣和嗜好的人容易嗎？(2) 如果不容易，理由可能是什麼？(3) 如果找不到和你一樣答案的話，你會有什麼感受？(4) 如果職場中，你發現別人正在談論的議題你不是那麼感興趣，你會怎麼做？

2. 請思考目前你身邊的同學、朋友、同事及長輩當中，有哪些人你很欽佩。請具體列出他們值得被學習且你想學習的地方，同時思考如何向他們請教或間

接學習。

3. 假設你畢業後，開始正職工作，因為各種因素你必須離開家庭在外租屋，正當你為了尋找適當的房子傷腦筋時，你的高中好友和你提到他租屋處的室友退租，你的高中好友是二房東，必須負責找新租戶，他知道你正好需要租房子，因此向你提出合住邀請。房子的條件頗佳，位置在捷運旁，你通勤相當方便；屋子是兩房一廳格局，大的房間有六坪，你朋友正住在裡面，另一個房間有五坪，兩間房間共用一個衛浴設備，此外，還有一個客廳和小廚房。整間公寓的租金為 1 萬 8,000 元，你的高中好友告訴你，你只需要負擔 5 千元就可以，意思是他負擔 1 萬 3,000 元。雖然你不知道數字，但根據你的了解和猜測，你的高中好友月薪應該和你差不多，估計為 3 萬 5,000 到 4 萬元之間，也沒有家人另外提供支助。請問：(1) 你會答應高中好友的邀請嗎？為什麼？(2) 請交換角色思考（把你當成對方），兩人住在一起半年後，需要支付 1 萬 3,000 元的人會不會有什麼新的想法？(3) 如果你在情感上很想和高中好友合租房子，針對租金的問題，你有沒有其他想法？為什麼你會這樣想？

4. 請試著回想：你通常在他人發生哪些言行後，會想說對方的閒話？並參考表 4-3，試著列出更多的「可能被說閒話的緣由」，並試著學習避免這些事發生在自己身上。

他人曾發生的具體言語或行為	轉換為職場上被說閒話的原因
（範例：小張的棉被裡竟然放了一個發霉的麵包，我到他宿舍裡聊天時發現的，太噁心了。）	（個人生活習慣差） （因此影響同事與之往來與合作的意願／主管可以合理質疑其自我管理能力，難以承擔大任）

延伸閱讀書籍

Ryff, C. D, & Seltzer, M. M. (Eds.) (1996). *The Parental Experience in Midlife.* Chicago: University of Chicago Press.

王強（2007）。圈子圈套。臺北市：馥林文化。

吳子平（2011）。偷窺公關女王的人脈筆記終極版活用實典。臺北市：三采出版。

李可（2010）。杜拉拉升職記。中國陝西省：陝西師範大學出版社。

松浦彌太郎（2013），不再爲錢煩惱：松浦彌太郎的新金錢術。臺北市：天下文化。

哈特賴、施密特（1995）。當一隻孔雀來到企鵝國。臺北市：知英文化。

哈福‧艾克（2005）。有錢人想的和你不一樣。臺北市：大塊文化。

洪蘭譯（2009）。眞實的快樂。臺北市：遠流出版。

祝和平（2009）。出人頭地。中國北京市：中國商業出版社。

祝和平（2010）。算計：最殘酷的職場生存小說。中國山西省：山西經濟出版社。

崔曼莉（2009）。浮沉。臺北市：麥田出版。

郭寶蓮譯（2011）。我們沒有這麼要好。臺北市：麥田出版。（原文書名爲：*I'm so happy for you*，作者爲：Lucinda Rosenfeld）

陳玲玉（2015）。法理與善念：九個經典案例看企業化危機爲轉機。臺北市：圓神文叢。

雅莉珊卓‧賴維特（2009）。學校沒教的就業學分：有關求職、加薪、升官、離職的職場生存秘辛。臺北市：遠流出版。

塔爾‧班夏哈（2012）。更快樂：哈佛最受歡迎的一堂課。臺北市：天下雜誌。

謝傳崇譯（2014）。職場正向心理學：正向領導與肯定式探詢的應用。臺北市：學富文化事業發行。（原文書名爲：*Positive psychology at work: How positive leadership and appreciative inquiry create inspiring organizations*，作者爲 Sarah Lewis）

第 5 章

如何與客戶相處

本章學習重點

1.學習如何在職場面對客戶時展現應有的形象。

2.了解職場專業服務精神與職涯發展的關係。

第一節 | 專業形象與服務精神

一 你的客戶是誰？

在討論這個章節內容以前，我們先來討論一個最根本的問題：以後你要面對的客戶是誰？以下舉幾個社會上常見的職業，大家可以想想，未來從事這些工作，誰會是客戶？

1. 醫生　　　　2. 小學老師　　3. 房仲業務　　4. 郵局櫃臺人員
5. 餐廳服務生　6. 社會局科員　7. 貨運司機　　8. 百貨專櫃小姐
9. 健身教練　　10. 雜誌編輯　11. 大學校長　12. 心理諮商師
13. 生產線作業員 14. 工程師　　15. 會計人員

不管是哪個職業都有直接與間接的客戶，甚至有多重客戶的概念，並且這些客戶可能會影響我們的職涯發展。舉例來說，路上常見到的房仲業務員，會用傳單方式在街上為他手上的房屋物件作宣傳，他的客戶至少有兩個角色，一個是屋主，也就是想把自己房屋銷售出去的人，另外一個則是買家，也就是有意購買房產的人。房仲業者必須滿足屋主的要求，用最漂亮的價格賣出，同時也要能夠用最合理的方式來服務有購屋需求的民眾。此外，那些暫時沒有買屋需求的民眾也是潛在客戶，身為專業有長遠眼光的房仲業務員，也應該真誠用心的對待每一位身邊的人。

對於一名大學校長來說，有些人可能會認為客戶是高中職或高中職的學生，或者這些學生的家長是客戶，因為學生願意來就讀，對於某些具有招生壓力的大學來說是很重要的治校經費來源。此外，某些大學校長也會將需要大學畢業生人才的機構和企業視為客戶，大學必須負責培養出社會上各機構和企業需要的人才，讓這些機構和企業願意聘請這些大學生。即使是身處辦公大樓深處的公務員，也可能因為工作的關係，需要與其他部

會的人有互動關係，甚至因公務需求，有時還得面對一般大眾。因此，每一個職業，不管工作屬性是不是業務性質，都會有需要服務的對象。

2018 年第一季，臺灣的服務業產值已經占 GDP 的 64.61%；2017 年平均就業人口高達 673.2 萬人，占總就業人口的 59.3%[註1]。雖然看起來不到六成，但是，很多在製造業的工作者依然要面對很多與人互動溝通的情形，舉例來說，在晶片製造公司擔任設計師或技術人員，仍有很多場合需要面對客戶，甚至因應職務性質差異，有些員工還得常駐客戶端，為客戶提供問題解決方案。換句話說，大學生畢業從事的工作大部分都是以服務性質為主的行業，面對人群、服務他人是最基本的工作內容。因此，學習如何與客戶相處的觀念對於職場人來說是非常必要的，每一個人都應該要具備本章的基本概念，為自己建立完整的職場人專業與形象。

二 表現專業的形象

在第 3 章裡，我們討論到在上司面前必須展現應有的專業能力，在客戶面前更是如此。主管可能因為你暫時性的失誤低估你的專業，但你可以很快在其他機會下讓他知道你真正的能力為何。可惜，大部分的時候，客戶卻無法讓你有這樣的扭轉機會。因此，在面對客戶時，不僅要展現自己專業的一面，同時必須避免犯下錯誤，因為這個錯誤不僅為你帶來困擾，也傷害公司的形象，更嚴重一點情況，還可能為整個公司帶來財務上的損失。

2011 年有一則新聞指出，桃園縣一家不動產公司的女性職員，因認為某客戶對待她的行為讓她感到不愉快，因此在公司電腦的客戶資料上，將客戶姓名改為「色狼」兩字。又因公司在過年時，利用系統發送制式的祝賀簡訊給所有的客戶，造成該名客戶收到「親愛的色狼您好，新的一年本公司在此祝您闔家平安好成家，佳節愉快！」這樣一通簡訊，氣憤怒告該公司及職員。雖後來經過和解，但公司為了處理該事件也耗費不少成本，同時也對公司形象造成嚴重傷害，若該名客戶是具有影響力的客戶，

更可能因此影響了公司的業績發展。

　　同一年也有一個新聞指出，有一名來臺旅遊的法國客人到大眾銀行新生分行拿著身上的 1,000 元歐元換臺幣，原本應該換成 3 萬 7,000 元臺幣，卻因為行員的疏忽換成了臺幣 37 萬元，一直到傍晚銀行軋帳時才發現。比較令人感到意外的是，該銀行沒有為自己的錯誤（或者說員工教育訓練及確認作業程序）做出承擔的責任，還因為換匯都會要求客人留下資料，所以可以找到旅客本人，銀行還請警方找到對方並拜託那位外國人還回 30 萬元！銀行專員辦理換匯是最基本的工作內容，況且依據常識，1,000歐元再怎樣也不可能換如此鉅額，該行員是用什麼樣的精神和態度在工作，著實令人感到好奇。

（一）服務能力的培養

　　很多人以為服務業沒有什麼進入障礙，多數人都可以從事服務性質工作，其實這樣的想法是有問題的。服務業面對的是人，人的需求和性格差異很大，因此良好的應變能力、觀察能力，以及情緒管理能力都是最基本的服務能力。此外，耐心、貼心和細心更是想要在服務業裡成為專家的關鍵所在。礁溪老爺溫泉飯店總經理沈方正先生一路從基層人員做起，到了如今成為國內飯店業的專家，便是充分的學習並掌握上述的能力[註2]。

　　「不好意思，柳橙汁是哪一位？」不知道讀者們是否對上述這句話感到很熟悉？我們在餐廳用餐時，常會有機會聽到服務人員講這句話。在選用套餐服務時，服務員會詢問消費者副餐飲料的挑選品項？現在最流行的做法便是設法記下每個位置上客人點選的飲料種類，送餐時直接送到客人位置，以減少不必要的打擾。但上述可能只會出現在高價位的餐廳，很多時候，服務生會先端來部分客人的飲料，並依序詢問：「請問冰紅茶哪一位？熱咖啡哪一位？」但有趣的是，當餐桌上只剩下一人尚未有飲料，而服務生將客人點選的柳橙汁端來時，竟還詢問：「不好意思，柳橙汁哪一位？」這麼細微的小事，或許服務生與當桌的客人都不以為意，但是，這

也充分的顯示，作爲一個服務人，不僅欠缺觀察力，同時也不夠貼心。

還有一個故事是：有一位客人前往某高級餐廳用餐，服務生送來麵包與湯品，服務生才剛轉身，客人馬上招手：「抱歉，這湯我沒有辦法喝？」服務生連想都不想，馬上把湯端回去，又重新盛了一盤端出，客人還是反應無法享用。原因是，服務生並未幫客人準備湯匙。

學生在學校裡面待久了，受到師長們的愛護，經常以爲犯錯無可厚非，只要不貳過就好。然而，對客戶來說，花錢不是要培訓你獲得歷練和成長，客戶花任何一分錢，都是有所期待的。

有一次，有一位喜愛唱歌、歌聲也相當好聽的學生向筆者抱怨，他在打工的地方遇到了「奧客」，筆者問他在哪裡打工，他答某知名 KTV，理由是和他自己的興趣有關，他想去那裡學習一些服務的經驗同時賺錢。筆者問他，奧客的狀況怎麼發生的？他表示：「有一個中年男子在包廂裡喝酒，講話瘋瘋癲癲，按服務鈴說要點餐，我覺得他已經醉了就沒有幫他點餐，他後來跟經理告狀說要經理處罰我。」

打工的環境有很多，你選擇任何一個工作環境，就應該對那個環境有事先的了解與認知，難不成你期待每個去 KTV 接受服務的客人都是謙謙君子，要離開時還正常的跟你說謝謝？就算平常是知書達禮的人，去到那裡通常也是想要放鬆，喝了酒醉了也是正常（那種場合不也同時希望客人多喝點酒來賺取營收嗎？）。甚至還得接受客人亂吐、互相打架等更糟糕的情節。如果可以換個角度來說，要是有辦法在這種客人龍蛇混雜的工作場合學習到完美應對每一個人的需求的能力，並將這些能力轉換應用在未來其他的場合，那才是眞正具有學習能力和精神之服務人。

(二) 服務精神的提升

網路上很早以前就開始流傳一個故事，這個故事可以堪稱服務業的經典案例，不僅被很多人以各種網路媒介傳遞著，連國內知名的《遠見雜誌》也曾轉錄內容。

【空服員的故事】

　　加班熬夜、賣免稅菸酒、端盤子，當我只是「忍耐」做著工作時，好友卻以擺渡人的慈善心，教會我對工作珍惜的福氣。

　　身為一個空服員，除了大家以為的光鮮亮麗外，工作上當然也有旁人難以體會的辛苦，除了加班熬夜外，更常常在飛機上為幾百人份的發餐、賣免稅菸酒、端盤子、照顧客人，忙得分身乏術、欲哭無淚，但卻只能一再告訴自己、催眠自己：妳從事的是服務業，「忍」過了今天就好。儘管如此告訴自己，可總還是有力不從心、擠不出笑容和耐心的時候。直到一次，我聽到好朋友如何在飛機上照顧及服務一位嚴重的老年痴呆症客人，才讓我對自己的工作心態大為改觀。

　　那是一班臺北飛往紐約的班機，飛機起飛沒多久，一位老先生忽然大小便失禁了！他的家人既窘迫又嫌惡的叫他到洗手間自行處理，老先生猶豫了一下，一個人慢慢走向機尾的洗手間。可是當老先生走出了洗手間，卻怎麼也記不得自己的座位在哪兒，八十幾歲的人竟急得在走道上大哭了起來。空服員前來協助，發現他身上臭不可當，原來老先生不清楚廁所內衛生紙擺放的位置，就隨手塗得一身都是，那間廁所當然也被他使用得慘不忍睹。將他帶回到座位後，周遭的客人開始紛紛抱怨老先生身上的臭味，實在難以忍受。空服員只好詢問他的家人是否有衣物可供老先生更換，其家人卻表示隨身行李都在貨艙中的行李箱內，所以沒有衣服讓他更換。他的家人並且告訴空服員：「今天飛機又沒滿，將他換到最後一排的位子就好了嘛！」確實，機上最後幾排的座位是空著的，所以空服員便依客人的意思照辦了，並且將方才那間廁所鎖起來以免有其他乘客誤入。

　　於是，老先生便一個人坐在最後一排的位子上，望著自己的餐盤，低著頭，不斷的用手擦眼淚。可是誰知道，一個多小時後，他已換好了衣服，乾乾淨淨、笑容滿面的回到原來的座位，桌上還放上了一份全新的、熱騰騰的晚餐。大家相互詢問，原來是我那位好友犧牲自

己的用餐時間，將老先生用濕布和濕紙巾一點一點的擦洗乾淨，還向機長借了套便服讓老先生換上，更將那間沒人敢進的廁所完全打掃乾淨，噴上了她自己的香水。

同事們笑罵她笨，這樣幫忙絕對不會有人記得，也不會有人感謝，既吃力又不討好。她卻只是輕描淡寫的回答：「飛行時間還有十幾個小時，若換成我是那位老先生，我也會很難受，誰會希望旅行一開始就變成這樣？再說，平均三十幾位客人用一間廁所，少了一間就差很多，所以我不只是幫助那位老先生，也是在服務其他的客人啊！」

當我還把服務業只是當服務業，原來早已有人把它當成慈善業一般設想，那麼努力把平安舒適送到他人心裡。

幾天後從泰國回臺北的班機上，晚餐時間有一位老阿媽的餐點竟連一口都沒有動，我上前詢問她是否餐點不合胃口，還是她的身體不舒服。老阿媽很不好意思、小小聲的說：「其實我正想請妳幫忙，這是我第一次坐飛機，所以希望將飛機上的餐點帶回去給孫子吃吃看，因為我孫子也沒有坐過飛機。」我笑著對她說：「沒關係，這份您先吃，我待會兒再打包一份讓您帶回去給孫子。」老阿媽聽了，瞪大著眼睛一邊謝我，一邊非常開心的立刻動起筷子來。回到廚房後我將自己的那份晚餐打包，用袋子裝好，學妹在一旁不解的問我：「學姊，今天回程全滿，機餐連一份都沒有多，妳幹嘛還拿自己的那份給她？」

我的回答是：「我年輕，還可以餓一下肚子，下了班回家再順道買點消夜吃就好了，老人家可就不行了！」其實，我心裡想的是：如果這位老太太往後沒有機會再出國了呢？她也許只是我服務過幾千名客人中的一位，但卻是她第一趟出國的旅程，如果她此次旅程的回憶都是美好的，我更不應該扮演之中唯一的缺憾，不是嗎？

服務業真的是一份很有福氣的工作，因為除了商品外，我們還能販賣「好心情」。

現在我常常想，今天的我可以為我的工作及身旁的人做到什麼程度？設想到什麼地步呢？今天我要扮演讓他們心情平穩開心的菩薩，還是謀殺他們笑臉的惡魔？

好的故事勝過說教，雖然年輕人不須自許自己的事業要當成慈善事業來進行，但提升自己的服務精神有時候幫助的不是只有客人而已，也是在幫助自己。任何一份工作一定有它不為人知辛苦之處，倘若提升自己的服務精神可以讓自己身體和心理上的辛苦變少，也是讓這份職業可以長久的方法之一。

本書提供「服務精神」至少有四個層次，供作讀者參考：
- **動嘴**：在後面自己去找。
- **動手**：在第 8 號櫃右轉，左手邊的位置。
- **動腳**：我帶你過去。
- **全部一起來**：如果你喜歡這類商品，我跟你推薦我最近很喜歡的……

大多數的人都有過到大型賣場購物的經驗，因為場地寬大有時為了尋找某樣商品耗時很久，於是當我們詢問賣場服務人員時，會得到許多不同的回應，這些回應方式同時顯示了不同的服務層次。最低的層次便是，頭也不抬，繼續忙著他手邊的工作，嘴裡直接告訴你：在後面，讓你自己去找，或者走到後面再去詢問後方的服務人員。接下來的層次則是屬於路童遙指杏花村型的，這類的服務人員會清楚地告訴你，在第幾排往裡面走的右手或左手邊就可以看到貨品。這個層次的工作者不僅可以提供客戶較多的資訊，同時對於自己所處的工作環境也有高度的認識，算是達到基本專業。但第三個層次的服務人員甚至提供更貼心的服務，便是直接帶著你前往尋找，確定這是你要的商品，減低你尋找商品的焦慮與時間。最高層次的服務方式則是，不僅停下手邊的工作專心服務客人，解決客人的問題，甚至能夠發現客戶潛在的需求。例如帶領客戶前往產品櫃前，為他解說甚

至推薦滿足客戶最大需求的產品，有時客人僅知道自己想要某個商品，卻未必有足夠的資訊來判斷自己最適合的商品是哪一款式，這時候，服務人員的專業能力便可以在這裡派上很大的用場。

或許有讀者指出，員工這麼做並無法對自己產生額外的好處，還可能增加自己的工作負擔，多一事不如少一事。然而，當我們可以把每一個服務客人的時刻當作練習或發揮自己專業的機會，久而久之，在這個行業或專業領域中，自然就成為專家。或許短期間你的薪資不會因此而改變，長期下來卻可能累積你在主管或公司高層深刻的印象，因為服務業是個回饋明顯的行業，服務者的一舉一動一言一行妥善專業與否，都可能因為消費者的回饋而讓主管快速獲知。就算不是為了升遷而這麼做，能夠幫助他人找到自己滿意的產品也可以提升工作者本身的成就感。

（三）勿因為主觀而損失客戶

「知覺」（perception）是個很有意思的東西，因為，人們的行為經常是基於他們對事實的知覺，而非事實真相本身。換言之，在很多時候，人們想的和事實是有差異的，甚至根本南轅北轍。而為何會有這樣的情形？因為，我們對一件人事物的認知來自於我們過去的相關經驗、學習背景、生活環境，以及我們看待這個人事物的態度，就像是俗話說的「一朝被蛇咬，十年怕草繩」。倘若你曾經被某個特徵的人欺騙過，下次遇見類似長相的人，就難以對他產生信任；倘若你從小到大都被教育應該要外表端莊，當你面對染髮、穿耳洞的男性應徵者，就可能因為刻板印象給他不佳的面試分數。

以上，我們可以稱之為「知覺偏差」，或者是所謂的「主觀」。主觀是具有一定程度風險的。有個朋友曾經罹患胃癌，經由醫生進行手術後觀察了數年都不曾復發，直到有一天他覺得肚子不舒服，去找同一位醫生看診，那名醫生因為病患的重大醫療紀錄認定是胃部問題，檢查後判斷是胃潰瘍，開了藥讓朋友服用，但病情並未好轉，又經過了一段時間找了其他

醫生診治才知道，原來是腸子發炎，藥到病除。在這個案例中，前一名醫生因為主觀而造成錯誤判斷，忽略其他部位出問題的可能，讓病患增加痛苦的時間並增加危險性。

人很容易從一個人的外表主觀的去判斷他的能力、個性、經濟狀況等等。曾經有一位學生跑來問筆者：「老師，究竟要多少錢才能買得起房子？」在現在這種房價節節攀升的時代，面對學生這樣的疑惑，正愁不知道從什麼角度回答比較不會讓學生失去希望時，學生接著說：「週末我在天母的某個十字路口等紅綠燈，看到有位中年男子站在路口的信義房屋售屋紙板立牌前觀看，房仲銷售員第一句話竟問那位男子的職業。他回答是醫生，那位仲介竟然回答說：『那這個物件您應該是沒辦法。』我很好奇醫生都買不起房子，那其他人呢？」

這位房仲人員就犯了從外在條件主觀判定一個人的毛病，的確醫生如果只是受僱他人，那這個職業是比一般人可以獲得較高的收入沒錯，但比起企業主們來說，擁有的財富還是差距千里，對於動輒上億元的房子，一般的醫生也是無法輕易購置的。但，換個角度想，也有可能這個醫生他家族的遺產龐大，也有可能他是個開設私人醫院的醫生，也有可能他是幫企業主朋友注意房子也說不定。從外在條件來主觀的認定一個人的經濟能力對一個業務人員來說，是個危險的做法，有可能讓自己失去潛在的客戶，也可能為自己和公司帶來不好的名聲和形象。

筆者還是研究生時，有一回前往臺中永豐棧麗緻酒店進行訪問，在旁邊等候尚未抵達的同學時，看到了一個現象，因為該飯店位於馬路交叉路口，因此經常會發生計程車乘客並非飯店客人，但卻在飯店門口下車的情形，儘管如此，門房人員每看到有車子停下，總會熱情地迎向前，幫客人開車門。以他們的經驗來說，他們並非不知道這些客人多半不是自己飯店的客人，卻還願意做這些服務的行為，充分的體現了服務的最高精神，不論這是公司的要求還是飯店員工發自內心的想法，都代表著服務的高品質展現。後來，等訪問的團隊成員都到齊後，當筆者和同伴走進飯店時，有

位穿著筆挺西裝的人員幫筆者與同行者開門，本以爲這只是一般的大門接待人員，在盡他的工作本分，沒想到，後來才知道，接受筆者訪問的人力資源主管並非像一般受訪者坐在辦公室等我們，而是很早就在門口等待，並從我們進大門開始就爲我們親自展示服務業的精神。這些具有高度服務精神的人都不會因爲一個人的外在而選擇性的服務或不服務，反之，要是因爲以爲該名客人只是路過不是來飯店消費，或者因爲是學生就不想好好接待，有可能讓客人留下不好的印象，因爲沒有人知道這些今日看似不是來飯店消費的客人，明天是否就是可能爲你帶來大筆消費額的潛在客戶呢？

（四）勿輕忽服務的難度

服務是很深的一門學問。不少大學女生嚮往畢業後的工作是可以當空服員，然而，多數人只有看到光鮮亮麗的那一面，卻不清楚要在三萬英尺高空中永遠保持優雅的服務上百人，背後必須有高度的服務精神和專業能力才能完成。如果你有搭乘長程航班，且在半夜登機的經驗，可以回想自己的旅途勞累與否？而坐著被服務的人都感到疲累了，更何況是必須長期站著並且犧牲睡眠時間服務你的空服員。因此，認眞看待每一份服務工作，不僅是身爲消費者要學會尊敬，也是想要成爲服務人的求職者應該要有所認知的。

2010 年的金曲獎和往年一樣受到大家注目並風光的舉辦，可惜頒獎當天大雨下個不停，所有出席的明星在走紅地毯時，身邊都多了一位身著黑西裝的男士撐傘協助行走。當年港星陳奕迅再次入圍並出席，可是從一開始臉色就不是很好，後來記者訪問他是否因爲沒有得獎心情不佳。他除了解釋自己是天生臭臉加上感冒未癒以外，還點出了：撐傘人員不夠專業！

如果你看了頒獎隔天的新聞照片，就會發現，陳奕迅和當天一同走紅毯的莫文蔚是唯二兩個自己撐傘進場的明星。每個人都有撐雨傘的經驗，

或者說，每個人都認為撐雨傘再簡單不過了，但是當我們要使用撐雨傘這個行為來服務我們服務的對象時，它可不是一件容易的事。幫別人撐傘要注意哪些細節？如果只有「要讓被你撐傘的那個人不會淋到雨」這只是達到基本的水準。除了留意你與當事人的身體距離、表情以外，更懂得觀察、細心與貼心的人，會更加注意的是：「如何避免其他人被你所撐的傘落下的雨水淋溼。」頒獎典禮當天，陳奕迅不開心的原因不在於幫他打傘的人有沒有保護好他，而是為了遮他的傘所滴下的雨水全部進到身邊莫文蔚的肩上、禮服上，他因為看不下去，不忍同伴淋溼因此決定自己撐傘進場。由此真實案例，可以讓我們好好思考，如同第 3 章提到的，我們常主觀的以為影印是很簡單的事，甚至還怪主管分配過於簡單的任務，無法匹配自己的才能，但事實並非如此。同樣的，為他人撐傘也不是容易的一份工作，任何工作都是如此，如何把一份服務的工作做到最完美，是需要用心學習的。

三 發現客戶潛在需求

滿足客戶的需求只是身為一個服務人最基本的專業，真正高層次的服務則是能夠發現客戶潛在的需求。

2008 年日本 NHK 上映一齣日劇《首席銷售員》，以汽車銷售員為主角，描述在日本汽車產業剛興起，一名女性如何從業務菜鳥到頂尖銷售員的故事。劇情圍繞著銷售服務的細節，女主角遭遇的困境和工作態度很適合從事服務工作的人參考學習。對於以個人業績為導向的銷售員來說，賣出抽成最高的商品經常是優先考量，在經濟興起的日本，家家開始有能力購置汽車，很多婦女有購車需求，但主角並非為了獲取最高業績而將不適合消費者的商品賣給客人，反而站在對方的角度去幫客人挑選最適合但可能無法帶來最大業績的商品，卻也因此贏得消費者的認同。她服務過的客人不斷幫她介紹新客人，於是靠著口碑的力量，女主角成為業務的頂尖銷售員。

專業的服務能力和精神，不僅可以為自己帶來業績，更可以建立和客戶之間的長期關係。接下來的節次裡，我們將更進一步討論如何與客戶建立長期的信賴關係。

四 培養挨罵的胸襟

從事服務的工作，再怎麼謹慎小心，也不可能滿足所有客戶的需求，總是有可能會遇到被客戶罵的機會，有可能是我們真的有疏失，也可能是客戶自己的問題。但不管哪一種情形，本書想提供的觀念和前面與主管相處時是一樣的，那便是：學著接受挨罵，不論這件事是不是你的錯誤。就算是和家人吵架，只要其中一方不先冷靜，不管誰對誰錯，都只會讓整個局面很難收拾，並且到後來吵的都不是事件本身，反而因為負面情緒讓雙方僵持不下。更何況，在工作現場，客戶的角色有其特別的意義，因為這名客戶可能不只是我們的客戶，而且是公司的客戶，輕易的與客戶爭執帶來的損失不是個人員工可以彌補的。

因此，不管如何，千萬不可以反擊。有時候遇到脾氣不好的客戶發飆，你因為被斥責感到委屈，頂撞的說：「昨天為了你們的案子，我們部門加班到 3 點，我們也很累耶！」這樣的說法非但無法引來客戶的同情，只會火上加油，因為對客戶來說，他已經付款買單，你們加班是應該的，甚至能力夠好的話何需加班？不論你們用什麼方式完成都與客戶無關，客戶要的只是結果，因此，在客戶情緒最激動的時候講出邀功的話，只會讓客戶火冒三丈。然而，這些句子可以選擇在客戶已經情緒穩定，正在討論解決方法時，我們可以用委婉的口吻告知：因為珍視客戶，所以就算加班大家也做得很甘願，如果客戶不滿意，就算再熬夜一次，我們也願意。用這樣看似卑微的態度一方面顯示自己的用心和付出，也讓客戶知道自己的服務態度並沒有因為對方的發飆而有所改變。一般來說，客戶反而事後會為自己的行為感到有點不好意思，甚至用回購行為來回饋你的用心。

當客戶不高興時，一邊聽著被罵的言詞，具有高度服務能力的工作者

應該要能一邊思考解決方案，並在客戶炮轟演出的中場休息時段，試著提出解決之道。就算客戶無視的繼續謾罵，相信幾次以後，客戶會覺得這名員工和一般服務人員不一樣，甚至會覺得只有你了解他，了解他需要負面情緒的出口，這樣一來，等事情解決後，你也可以建立在客戶面前的獨特價值。

第二節｜培養長期信賴關係

一、做出別人做不到的

在這裡談的「做出別人做不到的」，就如同第 3 章指出的「做到超過主管的要求」。許多商店之所以可以在景氣差、其他店面紛紛倒閉之際，還能創造排隊風潮，就是因為他們提出不一樣的服務或商品，甚至創造出超越消費者期待的商品。

2011 年新聞報導，臺北市有一名計程車司機靠著自己獨特與眾不同的創新服務方式，不僅每個月收入超過新臺幣 12 萬，還贏得客人對他的尊敬。有別於部分大家有經驗乘坐過的計程車：司機不管客人喜好或是否休息，聽著自己喜歡的電臺；車內充滿煙味；擺放的是破爛不堪的汽車年鑑；不顧客人意願自顧評論政論時事；喜歡打聽客人隱私；甚至連基本的問候也沒有等行為。這名被報導的司機一直打造貼心的服務，提供車內免費點心與飲料，並提供最新當期的周刊與雜誌，萬一客人抵達目的地卻仍在閱讀，司機會主動贈送；提供車內免費上網，最新各語系旅遊指南，並準備四組手機號碼，讓他的客人可以找得到他。讀者看到這樣的案例，可能會驚呼這樣如何創造獲利？因為口碑的建立，使得這名司機獲得客戶長期的支持，一般計程車司機必須不斷在街道上尋找才能有客人上門，但這名做出別人做不到的服務的司機，卻是經常收到長程預約服務，使得自己

不僅擁有穩定的收入，還創造出同行難以超越的佳績。至於免費的車上餐飲和雜誌，這名司機也抓住了大眾的心理，一般人都會不好意思取用，真正會使用免費餐點和取走雜誌的，都是極少數，因此，相較整體收入來說，這些成本相對是很少的；更何況，要是客人真的有這些需求，滿足客人也是很重要的事。因此，他的客戶大部分都是長期合作，並且是長程需求的商務人士，有些公務車較不足的公司，會與其合作讓公司主管搭乘此車，甚至有些公司老闆因為車子送廠保養或司機請假，便指定這名司機服務。也因為擁有跟其他人不一樣的服務精神和態度，這名司機把計程車服務提升到另外一個檔次，並贏得很多人的尊重與支持。

二 主動協助客戶解決不是自己產品的問題

協助客人解決和自己產品和服務有關的問題只是最基本的服務精神，要是能夠幫客人解決和自己無關的困擾，才是服務的更高境界。

倘若你在某家高級老餐廳工作，擔任基層服務員的職務，餐廳主要供應的產品為傳統排餐。有一天，一對年輕夫婦帶著未滿 3 歲的幼兒前來用餐，並同時慶祝結婚紀念。用餐經過一段時間，該幼兒已經出現不耐煩的情形，並且吵著要吃薯條，可惜你的公司是老式餐廳，不提供薯條此類食品。眼看著小孩的吵鬧不僅影響夫婦的用餐心情，也開始吸引附近餐桌客人的關注。如果是你，你會怎麼做呢？報知經理，請經理出面解決？走過去喝止小朋友避免其他桌客人不愉快？

這個故事的服務生一看到小朋友的吵鬧，先請其他同仁支援餐廳前臺服務，自己馬上外出到下一條巷子的速食餐廳，買了一包薯條帶回來給正在吵鬧的小孩，小孩瞬間安靜，開心地吃著薯條。小孩的父母非常感激，並且想將薯條的費用拿給服務生，服務生告訴父母：「雖然我們不應該對小朋友的要求予取予求，可是站在餐廳的角度，讓兩位可以度過愉快的結婚紀念餐會，並同時讓其他客人感到舒適是我的責任。這點小錢如果可以讓您用餐愉快，我感到很榮幸，也歡迎你們再度光臨。」有句話說：不用

錢的最貴。服務生的體貼，讓客人得到了無以言語的恩惠，客人因爲感激通常會給予回饋，後來這對夫婦成了這家餐廳的常客。

三 永遠準備的比客戶充足

在現今資訊流通方便的時代，任一種型態的客戶（企業或個人消費者）在消費以前都會做功課。就算客戶事先不做功課，也可能會對於商品或服務有很多疑問和需求。不過，更常見的情況是，客戶雖然會評價你的商品，提出一些疑惑，但卻經常不知道自己要的是什麼。因此，當你事先做好充足的準備工作，再搭配專業的客戶需求追問技巧，最終反而可以節省很多時間，同時也讓客戶感受到你的專業與誠意。

全球最大廣告集團 WPP 與媒體庫負責人余湘，曾經分享她的成功經驗，進廣告圈第一個客戶她只有互動一次便獲得客戶的成交，而那位客戶要求很多，根據資深同事的經驗，每次總要提案四到五次才有機會過關。余湘的做法很簡單，卻不是大部分人都會這樣做的，那就是「給自己找麻煩」。找麻煩的做法就是和一般人只有準備一個方案不同，她總是準備三種方式讓客戶做選擇。第一個價格最便宜，第二個是消費者接觸率最高的，第三個是建議客戶該做的方案。余湘總是針對客戶可能會問的問題，都先準備好一套縝密的說法，而且事先一再反覆練習，她認爲在家裡丟臉，總比去客戶那裡丟臉還要好。正因爲思慮周延、準備充分，永遠比顧客想的快一步，所以一次就能過關。

筆者朋友曾經因爲買了舊屋需要裝修，找上臺北市長春路一間知名室內設計公司，將自己的構想告知設計師同時是公司負責人張先生後，苦等了一個多星期終於可以前往設計公司看設計稿。令筆者朋友感到驚訝的是，張先生的做法和上述的余湘總經理一樣，爲了這個案子，準備了三個方案三張設計圖。張先生向朋友表示：「您的案子我努力了想了三個可以考慮的設計案，但是我先拿出我自己最滿意也最喜愛的作品跟您說明，要是不喜歡，我們再來看第二份。」當第一張設計稿一入眼，筆者朋友馬上

受到吸引，非常滿意這個提案，自然也不需要看第二張圖。當你準備的遠遠超過客戶所想像的程度時，同時已經提高成功率，至少在客戶的面前，已經贏得尊敬。

四 與客戶保持適當的距離

和人保持適當的距離是對他人的尊重，不論對方是職場中的上司、同事、下屬還是客戶，或是生活中的朋友與親人。如果往來過於頻繁，或往來的內容超過對方可以承受的範圍，反而容易讓對方感到不愉快，原本良好的人際關係就容易發生變化。

倘若一個和你在業務上往來已經一陣子的客戶，和你算是熟識，有一天與你談公事時意外看到你的辦公桌上一本書，你與其關係不錯，加上他是客戶，於是你爽快的對他說：「這本書很棒，你喜歡可以直接送你，剛好和你工作有相關。」客戶高興接下書籍後，經過很長一段時間，你因為對書中內容感受很深，一直期待客戶與你聊起此事，但他遲遲沒有這麼做。請問你應該怎麼辦？(1) 直接問他看了沒；(2) 再送他一本類似的書籍；(3) 假裝忘記了，也不主動提起。

選擇前兩項者，風險遠比第三者來得大。客戶沒提，有可能他看過很喜歡卻忘了提，或者看了沒有感覺或者覺得內容不怎麼樣，又不好跟你說；也很有可能是根本沒看，理由是沒時間，或其實沒興趣只是因為你要送他，他不好拒絕。總之，不管原因為何，保持自己與對方的適切距離，不須在個人生活中干預太多，才能讓關係因為自然而更加持久。

對於客戶所在的組織文化和要求也要有充分的認知，才能與客戶建立長久穩定的合作關係。國內知名的餐飲集團——王品集團對自己的員工有很多行為上的要求，其中之一便是：任何人均不得接受廠商 100 元以上的好處，違者一律開除。實施這項規定以後，16 年之間平均每年都有一名員工因為違反這條規範被開除。其中有一名員工因為廠商送了他一朵市價150 元的花以表感謝，另一名員工在結婚時舉辦喜宴，廠商業務也到場致

賀，並包了 2,000 元紅包表示祝福，這名員工舉辦宴會後前往蜜月旅行，旅行回來後就接到開除通知。又有一次，有一名主管從銀行行員手中拿回一包肉乾並分給同事吃，同事每個人很驚恐認為不應該拿取該禮物，主管不以為意，後來該名主管遭到開除。

身為組織內的員工有可能對自己公司的要求不理解或疏忽，倘若你是上述案例中的廠商代表或業務人員，你越是小心就越不會讓你客戶陷入職涯危機。前述的贈書範例要是發生在王品餐飲集團，你的客戶也會因為你的疏忽而讓他失去工作。

不論你認為和客戶有多談得來、個性有多契合，想發展成私人的友誼關係，應該等你們彼此不再是廠商與客戶的關係時。和客戶保持距離其中一個重要的原因是為了保護自己不洩漏公司重要資訊或機密，當客戶因為和你關係好而想從你這裡打探未公開的合約內容，或打聽其他客戶的資訊，就容易讓你因為參雜私人情感而做出對公司不利的行為。萬博宣偉公關臺灣總經理項薇接受《經理人月刊》訪問相關主題時，提醒職場人「不該說的，就隻字不提。」如果對方一直逼問，千萬不可以說：「那我給個暗示好了。」給了暗示對方就可以做文章，或者夠厲害的人他可以抽絲剝繭找到答案，最後可能為公司帶來不必要的麻煩。有時員工洩露公司資訊不是因為操守不好，而是忽略職業道德，分不清自己與客戶之間的關係，拿捏不了分寸，導致因小事誤了大事。

五 誠實為上、重視信用

在第 3 章與上司互動的章節裡，我們提過誠信的重要性。在這裡必須再一次指出：答應客戶的事一定要做到。人和人之間的誠信要建立不容易，需要長期間的累積，但摧毀很簡單，只需要一次的毀約就足以讓你的客戶再也不願意給你機會。因此，當自己無法確認可以提供客戶要求的服務時，千萬別貿然答應客戶的要求。為了確保雙方的溝通不會造成誤解，導致自己信用出問題，若有任何與交易有關的內容，都應該使用文字記載

下來，甚至必要時要用合約的方式來保障雙方的權益。

註 釋

1. 來自行政院主計處的統計資料，請參見表 13 臺灣地區歷年就業者之行業（第 9 次修訂）人力資源調查原採行之行業標準分類結果 http://win.dgbas.gov.tw/dgbas04/bc4/manpower/year/t13_o_a.asp?ym=3&yearb=103&yeare=103&num=9&out=1

2. 沈方正總經理大學畢業便踏入飯店業，從最底層做起，一路展現用心的態度，成為飯店業晉升速度最快的經理人之一，同時也成為現今飯店業繼嚴長壽之後，服務業爭相學習的對象。比起餐飲業、百貨零售業這些高服務要素的產業，飯店業更是所有的服務性產業中最細緻的服務行為，如果無法懷著沈方正總經理所言「做好每天的小事、彎腰做小事」這樣的工作態度與精神，很難在飯店業裡有卓越的發展。沈方正總經理近年來經常在許多場合與管道，與有志提升服務能力的民眾分享他在服務現場所見所聞與所思，有心之讀者，可上網瀏覽相關報導。

主 題 影 片

中文片名：首席銷售員

原文片名：トップセールス

上映日期：2008 年 4 月 12 日（日本 NHK 電視劇）

劇情長度：八回

主要演員：夏川結衣、椎名桔平、石田光

劇情簡介與推薦說明：

　　此日劇以 1960 年代到現在的日本經濟發展歷史為背景，描述身為汽車銷售員的女主角，如何由一位菜鳥業務成為一位頂尖的銷售員（別忘了當時的年代，日本有著比現在還要嚴重的性別歧視），進而成為主管，甚至最高管理

職。此劇並非在激勵人積極進取以成為所謂事業成功的人，而是深入的刻劃這位主角對待客戶的用心與態度，與客戶交流的方式，展現了相當的工作倫理觀。

　　她對自己的業績感到驕傲，但她更對自己所從事的工作百分百真心的熱愛與尊重，這也是為什麼她後來選擇離開總經理一職，直到退休都情願擔任第一線業務員的緣故。因為她喜歡從買車的人當中看到他們幸福的樣子，她想賣給客戶未來和希望，她只賣給適合客戶的車子，而不是賣給客戶最能夠讓她自己衝業績的產品。

　　這部日劇相較其他在臺發行的日劇而言，有著很低的知名度，在日本的平均每集收視率也不算高（可能和本身戲劇的情節高潮起伏不大有關）。這部片子甚至可以拿來當作日本歷史課的教學影片，因為旁白會不斷的補充說明每一集、隨著故事的發展，當下是處於什麼年代，什麼樣的產業背景，當時的日本發生什麼事等等。由於此故事主角身在汽車產業，也因為汽車業是日本重大工業之一，迄今對於日本的經濟發展仍扮演著關鍵的角色，此劇可以提供對相關產業環境發展、日本政經背景、日本當時的職場文化有興趣者豐富的訊息。

課後練習

1. 請回答以下問題：(1) 我目前打算在未來從事＿＿＿＿＿＿職業；(2) 假設我擔任這個職務，我面對的「客戶」有哪些人？

2. 你是否曾有過須「面對人、服務人」的打工、實習或正職工作經驗？請回想並提出具體事例，說明自己是否具有「服務精神」及「服務能力」。

3. 請從最近的消費經驗中，找出二個令你感到印象不佳的服務經驗。請思考為什麼你對這些商家、廠商或個別服務人員感到不愉快？如果你是對方，你當時會怎麼處理？

延伸閱讀書籍

沈方正（2014）。非比尋常的一天：34 個貼心服務的祕密。臺北市：天下雜誌。

管理雜誌第 400 期，CEO 的撇步，2007 年 10 月號。

遠見雜誌特刊（服務專刊），客人教會我的服務，2013 年 9 月。

第 6 章

如何領導下屬

本章學習重點

1.了解領導者如何與下屬建立良好關係。

2.學習領導者在與部屬互動過程應注意之原則。

第一節 ┃培養追隨者

一 領導的定義

　　領導是個大學問，在專業學術領域裡，它是個專屬的學科。我們並不打算在這本書重複其他教科書的內容，但在談論這個章節的內容以前，還是需要將基礎的領導觀念做點複習。領導有別於管理，不是重視方法而是重視方向，管理主要功能在進行有效的控制，領導則是能對他人產生影響力。

　　到底怎樣才是好的領導？早期有觀點認為，領導是天生的，只有具備某些特定的人格特質才能成為領導人；另外有學者則認為上述的說法太過宿命論，因而主張，好的領導來自正確的行為展現，因此推演出同時關心員工也同時對他的任務加以指導的，就是好的領導行為，能做出這些行為者便是好的領導者，而這些行為可以經由學習和模仿；提出權變觀點的學者則認為，領導必須是看情況的，不同的部屬特性和需求都不同，好的領導人應該能夠針對不同的情況給予不同的領導方式，才是領導最高境界(註1)。

　　「領導」和職位未必有直接的關係，也就是說，「領導者未必是管理者，但理想上，在組織裡的管理者都應該具有領導者的能力。」一個個人必須有追隨者的出現，才有領導者的價值。因此，領導者可以帶領身邊的人往同一個方向前進，並透過指引方向、適當的激勵行為，讓大家願意與他一起達成目標。我們可能在成長的過程有過以下經驗：我們寧可聽從一位沒有頭銜和有才能的同學指導，也未必聽從班級幹部的指揮。在公司組織裡也可能出現，員工接受主管的任務指派，僅因為主管具有考評權力，實際工作過程，真正能對其工作績效產生影響的可能是其他不具職權的同事。

　　在大學階段，除了在打工或實習工作現場可能遇到需要帶領的新進同

仁以外，校園裡的學弟妹、社團成員、學會會員等，都可以成為自己未來踏入社會前很好的模擬學習對象。如何讓這些比自己資淺的對象將自己視為具領導風範或才能的領導者，並願意協助你完成各項活動，是大學生涯中值得嘗試的活動。

二 當個有能力的主管

要讓部屬願意成為自己的追隨者，而非僅僅是因為擁有正式職位所以部屬願意聽命自己，首先要做到的便是讓部屬肯定自己的能力。在組織裡面，一般都是在前一個位置表現不錯因而被提拔到往上一個位置。然而，身為一個基層的員工和擁有部屬的主管，所應該具備的能力是不同的。通常公司晉升一個人之前，會全面審慎評估這個人是否具備主管該有的能力，但此外，身為主管，也應該要時時刻刻提醒自己，自己的能力能否與時俱進，才能夠成為一個足以信服部屬的領導人。

（一）溝通表達能力

這裡講的能力除了專業知識與能力以外，最重要的就是溝通表達能力。有學者曾經做了一個研究，發現溝通是所有主管進行有效管理的主要工作（圖 6-1）。因為主管位處於組織階層的中間，須隨時接收上級的任務並將它傳遞給部屬了解，指導部屬完成任務，倘若主管的溝通能力有問題，將會大大的影響工作的進行。

日本作家本田有明曾經在 2008 年針對進入公司第二年的員工進行調查，結果發現有將近 40% 的受訪者表示和上司相處得不好，或者是不怎麼好。假設這個結果可以拿來推測其他國家的職場現況，那表示有四成的部屬是無法和他的上司有良好的互動。其中最常被指出來新進員工不滿上司的原因前兩名便是和「與工作有關的溝通能力出現問題」（表 6-1）。可見溝通能力的提升對一個主管來說是相當重要的課題。

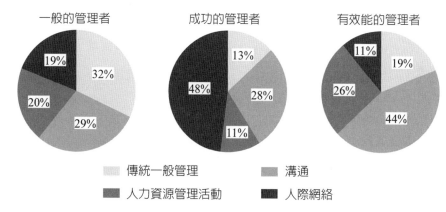

一般的管理者　　　　　成功的管理者　　　　有效能的管理者

傳統一般管理　　　　　溝通

人力資源管理活動　　　人際網絡

▎圖 6-1　管理者的時間分配

資料來源：Based on F. Luthans, R. M. Hodgetts, and S. A. Rosenkrantz, *Real Managers* (Cambridge, MA: Ballinger, 1988).

✐表 6-1　新進員工不滿上司的原因表

原因	百分比
指示命令不明確，常聽不懂上司說什麼	55%
沒有指導工作的順序及方法	42%
突然被迫接受莫名奇妙的工作	35%
如果沒辦法照指令完成工作，立刻就擺臉色	33%
感覺被敷衍，上司只愛表面溝通而已	27%
稱讚部屬會連自己也稱讚，不會給部下好評價	25%
沒有可以學習和值得被尊敬的地方	22%
一點都不想聽部下的意見和提案	20%
要是說了些意見，會立刻情緒化發脾氣	20%
工作不順利時也沒辦法得到適當建議	18%
讓人覺得自己不受期待	15%
上司自己也沒什麼工作意願	12%
總是被上司人身攻擊地批評	12%
沒辦法感覺上司有心要教育或指導新人	10%
有時會被強迫加班或假日上班	8%

資料來源：本田有明著，《三年不辭職》，臺北市：天下出版，第 139 頁。

職場上經常聽到部屬抱怨主管朝令夕改，朝令夕改反映出主管專業能力的問題，因此降低部屬對主管的信任感。因此，須審慎地下命令，並且提供清楚的指引方向。

（二）人際互動能力

從圖 6-1 當中，我們可以發現，成功的管理者（不僅管理工作完成，個人生涯上也很順利的管理者）和其他類型管理者有一個很大的差別，在於他花大部分的時間進行「人際網絡」的活動，也就是所謂的人際互動與社會網絡關係。身為管理者，不僅要能有良好的溝通技巧，還要能和各個階層的人往來，建立良好的人際關係。好的人際關係不僅對自己的職涯發展有幫助，在領導部屬上也可以產生事半功倍的效果。本章提到的許多內容都會對增長與部屬間的人際關係有所助益。

（三）情緒掌控能力

當一個人由基層被晉升為主管後，責任加重，壓力難免較大，這時候的情緒管理能力就顯得格外重要。

1. 勿在公開場合訓斥部屬

有些主管喜歡在公開的場合訓斥部屬，這樣的做法有很多理由，有些是罵給客戶看的，這樣一來，通常客戶也不好意思再追責，可以快點息事寧人。而有些主管則是純粹想要展現自己的職權，藉由訓斥部屬來提醒其他人自己的身分和權力是不同的，以達到自我滿足的目的。

主管追求自我滿足無可厚非，但可別忘了，就算部屬犯了錯，也代表當主管的失誤，不管是在指導角度上不盡責，還是從指配任務的角度上來看，主管都難辭其咎。更何況，部屬也是一個成人，和學生被老師責罵的意義又不盡然相同，因此，當主管任意在公開場合斥責部屬時，會讓部屬感到羞愧，喪失自信心。保留部屬的顏面是對他們最基本的尊重。如果說的直白一點，就算是高階主管，也是向公司領薪水的，居於高位不等於必

須要目中無人。

2. 罵人內容要具體

如果部屬真的犯了錯，嚴重傷害部門或公司，甚至屢勸不聽，有必要加以責罵以作為最後手段時，至少要採用幾個原則。第一，清楚讓部屬知道錯在哪裡；第二，責罵部屬前先找出犯錯的問題點，並和部屬討論改正的方法；第三，可以的話，先針對部屬表現較佳的部分先給予鼓勵；第四，不做人身攻擊，只針對工作錯誤的部分討論；第五，千萬不要拿其他部屬來做比較。

最後一點尤其要格外留意。不論在家庭或學校裡，經常出現比較法的教導行為，然而這種比較法不僅無法帶來期望的結果，還可能導致更糟的情形發生。例如：父母親會對著自己其中一個小孩斥責：「你怎麼不學學你姊姊，她從來沒有讓我操過心，不像你。」這樣的說法原本用意是希望透過學習效果來達到行為改善，但反而只會讓被斥責者更加討厭姊姊，造成兄弟姊妹之間的感情惡化。在職場中，同事彼此之間原本就存在競爭關係，如果主管採用這種方式進行溝通，非但無法達到他要的結果，只會更加破壞團隊中的成員向心力。

學校裡，老師也喜歡說：「去年的新生比較優秀。」這麼一來，不僅讓今年的新生感到挫折，在「自我實現的預言」（self-fulfilling prophesy）的作用之下[註2]，這一屆的學生大概也難有更傑出的表現了。職場中可能出現的比較法說詞，例如：「這工作要是換作小張，老早就完成了。」「我在你這個年紀早就拿到業務冠軍了。」這類的說法並無法正面對當事人產生行為改變的動力，而且還會提高其憤怒的情感。因此，身為主管盡可能的不要使用這個方法來訓斥部屬以尋求改善。

當一個人生氣的時候還要考量罵人的方法的確是有些困難，但如果可以考慮這些原則可以減少主管和部屬之間情感上的衝突，也讓犯錯的部屬快速建立自信心，在下一次的任務中做出更好的表現。

（四）明確賞罰的能力

有句話說「人都是當了父母才開始學著當父母」，其實當主管也是一樣，主管學、領導學的書籍看再多，真正上任時才能了解這當中要學習的部分有很多。與人溝通和情緒管理的能力都是尚未擔任主管以前就可以或多或少學習的，只有賞罰這個能力，非得到了主管的位置才能真正發揮，而如何賞、怎麼罰的原則更是難以拿捏。

「公平」是身為個人都想追求的待遇，沒有人有辦法接受不公平的事情發生。有時候，主管不需要靠額外的獎賞，只要做到「公平」就可以領導部屬達成目標[註3]。一個主管能不能服人，帶動人心，靠的便是讓部屬感受到公平，當他認知到主管可以公平的對待自己時，也就相信自己的努力可以換來同等的報酬。

然而，有些主管為了創造親和的形象和正向的領導風格，就算身邊有部屬出了錯也不忍苛責，好的角度來看是希望創造和諧，但這對於沒有做錯事的部屬而言，反而是一種處罰。同樣的，為了不希望創造部門內有明星的產生，因而刻意忽視表現優良的部屬，讓認真付出的人才感到抑鬱不平。姑息養奸只會造成士氣低落，不該犯的錯誤應給予懲罰；至於表現傑出者，則應該適時給予相對應的表揚。這樣才可能創造公平的工作環境，主管也才可能獲得部屬的信任，讓有能力的人才願意付出。

三 了解你的部屬

在過去幾個章節裡，不管是談論到和哪一個角色的人物和群體互動，了解他人是最基礎且關鍵的。因為只有充分的了解他人，才知道要用什麼方式與他人溝通最有效，同時也可以減少不必要的衝突。主管在領導部屬時，更需要對部屬有一定的掌握程度，才能讓部屬產生「你懂我」的想法，部屬也較可能願意主動將工作上的困難與主管討論，以避免任務上發生閃失，影響整個部門甚至整個公司。

（一）有助於預測部屬行為

了解部屬還有很多好處，其中一個就是：有助於預測行為。主管對於員工的負面行為有很大的責任，所以要能掌握員工可能的狀況，必要時做出及早預防或及時處理。例如：對於情緒管理能力不佳、承受壓力能力較差或身體狀況欠佳的部屬，主管便可以在業務量較大的季節多給予關心或協助；若有道德感較為薄弱的明星員工，主管也可以多留意公司資料的保存是否滴水不漏。

（二）進行部屬最適管理

了解部屬還有一個重要的好處是：知道什麼時候用什麼方式進行管理。雖然我們希望每個主管都具有領導者的特性，但主管畢竟身負重任，部門的工作品質和業績都由主管負責，和工作任務有關的事情還是不能馬虎，因此管理面的基礎工作是最根本的。一個主管通常會管轄數名到數十名不等的直接部屬，如果每一個部屬都需要一一去了解他每一天在做什麼，要時時刻刻去關心他們，這樣不僅影響到主管的整體決策品質，長久下來身體可能也會吃不消，更重要的是，部屬搞不好會反抗。因此，前面提到的權變觀點就是個可以供參考的做法。主管應該對部屬有充分的了解，包括每個部屬他的工作能力如何、哪些人擅長執行任務、哪些人擅長解決問題、誰工作缺乏動力、誰則是不用督促就很積極主動。掌握這些以後，對於能力在一定程度以上又熱愛工作的部屬，就可以不用花太多時間在他們身上，而可以把時間用來多關注那些能力不足以及工作意願低落的部屬。

（三）提供最適當的激勵方法

了解部屬最重要的好處是：可以提供最適當的激勵方法。每一個人都是獨特的，每一個人的需求也不相同。因此如果用同一套激勵方式去對待部屬，有時候會遇到完全起不了作用的情形。例如：在大學裡，每位來上

課的大學生他們念書的背後動機就可能有很大的差異。雖然表面上大家是為了拿到學位，但實際上有些學生是為了交朋友才勤奮的來學校，有些則出自於追求自我的成長用心的學習，有些則真的很擔心沒有這個學歷將來會找不到工作而念書。在學習動機不同的情況下，想要刺激他們有更進一步的行動，採用的方法可能就不同。

在職場上面對已經是成人的部屬，要激勵他們在工作上更投入、有更好的表現，每個人適用的方法也應該是不同的。目前大部分的公司為了管理成本較低、管理方便，多半設立了單一套獎勵制度，但身為與部屬最貼近的主管，可以透過對部屬的了解，以及對公司資源的了解，提供給部屬有限條件下最適合的激勵。例如：如果是以激勵獎金制度為主的公司，面對想升遷的部屬可以幫他了解公司內部升遷管道，或者了解職稱提升的可能性，協助他滿足需求。

讀者或許有這樣的經驗：當你成績進步時，父母親會給你比較多的零用錢當作獎勵，或者帶你去旅遊。同時，他們也會以提供更多零用錢和安排更多旅遊來激勵你更努力。父母親常用的這套做法不見得適合每個小孩，搞不好在讀者身上就無法產生作用。因為，雖然零用錢普遍能構成部分誘因，但有可能讓小孩想要更上層樓的不見得是財務面的因素，而是精神上的。例如：小孩希望的是父母親在很多事情上能傾聽他們的想法並且予以尊重；或者對正在追求同儕認同階段的小孩，想要的不是和父母親一起旅遊，而是可以多點機會和同學一起出去玩。了解並找到適當的方法，不僅可以達到你預期的結果，也可以促進彼此之間的互動關係。在職場上的運用也是如此。

筆者曾經在一個全是在職生，且職位具有一定程度的班級裡進行一個課堂活動，測驗他們工作動力的來源。結果有趣的發現，能驅動每一個人的激勵因子都不相同，有些薪水已經相對高於其他人的測驗者還是認為加薪是他現在最想要的；有些人則想要可以自行決定工作城市；有些人則想要得到最高主管的讚美；有些人則希望有兩個月的長假可以休息；更有

意思的是有些人希望有好的團隊可以當同事，會讓他更想好好在工作上衝刺。因此，了解部屬心裡面想什麼要什麼很重要，即便無法完全的提供他要的激勵方式，至少讓部屬知道你盡力的想幫助他。如果公司的文化和制度允許的話，為每個部屬量身打造激勵方案雖辛苦，卻可以贏得部屬的尊敬與追隨。

在第 3 章，本書引用了二則國內知名管理學者司徒達賢教授的經典領導與溝通案例作為讀者討論與學習的材料，在本章節，再度引用一個與下屬互動溝通的個案作為讀者參考。這個簡短的個案充分展現：領導不是一件容易的工作。

【賞罰分明】

馬先生最近被調升到業務二部擔任業務專案經理，其角色基本上是一個利潤責任中心，除了要面對重要客戶外，也對其所負責範圍內之產品設計、品質水準等負起要求與督導之責任。業務二部的業務專案經理共有五位，皆直接報告給該部之經理盧先生。盧先生也是三個多月前才調來這個職位的。

業務專案經理並沒有直屬的幕僚人員，而是共用三位依功能性質分工的業務助理。這些業務助理除了要支援五位專案經理外，也同時支援盧經理的工作。馬先生覺得盧先生很和氣，然而由於大家工作都忙，初期並無機會與盧先生及其他專案經理深入交談。

到任第四天，業務助理周小姐在為馬先生安排行程時，發生一項小錯誤，後來已有補救，事後馬先生也未將此事記在心中，也未和任何人提起。

大約一週以後某一天，馬先生到了辦公室，感到氣氛不太對勁，似乎幾位業務助理（男女都有）的態度有些不自然甚至於不友善。馬先生雖然感到有些不妥，但並未詢問，亦未採取任何行動。

一個多月以後，馬先生和其他幾位資深的業務專案經理漸漸熟悉。有一次在一個非正式場合，較年長的業務專案經理張先生向馬先生建

議，年輕人應該待人寬厚等等。又婉轉透露，上次周小姐所犯的錯誤，盧先生的懲罰也稍嫌重了些。（個案來源：司徒達賢，《華人企業論壇》2000 年春，第一卷第二期，pp.119-124）

思考問題：

1. 如果你是馬先生，當時應該如何回應？需要有後續動作嗎？

2. 在此一環境下未來應注意什麼？

四 真心關心部屬

上述我們提到身為主管應該要了解部屬，但了解一個人並不容易，主管要用什麼方法了解部屬呢？觀察、從旁人口中了解或直接詢問當事人等都是方法，但是如果可以讓部屬感到主管真心的關心，會更快也更容易讓你掌握部屬真實的一面。

(一) 主動開口持續問候

身為主管，理當會為了整個部門的運作很忙碌，但儘管真的很忙碌，也別在部屬面前表現匆忙的樣子，更加塑造讓部屬不敢輕易打擾與接近的形象，久而久之拉開了自己與部屬之間的距離。

如果有機會和部屬在同一個空間裡，通常部屬會因為組織階級的關係對主管有敬畏之意不敢講話，此時，倘若主管可以先開口比較能夠幫助彼此打開話匣子，先輕鬆的針對生活瑣事或興趣閒聊，再轉而關心部屬的工作是否有需要幫忙之處。

要展現真心最重要的一點是，必須記住與部屬的對話，必要時針對其內容進行持續性的問候。例如：當部屬提到近期因工作壓力而有就診情形，主管則應該在事後主動關心其身體狀況是否改善。總之，記住部屬說過的話可以讓部屬感到主管的用心。

（二）關心需要設定界線

關心部屬是重要的，但有時候過度的關心不僅讓部屬產生壓力，也可能侵犯到對方的隱私。因此，關心要做到什麼程度，拿捏並不容易。剛剛我們已經提到了解部屬很重要，因此，界線在哪裡，還是要了解每個部屬的狀況後才能根據不同的人有不同的界線設定。此外，也要看你和部屬之間的熟悉程度、年齡距離，以及性別異同，才能決定以什麼主題來展示你對他的關心，這和我們前述談到的「權變觀點」一致。

例如：有一些年紀較長的主管很喜歡詢問年輕部屬的感情生活，美其名要幫自己的部屬介紹好姻緣，但對大部分的人來說，並不是那麼想公開自己的感情世界，好意有可能因此被視為找麻煩，不得不慎。此外，也有很多主管為了展示自己對部屬的關心和照顧，很喜歡下班後找部屬去吃飯、喝一杯以便建立感情。但是，對於部屬而言，這反而是比上班更具有壓力的活動，避之唯恐不及（表 6-2）。日劇裡面經常出現部門主管請辦公室同仁吃飯，但是吃完飯後面的續攤就不邀請主管了，主管自己也是從基層上來的，自然很清楚身為部屬們彼此想聊的話題自然不希望主管在場，就算不是講主管的不是，只要有主管在還是有壓力的。

⌀表 6-2　主管與部屬對「找部屬喝一杯」的看法

	主管的想法	部屬的想法
去哪裡？	帶部屬去公司以外的地方，可以讓他們放鬆心情。	好不容易下班了，為什麼還要和你面對面？在辦公室還可以對著電腦工作，在餐廳裡每一分每一秒都要審慎應對，好累。
喝什麼？	請部屬吃大餐喝美酒慰勞他們辛勞。	和主管一起用餐，東西再貴吃起來都像是沒有味道一般，只想趕快吃完無法細細品嘗。 因為主管買單所以通常不能選自己最想吃的，只能選比較便宜的套餐。

	主管的想法	部屬的想法
聊什麼？	聊一些輕鬆的話題增進彼此的情感。	再輕鬆的話題聊起來還是很嚴肅，不小心就把自己的私事講出來怎能不慎。如果只是要講一些不重要的事，在辦公室上班時間裡快速講講就好。
結論：主管花了時間和金錢，部屬卻覺得壓力大、剝奪他的下班時間，終究不能達到增進感情效果，也無法透過聚餐更加了解部屬，更可能帶來埋怨。		

筆者較年輕時曾經帶領一個導生班，平常與同學們互動密切，師生藩籬較低，導生們在籌備畢業旅行時熱情的邀約筆者與他們一起參加旅行，他們再三的邀約差一點筆者就答應了。但筆者很清楚再怎樣熟識的導師和學生關係畢竟還是有著一道不小的界線，為了讓他們可以完全放鬆的旅行，只好婉拒他們的邀請。結果旅行回來後，學生高高興興要筆者一定要欣賞他們的照片，正當電腦的照片畫面一張一張翻閱時，學生突然大叫的說有幾張照片要先跳過，八成是在飯店裡瘋狂的畫面不想讓筆者看到。筆者心想，好在當時沒有跟著去，否則他們就沒有機會留下這些瘋狂的回憶了。

有可能因著公司規模較小，或組織文化特殊性的關係，使得主管和部屬可以像同儕一樣互動著，但一般來說，主管畢竟代表著替代資方評價部屬工作表現的人，很難讓部屬將其視為同一個陣線的人。如果不知道拿捏與部屬的互動界線，就容易讓自己與部屬的關係產生緊張。

五 經常讚美部屬

前幾章已經提到，讚美主管、讚美同事，和讚美客戶都對人際關係的增長有一定的幫助，讚美部屬不僅也是如此，並且是更加需要不斷學習的人際互動技巧之一。

平時主管如果可以經常讚美部屬，不吝嗇的給予口頭獎勵和肯定，

不僅可以激勵員工工作士氣，要是哪一天部屬因故挨了主管的責罵，也會認爲眞的是自己的錯誤，了解主管是爲了他好才給予斥責。這個道理就像是，當你不管做什麼事都得不到父母的讚美和支持，不論要做什麼事，父母親都反對並加以否定那些事情的價值，這樣一來，就算哪一天你眞的即將進行一項影響重大且錯誤的決策，而父母出現阻止時，你心裡面不會認爲父母是爲你好而阻止，反倒認爲他們只是爲了反對而反對，由於你未曾得到他們的認同，使得他們的正確判斷在這個時間點被你否定。在職場裡，道理也是相通的。

職場裡有些主管吝於讚美，他們可能認爲：員工只有一點進步，還有很多可以發揮的空間和能力沒有使出來，等到他眞的做得我很滿意了，再來讚美也不遲。不論員工對自己的付出有多大的認可和信心，將任務繳交的當下多少會期待主管的正面回饋，若主管可以在指導其哪裡不妥之前先針對好的部分給予獎勵，對於員工未來的表現將有更好的幫助。因爲人會因爲他人的正面（或者負面）期望與看待，而轉而認爲自己眞的是這樣，久而久之，行爲會朝向這個期待。這個觀念被廣泛的應用在教學實務現場，特別是小學教育的現場更加推崇這個觀念，當老師對於只有一點點進步甚至沒有什麼進步的學生給予正面的鼓勵，並告知他可以更好，長久下來，學生竟然比原先的狀況好上很多。因爲學生受到教師言語的影響，從內心認定自己眞的可以更好，於是在心態上與行動上都會更加積極，久而久之，自然表現會比原先來得好。反之亦然。心理學稱之爲「比馬龍效應」（Pygmalion effect），這是一種期望的應驗，當我們對一個現象所有期待時，有一天眞的會實現。而人會將他人的期待轉化爲自己的期待，進而實現它，這種情況下又稱之爲「自我實現的預言」。既然他人的期待力量這麼大，當然就應該運用在正面的情況下，因此，主管爲了長期考量讓部門內員工更加積極、主動、有能力，以便呈現較佳的績效表現，可以善用這個理論[註4]。

然而，讚美是需要技巧的，過多的讚美會讓讚美流於形式；而不具體

的讚美也會讓讚美變得沒有價值。下表 6-3 的範例可以提供參考，具體有內涵的讚美言詞可以讓被讚美的人不僅感到受肯定，同時也可以感受到提出讚美的人是真心的認同自己，這樣的讚美可以帶來更佳的效果。

表 6-3　讚美的技巧

情境	不具體的讚美	具體的讚美
部屬完成你指定的簡報書面檔並將它交給你	你的簡報做的很好	你在簡報裡面做的推理很吸引人，因為可以把你要講的重點和客戶的需求連結起來。
客戶會議剛結束	你做事很有條理	你的客戶會議準備的很好，很感謝你準備足夠的資料支持我們強調的每個重點。

第二節 ｜ 培養領導人

很多領導人在自己的主管角色上扮演得有聲有色，不僅業績傲人也能獲得部屬愛戴。但是當他自己要再度被往上晉升時，卻出現一個嚴重的問題，那就是沒有適任的人選可以接替他的位置。這樣會有什麼問題呢？每個位置都有它的任務和價值，當原先的主管找不到人可以接任時，有可能他自己必須身兼原本職務的責任，這樣一來會影響他的新工作。有些公司在原職位沒有接替人選以前，不會對優秀主管進行職務升遷。因此，適時的培養自己的接班人也是身為主管很重要的工作之一。

多數的領導者只關心怎麼成為一個「好的領導者」，卻較少關注「培養和自己一樣，甚至比自己優秀的領導者」。在閱讀本節內容以前，本書引用司徒達賢教授撰寫的知名個案來作為學習本節的開端。在這個個案中，原本擔任課長的主管往上晉升，因而提拔了一名下屬成為新任課長，然而，這個部門內簡單的人事異動卻讓經理帶來管理危機，充分顯示一個

優越的領導者未必能面面俱到，特別是在培養接班人這件事情上。

【門戶開放政策】

生產課陳課長是一位很隨和而且心胸開放的人，他一向相信對各級員工的「門戶開放」或「open door policy」是一項很好的做法。因此，在過去幾年任職期間，與課內同仁都感情很好，無話不談。尤其是他常主動找同仁到辦公室，談談大家的看法，問問他們對工作改進的意見。同仁也可以主動去約見他。

在這些同仁中，林先生與李先生是最突出的兩位。林先生年紀較長，年資也久，做事穩當持重，人緣好，執行力也不錯。缺點是個性較爲保守，口才略嫌木訥，而往往在臨場反應上也稍嫌慢了些。李先生正好相反，很聰明，反應與口才皆屬上乘，創意很多，但畢竟由於年輕（比林小了 5 歲），做事有時會有不周到之處。在人際關係的處理上也還在成長期。陳課長很重視李先生的意見，李先生的很多建議也獲得採行。

陳課長由於績效表現良好，於三個月前昇爲生產部經理。上面十分尊重陳經理的意見，完全授權他選擇繼任之人選。考慮的結果，陳經理選擇了林先生爲繼任的生產課課長。李先生有些失望，但仍然常往陳經理的辦公室跑，討論他對經營上的許多觀察、想法與建議。

在生產課中，新任林課長的政策有時會受到李先生的挑戰，因爲在討論事情時，林課長不太講得過李先生，而李先生又有意無意地透露，他的這些想法其實和陳經理的一樣，甚至已經討論過了。

這星期一，林課長去見陳經理，說明他這個主管做不下去了，理由是「不夠資格領導大家」。（個案來源：司徒達賢，《華人企業論壇》2000 年春，第一卷第二期，pp.119-124）

思考問題(註5)：

1. 你對陳經理的做法，有何評論與建議？如果能重新來過，他該如何做？

2. 你對林課長有何建議？（包括就任當時以及目前發生狀況後）

一 教導你的部屬

部屬是需要教導的。有些主管認為，部屬應該看著主管怎麼做來學習，但有些工作或者工作的觀念和哲學，若有主管願意親自傳授給部屬，不僅可以提升部屬的能力，同時也會為自己帶來好處。

這裡的教導不僅僅是工作上技能或方法的指導，還包括能激發部屬的潛力甚至動機，更進一步的還能夠讓部屬得到成長。像是面對新人，你交代他辦公室電話一響就要接電話，卻沒有對其進一步指導，對於新人來說，他不禁對於這個任務感到不開心：只因為我菜嗎？就叫我做這雜事？

所謂的進一步指導是，如果主管可以告訴新人：接電話可以快速的讓你和很多人接觸，從中不自覺的就容易了解客戶和我們之間的往來狀況，也可以學習和客戶甚至各部門的人應對，快速累積人脈，總之，電話接越多，只要肯用心面對每一通電話，你會學到越多。因此，這位部屬在接電話時的心態就不同，態度也不同，當他發現真的有得到一點東西時，正向循環越滾越大，很快的，不僅員工學習到也成長了，身為主管的自己搞不好也得到客戶甚至其他單位的好名聲。

二 學會授權

出版界的名人同時也是作家的何飛鵬先生，在某雜誌的專欄裡撰文自我告白說他不會當主管，害了自己也害了公司。在他的認錯告白裡，指出自己的第一個錯誤便是「自己努力做事，忘了讓部屬做事」。這種錯誤經常會發生在能力很強的主管身上，到頭來自己累得半死，工作績效可能沒有預期的好，部屬也可能很不開心。

在領導與激勵的理論中，有一個知名的「XY 理論」，這個理論根據兩種對人性完全相反假設而推出不同的激勵行為[註6]。X 理論認為個體是偷懶不主動、喜歡逃避責任與工作；Y 理論則認為個體是主動積極、喜歡承擔責任並且樂於接受挑戰。當主管抱持著 X 理論的想法時，他便會

對部屬採取嚴格的工作規則和限制；而抱持著 Y 理論主張的主管則對部屬採取授權的態度，在工作上給部屬較多的發揮空間。但先前提到的「比馬龍效應」也提醒了主管，當我們採用 X 理論的認知時，我們的行動也等於給了部屬懶惰和逃避的期望認知，長期下來不但無法帶給部屬成長的機會，同時讓自己陷入更多管理的難題。

現今這個社會裡，大多數的人都有自己的看法和主張，也很願意且勇於表現自我。因此，在職場裡，身為主管也應該讓部屬有機會自我表現，這不僅可以減輕主管的負擔，也可以讓部屬感受到自我的價值。因為藉由參與複雜事情的解決過程，不僅有助於提升部屬的能力，也會激發他們的潛力，更提高他們對主管的感謝。假設主管是個萬能的人，在主管面前會突顯部屬的愚蠢，部屬會感到害怕，擔心在優秀的主管面前做錯決策，久而久之，造成少做少錯的工作氛圍，也讓部屬喪失創造力與創意。因此，好的領導者應該要適時的放手，讓部屬有更大的自主空間。

就像很多父母親不願意放開小孩的手，讓他嘗試錯誤，時時刻刻用保護的心態，很多主管也有類似的情形，害怕部屬把事情搞砸，乾脆承擔大部分的事情，造成工作壓力龐大，缺乏思考更重要決策的時間，長久下來，部屬的能力沒有提升，甚至打擊部屬的士氣，對整個公司影響很大。

因此，主管應該在適當的時機，例如：部屬對於業務掌握度夠成熟，足以承擔風險；或者萬一部屬搞砸了也不會對整體部門或公司造成無可挽救的影響下，放手讓部屬發揮，並清楚讓部屬知道他們有犯錯的權利；而萬一發生錯誤，會由你來負責承擔。這樣的做法不僅可以提高部屬的工作動機，也可以提升他們的能力。

三 敢用比自己優秀的部屬

一個領導者想辦法讓自己的表現優秀或許比較容易，要任用比自己優秀的部屬反而比較困難。在與主管互動的章節裡，提到了身為下屬要懂得將功勞推給主管，同時要知道在某些時候藏匿自己的光芒，甚至要裝笨。

那是因為在職場中遇見比自己優秀的人，除了尊敬與欽佩以外，還會有警惕的感受產生，提醒自己應該要更加努力。身為領導者，有時候會出現矛盾的情結，一則希望自己底下的員工每一個都能力很強，這樣一來自己不用太過費心就可以享受功績；另一方面又不希望有部屬的能力太過突出，光彩超過領導者本身，這樣一來，自己的主管位置有可能會有所危險。

本章想要強調的是比較積極的概念，亦即當身為一個領導者，若看到比自己優秀的部屬時，應該把不安視為自己更加提升的動力，這樣一來，領導者與部屬之間反而形成良性的競爭關係。更何況，領導者還是在主管這個相對較具有優勢的地位上，不應過度擔憂。倘若部屬的才能真的是主管望塵莫及的，也未必將來這名部屬的地位一定凌駕在主管之上，因為，一個組織會拔擢一個人擔任管理職，一定是看中這個人全方面的能力，特別是領導方面的才能。若身為主管，能夠有識人才，甚至推舉人才的胸襟，反而可能讓更高層的主管看到你的領導長才，自然也不用擔心自己在職涯上的發展。

四 勿從主觀判斷一個人

在第 5 章的與客戶相處章節裡，我們提到了服務精神有一個要素是用平等的角度看待每一個客人以及潛在的客人。同樣的，身為主管在面對部屬時，也須留意不要從外在條件去主觀的判斷一個人的能力、潛力，及工作表現。

經常被主觀所誤導的外在條件因素包括：容貌、性別、年齡、學歷、婚姻狀況，甚至打扮方式。在國外，還會有種族方面的歧視。有些主管會因為主觀認定女性較沒有承擔責任的能力和意願，而較不願提供相關職缺。雖然女性在擁有家庭之後，容易產生工作、家庭衝突感 [註7]，會因為角色的多元化，降低在職場上的企圖心，但並非所有的女性員工都會做出同樣的選擇，因此主管還是要深入了解，而不能以一己之主觀想法讓某些員工失去發揮才能的機會，同時也等於讓組織少了人才的貢獻。

　　阿里巴巴創辦人馬雲先生，他的長相和身高便是經常被討論的話題，還有一個網友自爆當年他與馬雲在一次偶然機會下相遇，馬雲與他聊的甚歡，還遞給他一張名片，說是欣賞他，邀請他有興趣的話到馬雲公司和他一起打天下。當年的馬雲在他看來其貌不揚，甚至連阿里巴巴這種公司名稱聽起來都怪怪的，因此拒絕了馬雲，拿了名片之後自然也沒有再聯繫，多年後在整理舊物時發現此名片，那名網友表示感到無限唏噓。這便是常聽聞的「人不可貌相」的道理。面對提拔自己的人應該如此，當我們有能力提拔下屬時亦當如此，不可因為一個人的外在容貌而去判定他的價值，如此一來，可能會喪失許多寶貴人才之機會。

　　年齡也是職場上經常出現的歧視話題。有趣的是，年紀較長與年紀較輕者都同樣有被歧視的可能。年紀長者是因為工作動機低落、體能較差、知識落後等因素受到歧視；而年輕者則因為年資淺而有經驗不足的原罪。民間長者在對年輕者訓話或展現自己的經歷時，喜歡用「吃過的鹽比你吃過的飯還多」這樣的比喻，或許從對生命的體悟來說，長者的人生經驗確實有值得參考之處。然而在現今競爭的商業環境裡，有時候完成任務需要的不是只有年紀換來的工作經驗，可能更需要創新的想法注入，如果長期且嚴重忽視年輕人的能力，對部門或公司來說未必是好事。

　　筆者有個親友是一名教學型大醫院的女牙醫師，具有口腔外科醫師資格，有一次在幫一位年紀稍長的病患開刀解決他口腔的問題後，站在護理站填寫資料，那名病患在麻醉藥醒後來到護理站辦理手續時，該名牙醫師代替主治醫師向病患解釋他目前的狀況及術後注意事項，病患對著女牙醫呼喊：「我不要聽護士講，幫我叫醫師過來。」的確，該名女牙醫不是掛名的主要負責醫師，但卻是開刀房裡主刀醫師的第一助手，那一臺刀會成功那名女牙醫功不可沒，卻因為女性加上年輕，或者有點姿色，讓年長主觀意識強烈的病患以為這名女性不應該與他討論病情。或許資深的醫師在判斷突發或罕見病情時有較多的臨床案例及經驗可以參考，但是年輕的醫師卻可能因為剛結束教育，受的是比資深醫師更新進的專業與技術訓練。

因此，在執行以團隊為基礎的工作任務時，組織內不能只有偏好某一種類型的員工，資深的與資淺的人才都應該被一視同仁重視。

知名的中式餐飲連鎖店鬍鬚張本來也曾面臨業績下滑的壓力，後來靠著企業家二代願意抵擋公司內資深主管的反對聲浪，接受年輕人的提議與創新構想，將原本充滿傳統價值的店面加入新潮的元素，搶攻年輕消費族群的市場，因而再創事業佳績^(註8)。

1. 領導理論的發展被分為三大進程和學派，首先是特質論（Trait Theory），強調領導者具有的共通特點；再來是行為論（Behavior Theory），重視領導者產生的行為；接著則是權變理論（Contingency Theory），認為有效的領導行為端看情況而有所不同，不能執一而論。三大說法各有其道理，權變的說法最接近現代的觀點，但許多卓越的領導者的確也展現出某些相近的特質和行為。

2 自我實現的預言是美國社會學家 Robert King Merton 提出的社會心理學現象，意思是，人們根據主觀來對事情或人進行判斷，這個想法會影響當事人的行為，使得久而久之，這個主觀的判斷真的成真。之所以會有這樣的情形，是因為人的行為會受到信念和意念不斷的影響，當你認為自己可以進步，你便會做出使自己進步的行為，當真的發現有一點進步就會開始促進相同的信念，並重複同樣的行為，不斷循環之下，最後真的達成自己原先想像的境界。

3. 「公平理論」（Equity Theory），是由美國心理學家約翰・斯塔希・亞當斯（John Stacey Adams）所提出。公平理論認為，人們從事一件事情的激勵程度是透過和別人互相參照、比較而來，所以又稱「社會比較理論」。如果個人感覺努力付出所換得報酬比例，與他人之間有差距，將會設法改變他的投入程度，以達成內心覺得公平的境界。假設「自己的報酬／自己的投入」小於「他人的報酬／他人的投入」，這是報酬過低的不公平，個體必然心生不滿，於未來降低投入，甚至離開組織。而對於知覺到報酬過高的不公平也

未必是好現象，當個體發現自己不如他人努力卻可以獲得較高報酬，可能會扭曲自己對自我或他人的錯誤認知，而通常這些個體並不會因為獲得較高報酬而更加努力。長期下來，對組織便會產生惡性的循環，在管理人才上便會增加更高的困難度。

4. 比龍馬效應這個名詞來自希臘神話，比馬龍是塞浦路斯（Cyprus）的國王，熱愛雕刻，他花了畢生的心血，雕塑了一尊美麗的少女，還將它命名為加拉蒂（Galatea），國王每天看著雕像，覺得越看越美，竟然愛上這尊雕像，每天心裡轉而想著如果這雕像是真的人該有多好，於是每天盼望著雕像可以變成真人。由於他真摯的情感，感動了愛神阿芙達（Aphrodite），她賦以雕像生命，於是雕像有一天終於變成了真人，嫁給了國王，成為比馬龍的太太。比馬龍效應被教育界稱之為神奇的預言，可能來自於小孩對於成人的期待更加在意，特別是對他提出看法的人是他們身邊崇拜又在意的人（像是雙親或老師），因而效用比成人來得大。再者，教師們通常會用較有耐心的方式來等待學生的成長，相較之下，職場的老闆與員工，或者主管與部屬之間有著金錢交易的僱傭關係，加上任務完成與監督的壓力，沒有辦法長期忍受不滿意的員工，自然也就很難感受比馬龍效應的力量。然而，現今勞工權益高漲，要將一個員工辭職並非易事，既然員工還是得長期成為你的屬下，何不嘗試利用比馬龍效應的觀點，適時給予部屬稱讚，藉此啟發下屬上進心，讓他們的潛力發揮。

5. 這個個案看似精短，但可以討論的主題和角度很多，同時讀者也可以試著從故事中三個角色來分別討論。個案中至少有兩名領導者，從這兩個角色可以討論本章的領導下屬議題；同樣的有兩名被領導者，也可以拿來討論如何與上司相處該章節的相關議題。

6. 「XY 理論」（Theory X and Theory Y）是美國心理學家麻州理工學院學者道格拉斯‧麥格雷格（Douglas McGregor）所提出的古典激勵理論，其中心概念與中國思想家荀子與孟子的性善性惡論相近。

7. 工作家庭衝突是近幾年管理領域熱門的研究議題之一，同時也是職場上很多人面臨且實務上棘手的管理議題。工作家庭衝突在定義上很清楚可以理解，便是指個體因為同時擁有兩種以上的身分，這些身分各自有擔負一些責任以及他人的期待，但是因為時間與各方面的資源不足，經常使得為了滿足某個

角色的扮演，就會減損另外一個角色的品質，個體容易在權衡過程中產生心理失衡或挫折的情形。工作家庭衝突不會只有發生在女性員工身上，這個衝突也會困擾男性員工，只是因為社會上對於女性的期望，會讓女性知覺應該多著重家庭方面的付出。若女性員工個人亦相當重視自己在職場上的發展，就容易引發工作家庭衝突感。

8. 請參考光華管理個案收錄庫編號 No. 1-13007-11，葉奇峰和張四薰撰寫的企業個案：鬍鬚張──當「傳統」遇到「潮牌」，發表於 2013 年。

主題影片

中文片名：罪愛誘惑

原文片名：Crime d'amour

出版年代：2011 年（法）

電影長度：104 分

主要演員：Ludivine Sagnier, Kristin Scott Thomas, Patrick Mille, Guillaume Marquet

劇情簡介與推薦說明：

在影帶出租店看到這部片子外殼背面的簡介時，筆者興奮的馬上將它帶回家，因為職場上司下屬之間爭鬥的情節會搬上大螢幕的不多見，或者說，和上司下屬關係有關的情節要不是發展成誇張的搞笑片（ex. 老闆不是人），不然就是愛情片。

電影一開始描述一名公司高階女主管，不僅在工作上相當提攜一名女愛將，私下也建立很親密的互動關係，可以讓下屬經常到她住處討論公事、共用口紅，還會贈送該下屬她自己喜愛的衣物等。但，職場畢竟是職場，不是高中生活，上司和下屬之間永遠有著不應被跨越的界線。由於該名女下屬能力相當優秀、自信，同時也有高度企圖心，當女主管面不改色的將女下屬的商業構想占為己有時，種下下屬懷恨的念頭。此外，總公司也好，客戶也好，對於女下屬能力的肯定，加上一位男同事的情愛糾葛於兩人之中，終於引爆兩個女人之

間的戰爭。而女主管犯了職場上應該避免的錯誤，那就是公開羞辱下屬，在現實生活中，被羞辱的下屬不少，但在此電影裡，羞辱卻引來殺機……

這部電影的前半部就像是一部活生生的職場鬥爭片，非常平實也有看頭。但，後半場突然來個口味大轉變，從職場片成了犯罪推理片。忿怒的下屬利用聰明的頭腦成功的布局了一場完美殺人計畫，雖然有點突兀，不過，對於喜歡重口味的觀象來說，看此片等於欣賞兩片，也是有趣的。

雖然相較於其他推薦的影片來說，這部電影足以拿來討論的豐富程度並不是最高的，但是，以小個案的角度來品味這部，以及感受職場之間的爭鬥，這部片是個很適合的選擇。有影評稱此片為歐洲驚悚版的《穿著 Prada 的惡魔》，雖然整部影片的風格、賣點差異很大，就某種角度來看，還是可以這麼評價。因此，要是不排斥《穿》片，也可以考慮觀賞此部影片。

此外，這部法語片還有一個和好萊塢片不同的地方，在於兇手在影片結束時並未伏法。同時，當女下屬獲得晉升，遞補原來高階主管的位置時，原本和她並肩作戰、現在成為她下屬的另一名同事，在電影最後一幕暗示她，他知道所有的真相，讓影片留下耐人尋味的結尾。

問 題 思 考

1. 在你領導社團或擔任班級幹部的經驗裡，是否有過不好的領導經驗？那是什麼樣的情形？請參考本章第一節的內容，檢視自己在各方面的表現。

2. 請試著回想，在你周遭，是否有哪些人是值得讓你學習的主管角色？他們可能是社團領導人、工作場所主管，或者學長姐及師長。你想學習他們哪些具體的行為或特質？

3. 你是否曾經有過從外表主觀判定他人的經驗？這樣的主觀是否曾造成判斷上的失敗？

延伸閱讀書籍

本田有明（2010）。**三年不辭職**。臺北市：天下出版。

何飛鵬。一個主管的認錯告白，**經理人雜誌**，2004 年 12 月號。

Part 3
職涯發展的管理工具

第 7 章

有效時間管理

本章學習重點

1.了解時間管理與職涯發展的關係。

2.學習時間管理觀念與技巧。

第一節 | 時間管理的意義

一 誰需要時間管理？

大家都知道，世界上存在許多不公平的事情，但唯一公平的地方就是每個人都擁有一天 24 小時的時間。或許有人會說，別人的 24 小時可以輕輕鬆鬆過，也可以吃飽穿足，他的 24 小時全部拿來工作，可能日子還不好過。就是因為這樣，才更需要好的時間管理能力，讓自己的 24 小時更有效被利用，讓自己的生活早點達到更舒適的境界。因此，不只時間很多的人需要管理時間，沒有時間的人更要學會管理時間；富有的人、貧窮的人、職場上班族和學生，甚至家庭主婦，也都要盡可能提升自己時間管理的能力。

但大家在進一步了解時間管理之前，應該都有個疑問：到底我現在的時間管理能力有多糟？我對時間管理的認知是正確的嗎？請閱讀表 7-1 的項目，勾選你「同意」的題項。

⊅ 表 7-1　時間管理認知檢核表

項目	是否同意
1. 我一直認為，總有一天，我能做真正想做的事	
2. 時間不太需要管理，只要把事情做好就好	
3. 我在壓力下表現較好，時間管理會讓我失去我的優勢	
4. 我有使用記事本和行事曆的習慣，這樣應該就足夠	
5. 把每一件事情做好的人表示時間管理能力還不錯	
6. 我很難具體說清楚一天裡做了哪些事	
7. 我經常碰到一個無法再拖延的問題	
8. 我經常做了實際上不需要做的事	
9. 我經常難以準時赴約	
10. 我經常忘記接下去應該要做的事	

上述題項都是對時間管理的錯誤認知或反應，勾選越多題，代表目前你的時間管理觀念有越多需要提升的地方。

二 為什麼要學習時間管理？

【故事一】

一艘郵輪在太平洋中失事，旅客多半幸運獲救，有兩個人——George 和 Mary 沒有即時被搜救船救起，但也因為有救生工具，因而得以生存。兩個人分別漂流到不同的小島上，在確認島上無人以後，只能暫時生活在小島上等待時機回到文明社會。

就像在文明社會上班一樣，每天起床後，George 和 Mary 就先到島上各處撿樹枝，採集果實，以供一天生活所需。每天忙完以後，大概四點多，George 喜歡躺在岸邊大石塊上，仰望著天空，等待夕陽西下星星亮起，在公司上班的步調哪能這麼愜意。另一個島上的 Mary 每天的工作內容也差不多，也喜歡在工作後躺在岸邊休息。不同的是，Mary 除了為了維持生活所需的例行工作以外，每天會多花一個小時做兩件事：一個是試驗各種木頭和樹枝，研究哪一種點燃後的煙最多也飄最高；此外，Mary 還會蒐集大型石塊。

終於，有一天，兩個小島的中間傳來直升機的螺旋槳聲音，終於有人出現了。George 很高興的跑到海灘，雙手一直向著直升機揮手，並且大聲呼叫，然而直升機的駕駛似乎沒有注意到。Mary 一發現直升機，便趕緊將藏在岸邊的樹枝取出，快速點火，濃煙直奔空中，同時間，Mary 把預備好的大石塊，快速在海灘上擺成了 SOS。直升機的駕駛看到了黑煙，定神一看，看到了求救信號，趕緊將直升機開向前，他了解了 Mary 的遇難過程後，準備載著 Mary 離開小島，並問了她一句：「這附近還有其他可能的生還者嗎？」Mary 表示沒有看到，兩人便回到文明世界了。

你對這個故事的反應是什麼？悲傷？有趣？還是有什麼啓發嗎？

每當筆者向學生述說這個故事，總會聽到許多笑聲傳來，故事吸引人固然可喜，但是，要是仔細的檢視我們自己，會發現很多人可能都是生活在文明社會裡的 George。

【故事二】

有兩個和尚，各自生活在兩間不同的寺廟，他們兩人每天都因爲寺廟中沒有水，因此天天必須下山打水。日復一日，沒有停歇。

突然有一天，其中一位和尚再也不見他下山打水了，請問，爲什麼？

每次在課堂上問這個問題，充滿創意的學生總會想出各式各樣的答案，但若要說與時間管理有關的答案，正確答案的方向應該是：因爲那位和尚在平常的日子裡，完成例行的工作後，每天會撥出一小段時間鑿井，日復一日年復一年，終於有一天鑿到水源，造了一口井，也因此，再也不需要每天下山打水，還可以將上下山的時間拿來做其他對寺廟更有幫助的工作。

這幾年，時間管理受到關注，坊間很多書籍強調：影響上班族事業發展最關鍵的時間就是在下班後的那幾個小時！很多人下班後便窩在沙發中看電視看到睡著；有些人則和朋友泡夜店，一天二、三個小時，一年累積下來的時間就很驚人。很多雜誌也喜歡採訪成功人士，問他們下班後都在做些什麼事？整理後發現，這些在自己的領域內有一番作爲的人，在下班的時間裡總是不忘用各種方式來充實自己，絕不做浪費的事。因爲整天上班，能屬於自己的時間很有限，若是把它拿去享樂，這些時間就變得沒有價值。

身爲學生也是如此，下課後或沒課的時間，拿來聊天和上沒有意義的網路頁面，並無法爲自己加值，但拿來學習或者培養其他專長，哪怕一天

只有一小時，四年的大學生涯累積下來也是很可觀。

學生也好，上班族也好，學習時間管理，提升時間管理的概念和能力是很重要的，因為沒有品質的時間管控能力，不僅會讓自己的職涯發展陷入停頓甚至退步的狀態，更可能進而影響自己的工作任務與績效，對公司產生不好的影響。

因此，在清楚自己的工作願景，並且學習與他人的互動方式以外，若可以在時間的掌控上具有效率和效能，可以充分發揮自己的專業，不僅成為完整的職場人，也可以讓自己的生涯更加順利。

三 時間管理的好處

我們可以更進一步來整理一下，時間管理的功用有哪些。

1. 多出更多時間：有較佳的時間管理能力，首要的好處便是讓自己可以多出一些時間，這些時間可以拿來再次投入本來的工作，更它有更佳的效果或產出，也可以把時間拿來做其他的事情。

2. 提升事業地位：懂得善用時間，將時間做最有效運用的人，在工作上更加如魚得水，當別人老是趕在最後一刻繳交資料，你卻可以在交期前提前完成任務，讓客戶或主管對你的好感度提升，可以提供客戶最妥善的服務因此獲得客戶讚賞，有多餘的精力協助同事因而獲得同事喜愛，因為業績提高主管也很高興你成為他的左右手，自然在事業發展上比較容易獲得較佳的結果。

3. 擁有較多財富：當事業往上提升了，自然收入會跟著提高。而且這個影響是會累進的。你所累積的能力會讓你更容易往上提升你的能力，這個良性循環會讓你在滾動財富上，比其他人還要來的快速。

4. 提升健康：新聞經常聽到「窮忙族」這個詞，指的是忙半天經濟上還是很匱乏，追根究柢便是每個小時能夠創造的財富較少，再加上完成一份工作不知如何用較省時有效率的方式，使得耗費許多時間卻經常無法得到令人滿意的成果，還缺乏適當的休息減損健康。因此，如果可以有效

運用時間管理，長期下來，透過提升能力加上運用對的方法，便可以少花時間在工作上，自然也可以減少健康的損害。

5. **擁有較佳的人際關係**：當你每天忙碌奔波時，不僅沒有時間和他人有情感上的交流和互動，也有可能因為被時間壓迫著而產生負面的情緒，無意間傷害到他人，進而破壞人際關係。

6. **擁有較佳的家庭關係**：經常聽聞許多事業有成的人士犧牲家庭生活，來獲取工作上的成就，倘若不是要追求無限的成功，妥善的時間管理便可以讓自己在擁有一定的成功事業條件下，因為有較多的時間可以和家人相處，而不至於犧牲家庭。

7. **追求個人自我實現或心靈成長**：許多人即使在成年踏入社會多年後，還是會有一些年輕時未完的夢想想要去實現的念頭。像是學音樂、騎腳踏車環島，或是當義工等想法，當你可以將時間做妥善的利用，那麼多出來的時間，哪怕一星期只有多出一、二個小時，也可以讓你做你想做的事了。

四 生命與時間管理的關係

時間管理可以從廣義和狹義的角度來談，廣義指的就是一個人整個一生的規劃與安排；狹義則是指一個人在某一個時間段裡的活動安排。前者重視的是整體生命的價值與獲得，後者則是強調在某個特定時間裡，產出的最佳效率與效能化。在本章第二節之後的內容會仔細的從狹義時間管理的角度說明相關概念與工具，而和生命時間管理有關的內容則在本主題中與讀者討論。

多數人一輩子主要的活動大致如下：不斷接受教育，為了有更好的教育環境，在念書與考試中不斷往上升至更需要考試的環境裡；畢業獲取學位後進入職場工作，或創業，為了事業的成就辛勤賣命；成立家庭後，日日汲汲營營，犧牲與家人相處的時間，為了讓家人有美好的生活。因此，在生涯規劃裡，通常是退休後，兒女成家立業後，才能思考自己想做的

事，完成自己年輕時的夢想。萬一，兒女育有子女，需要長輩協助照顧，這樣一來，老年的生活因為照顧孫兒孫女又被限制了更多的可能。倘若在內心裡沒有特別想完成的夢想，也不喜歡離開兒女，那上述的人生歷程確實也沒有什麼不好，但偏偏有許多人總是喜歡在年老時，才喟嘆自己錯失了完成夢想的時機。

假設我們只剩下六個月的生命，在行走吃穿一切都無礙的情形下，我們最想做哪些事來走完最後的生命？筆者曾問過許多學生，多數人不外乎以下兩種類型的答案：旅行（環遊世界、爬世界百岳、遊日本百城、徒步環島⋯⋯），不然就是情感關係的最後聯繫（和家人在一起、和朋友全部輪流聚餐⋯⋯）。意思是，在我們的生命中，原來旅行和情感關係是最重要的事情！旅行讓我們開闊視野、認識世界、體驗新奇；情感關係讓我們內在得到滿足。換句話說，這兩件事情是最能豐厚生命內涵，讓生命沒有遺憾的人生課業。

如果時間管理的目的是為了讓生命整體過得更沒有遺憾，那這些我們認知生命中重要的事，為什麼平時不常做，非得要等到生命剩下六個月了才一口氣完成？試著回想，你是不是曾經說過類似的句型：「等我⋯⋯（獲得什麼），我要⋯⋯（做什麼）」，通常會說出這種話，要不是沒打算去做，要不就是為自己的不努力找一點拖延的藉口，這是時間管理的最大敵人。以下表 7-2 整理出人們最常拖延的夢想和藉口。按照時間管理的基本概念，重要的事情要先做，倘若孝順父母、擁有朋友、助人、遊山玩水是你人生中重要的事，那可以在忙碌的職涯中安排些許和充實生命有關的重要活動，以避免忙碌一生的遺憾。

⚙ 表 7-2　常見的人生目標與背後拖延的理由

目標與藉口	說明
等我存到很多錢，我要去環遊世界。	你隨時都可以去，環遊世界不一定需要很多錢。
等我賺大錢以後，我要帶我父母去遊山玩水。	何謂賺大錢？等你賺到時，父母可能走不動了。
等我工作存到錢，我要自己創業當老闆。	存多少？你隨時都可以創業，享受當老闆的感覺。
等我工作穩定以後，我要開始來健身。	何謂穩定？健身隨時可進行，所須時間不用很長，何以要等到工作穩定？
等我退休，我想當志工幫助別人。	當志工和退休有什麼關係？
等我退休，我要天天打高爾夫球。	現在想打是因為沒空打所以期待，以後天天打就會失去樂趣。
等我退休，我要在鄉下天天釣魚。	現在想天天釣魚是因為你現在無法這樣做，真正過天天釣魚的日子，會很痛苦的。而且現在想釣魚，是因為忙裡偷閒的喜悅和釣到的快感，等退休後本來就很閒，快感失去，且沒釣到反而心情不好。

第二節 | 時間管理的理論與概念

一 歷史上的時間管理達人

在管理學這個領域發展的歷程中，有一個很有名的代表人物弗蘭克‧吉爾布雷斯（Frank B. Gilbreth），被管理領域的人稱之為「動作研究之父」，因為他的一生從事很多和動作有關的研究，目的在增加工作的速度，提高產能，在工業革命時代，對經濟發展產生很大的幫助。雖然吉爾布雷斯自己因為家庭經濟關係無法就讀大學，但卻娶了全美國第一個心

理學博士莉蓮‧吉爾布雷斯（Lilian M. Gilbreth）作為妻子，夫妻兩個人一起參與改進工作方法的研究。吉爾布雷斯曾經當過水泥砌磚工人，他發現當磚牆到達某一個高度，工人在取磚上就開始產生不便且作業時間拉長的情形，並研發可以讓砌磚更有效率的升降工具，他還把優秀工人的工作過程拍成影片，去了解如何用最少的動作有效率地完成工作。

　　吉爾布雷斯生長在二、三百年前時代，當時的醫療設備不如現在先進，因此醫療團隊的效率更是病人是否得以救治的關鍵。因此，吉爾布雷斯曾經很想針對醫生進行動作研究，以分析在手術臺上的醫生是否能減少某些動作或程序，可以簡短手術的時間，提高病人的術後成功機率。但可惜因考量病人隱私，沒有醫生願意讓吉爾布雷斯進行研究。吉爾布雷斯曾經把小孩叫來，試圖用：「你們知道人體裡有一個用不到的東西，我們把它割掉好不好？」來說服小孩進行闌尾開刀，這樣就可以進行動作研究。這只是吉爾布雷斯家族流傳的笑話，最後吉爾布雷斯沒有讓小孩進行手術，但藉由這個事件可以看出吉爾布雷斯在相關研究上的投入與熱情。

　　吉爾布雷斯除了在管理學有很大的貢獻以外，還有一個讓人津津樂道的故事，那便是他儘管工作忙碌，卻可以在家庭管理上有很好的成果。如果你以為把幾個小孩教好沒什麼了不起，那就錯了，吉爾布雷斯和妻子兩個人總共生了 12 個小孩，並且沒有雙胞胎，12 次的生育讓吉爾布雷斯自嘲是沒有效率的做法。喜愛小孩的吉爾布雷斯在教育小孩上相當重視，然而一個人的時間是固定的，如何讓家庭成員互相支持、受到安全的照顧，同時又能有所成長，這就是吉爾布雷斯將他在工作上的研究應用在家庭上最大的證明。他的 12 個小孩不僅都在各自的領域很有成就，大家感情很好，對爸爸也很敬重，其中兩位小孩還將父親當年的教育歷程和方式寫成了一本膾炙人口的書籍，流傳後世。更有意思的是，該書籍被改編成兩次的電影上映，這對於管理專業領域來說，能有學派代表成為電影主角是相當有趣的事 [註1]。吉爾布雷斯自己也出版了許多與時間管理有關的書籍 [註2]。

◼ 效率與效能

管理領域有兩個重要的詞經常被拿來廣泛的運用：效率與效能[註3]。

(一) 效率（efficiency）

效率講的是「成本」的概念。成本包括用到的人力、花的時間、花費的金錢等（人力和時間都可以轉換為金錢的概念）。有效率的範例，例如：用很少的時間就把作業寫完了，或像是用很少的預算辦一場演講。然而，效率並不涉及成果。換言之，只有說很快把作業寫完，並不知道寫得正確與否？是否記得作業內容？只有說辦一場演講，不知道那場演講是否讓與會者感到有所收穫？因此，只重視效率是很危險的。

(二) 效能（effectiveness）

效能講的是「成果」的概念。成果指的是，這件事是有價值的、有意義的、有幫助的。有效能的範例像是：在老師指定作業以前就先預習那門課的內容。事先預習可以讓上課時快速吸收老師講的內容，做起作業自然輕鬆且等於是複習的功夫，讓學習事半功倍。因此預習這件事是有意義、有價值的。

在很多時候，效能和效率可能會產生衝突，但有些情況下，效率和效能是可以得兼的。以下幾個描述，請試著思考看看，那是「效率」、「效能」或「兩者都有」[註4]：

- 媽媽為了家人，每天設計菜單並當天採購食材。
- 總經理秘書一整個下午的時間就把十萬筆客戶資料輸入完畢且沒有錯誤。
- 老闆購買私人用品請你休息時間去幫他匯錢，你用網路提款機一下就成功完成轉帳。

> 做什麼事，絕對比怎麼做還重要。
>
> 效率很重要，但如果沒有用在正確的事情上，等於徒勞無功。

三 目標設定與時間管理

在前面的章節，我們曾經提到過「目標設定」的觀念。目標設定是很重要的，如果人生沒有目標，就會像多頭馬車一樣，日子久了還是在原地踏步。目標設定要掌握幾個重點準則：具體、有困難度，以及可以被實現。設定目標以後，接著就要去找方法來幫助自己達到目標。方法可能來自搜尋自己過去的相關經驗、向有經驗的朋友和師長學習或請益，或向專業人士請求協助等。有效目標設定的做法可以促使時間管理更容易進行，因為唯有知道自己的目標在哪裡，才有動力進行時間安排與規劃，也才知道應該如何著手進行。

四 時間管理的障礙

有一些人做什麼事都習慣把錯誤怪給別人，在時間管理這件事情上，也是如此。最常聽到的時間管理做不好的理由經常包括：「時間還沒到，急也沒用」、「計畫趕不上變化」，甚至「我天生就是這樣，沒辦法」。以下針對三個常見的時間管理障礙來說明。

(一) 時間的魔咒

知名的作家王文華先生年輕的時候曾經想申請美國的企管研究所就讀，但美國的企管研究所多半要求要有正式的工作經驗才能申請，當時王文華大學畢業先去當兵，自然沒有正職的工作經驗，一般人如果看到這樣的限制，通常就會打退堂鼓。但是積極的王文華先生，仔細思考自己在當兵的期間做了什麼、貢獻了部隊什麼、學到了哪些經驗，可以類推到一般

工作經驗，同時也把大學四年參與的活動做了同樣的分析和整理，想辦法傳遞一個概念並說服大學的資料審查者：「就算沒有所謂正式的社會工作資歷，我也可以透過其他方式累積許多同樣的經驗。」結論是：他被錄取了！

　　筆者曾經問正在準備公職考試的大四學生，生涯規劃如何？學生回答筆者：「我打算畢業後找個打工機會，然後花一年時間準備考高考。」筆者又問：「那你現在不就在準備了？為什麼畢業後還要準備一年？況且如果真的覺得現在的時間不夠，還要再多一年的時間好好準備，為什麼還要去打工呢？經濟壓力嗎？」學生回答：「因為學長姐們都說大概要這樣的時間才能考上，打工是因為不好意思畢業了沒有工作。」這就是所謂的被時間的魔咒限制住了，當你心中認定：非得這樣長的時間才能達到目標，你的腳步自然會配合你自己的期待。而明明可以好好卯起來用功，半年就可以考上的，卻因為有一年半的時間可以「慢慢」準備，又在這過程安排了影響體力和時間，同時沒有辦法對人生經歷有累積的隨興打工，到後來有可能時間一拖長反而更沒有鬥志，考上的機會更加渺小。

　　國內大部分的管理類研究所按照常態的年限，按規定修課寫論文，二年就可以拿到學位，但筆者曾經聽聞有少數的研究所，學生總是要三年才能畢業，於是筆者問學生：「為什麼你要念三年？不能二年就畢業嗎？學分什麼時候會修完？你第三年都在做什麼？」學生回答：「我也不知道為什麼要念三年，我一進來研究所，學長姐都說，沒有人可以二年畢業啊！學分倒是二年就都修完了，第三年就是在寫論文。」結果，筆者後來深入了解後才知道，根本沒有硬性規定一定要三年才能畢業，學生第三年除了偶而和老師討論論文以外，剩餘的時間並不會多旁聽課，也不會主動聽演講，更不會找實習機會，寫出來的論文也不見得可以稱之為學術傑作，況且，好好利用時間，二年可以完成修課、實習，同時完成一篇有品質論文的人並非少數。因此，當你面對類似的「傳說」時，千萬小心，不可以馬上掉入時間的魔咒裡。

（二）計畫無用

大部分不支持做計畫的人的主張是：「計畫趕不上變化，變化趕不上老闆的一句話。」的確，現實狀況下，環境的變化經常會讓我們得更改自己原先設定的規劃，要是在職場上，也的確經常必須面對老闆臨時更改想法。然而，完全不規劃的人等於沒有具體的方向和目標，在還沒有新的環境變化或老闆想法出現時，也不知道應該朝哪個步驟去執行。

計畫不見得要一步一步的訂出步驟來，那是一個有明確目標或想法的概念。有了目標，就可以知道，為了達到目標，下一步應該做什麼，以及在哪個時間點完成哪些步驟才不至於影響目標的達成。計畫的設定和構想，還必須要把未來可能出現的變數和風險計算在裡面，才是個有品質的計畫。換言之，好的計畫必須能夠準確衡量自己的能力，以及預留可能的損失時間和突發狀況。

多數的學生都有訂定讀書計畫的經驗，但是真正完全落實的人卻是少數。也因此，很多人到後來就不願意訂定計畫了，甚至開始認定計畫是無用的，問題可能就在於訂定計畫的方式有誤。例如：你想安排讀書計畫，一開始就把最理想的結果當成目標，打算把全部的書讀完，然後用最理想的方式安排每個時段閱讀的章節和做題的數量。一開始或許因為興致勃勃因此勉強跟得上計畫表上的進度，很快的就出現進度有落差的情形，這種情況只要一出現接下來就會越來越嚴重，最終導致計畫表成了負擔，而不是協助的角色。原因便在於，你沒有把壞的一面考量在內，例如：讀書聚精會神的時間有限，應該要適度給自己充分的休息時段；此外，人性面也應該考量進去，例如：設想自己受到電視機的誘因有多大、朋友突然來電邀約自己想不想赴約、心情容易受到外界環境影響的程度有多少，根據這些考量在內，規劃出一個符合自己能力和人性的計畫表，並藉由一天又一天的完成進度累積自信心，並提高動力，最後就算沒有百分百達到總目標，至少也是趨近於目標的。

（三）怪給天性

有些人則喜歡把自己時間管理做得不理想歸在天生的性格上，因為性格是天生的，所以就沒有所謂對錯問題了。但其實，一個人的性格和他的時間管理能力並沒有絕對的關係，並非個性急的人表示時間管理能力會比較好，不代表他性急就可以把事情做好，也不代表他多出來的時間會比較多。而個性較為慢條斯理者，也有可能因為使用對的方法，反而在同樣的時間內完成了很多事情，並且是對自己或對組織有幫助的工作。因此，時間管理能力和性格沒有關係，倒是和一個人的成就動機有很大的關係。一個人可能因為懶惰、不積極、消沉而不願意進行人生規劃，並不代表他一直都會這樣，比較可能的原因是暫時沒有追求目標的動力，或者沒有可以追求的目標。

第三節｜時間管理工具

■ 撿回你的時間

大部分的人都很容易在瑣碎的地方浪費掉時間。這個主題便在討論時間也可以積沙成塔的道理。

首先，你可以用一張紙列出至少十個在你的生活當中出現的零碎時間，那些時間可能只有數十秒，也可能長達半小時，總之，就是讓你覺得很難好好坐下來或靜下心來完成一件完整任務（作業或工作）的時間。

比如說：來到教室上課鐘聲未響之前的幾分鐘；每天搭公車上學的時間。對上班族來說，可能有：開會時主管長篇大論的時間；接小孩下課在外面等待的時間。只要仔細的檢查，每個人每天一定有很多零碎的時間藏在各個角落。把這些時間一一找出來對你的時間管理會有很好的第一步。

本章前面提到的動作研究之父，他認為連洗澡這種時間也是零碎的時間，在他嚴苛的定義下，認為凡事對事業成就沒有具體幫助的事情，做太多只是浪費時間，因此，當年他從外面抱回來一臺收音機時，小孩們爭著問他：「爸爸，我們家已經有一臺了，為什麼還要買呢？」Gilbreth 回答：「因為我們家有兩間浴室。」原來，Gilbreth 認為洗澡的時間也可以拿來學習外語，此話一說便引起一打小孩的抗議，但 Gilbreth 還是堅持在小孩洗澡時打開收音機，讓小孩收聽法語電臺，沒想到時間久了，小孩真的學會了法語，能力還強過 Gilbreth。

當你可以找到越多的零碎時間，就可以思考可以怎樣運用這些時間。你也可以像 Gilbreth 一樣的做法，事實上很多成功人士就是這樣學習外語，而非特定安排一個完整時段。你要是不想學習外語，至少可以把你平常使用臉書、Line 問候朋友，和朋友線上聊天的時間安排到這些零碎時間裡，等坐在電腦前工作或唸書寫作業時便專心一意。

有些學生想看課外書，卻總是嫌沒有完整的時間，其實有些書（非長篇小說類）就算透過等公車、等上課等片段時間也是可以看完的[註5]。

【不要不屑屑屑】

你知道「軍艦壽司」的由來嗎？捏好的白飯上面放著一整片的燻鮭魚片，稱之為握壽司，至於白飯旁邊滾一圈海苔，上面堆滿碎末狀食物的則稱為軍艦壽司。這源自於壽司師傅把魚片切完後發現魚刺邊的肉尚可食用，棄之可惜，於是把這些肉括起成為肉末，加點沙拉或調味，還是可以當食材，又因為直接放在白飯上容易倒塌，因此用海苔捲一圈放在海苔裡，樣子像是一艘船艦。

麵包店有一種麵包樣子很醜，甚至是很多的切邊和碎塊狀裝袋，被稱為「NG 麵包」，可能是製作過程不小心毀損，或者為了產品造型而裁切掉的範圍，都是一樣美味的食物，丟掉過於浪費，於是師傅將它放在一起用便宜的價格賣給不介意麵包外型的消費者。

這兩個食物的說明可以提供「撿回你的時間」很好的參考。

二　時間管理四象限

　　時間管理四象限是很有名也很實用的思考工具，可以幫助我們整理自己的工作安排，把時間用在最適當的地方[註6]。

　　我們把工作根據兩個構面「重要與否」和「緊急與否」，分成四類。一般人都很清楚「緊急又重要」的事要先做，「既不緊急也不重要的事」不要做。但是至於「重要但不緊急」以及「不重要但很緊急」這兩類的工作，到底哪一個應該先做，很多人便搞不清楚了。

　　在這裡，有一個很簡單的道理，只要記住並認同這句話，以後判斷哪件事該先做就很簡單了。

> 不值得去做的事，根本不值得把它做好。

　　因此，既然是「不重要」的事，不管再緊急都不需要花時間在上面。而「很重要」的事，雖然截止期限還沒有到來，也應該提前準備，讓工作的品質達到最大。但對很多人來說，如何判斷哪個工作「重要」不是很簡單的事。這裡講的重要，就是我們前面談到的「效能」的觀念，這件工作有沒有意義？有沒有價值？進一步來說，對於你整體的生涯規劃來說，有沒有幫助？能不能產生加分作用？如果是，那就是所謂「重要的事」。

	緊急	不緊急
重要	優先處理馬上進行	提早進行制定計畫
不重要	儘量不要理會或請他人代勞	不要做

圖 7-1　時間管理四象限

學生會問：「打工是重要的事嗎？」那就要看你想打什麼工？打工的目的是什麼？你找的那份工作能夠對你的能力累積上有什麼幫助？如果只能賺工讀金，但這份資歷和未來想從事的專業完全沒有連結，也無法從過程學到任何新的能力，那麼對你來說，打工這件事可能就不是重要的事。

學生又會問：「如果有一份報告，明知道寫了很浪費時間，根本不會讓自己學到東西，那還要寫嗎？」如果你覺得把寫這份報告的時間花在其他更有意義的事情上，那就不要寫吧。但是學生又會說：「可是不交沒有分數，會被當。」如果是選修課，大不了不要這個學分，但是被當也會讓後來的雇主感覺你沒有責任感；如果是必修課，就會無法拿到學位。換言之，這份報告沒有寫似乎會連帶對後面的人生產生一連串的影響，而你在意這個影響，那就表示：完成這個無法學到東西的報告，是重要的事情。

接下來我們要回到「緊急又重要」和「既不緊急也不重要的事」這兩個象限上討論。雖然「緊急又重要」的事要先做，並不代表我們要花大部分的時間做這類的事情，換言之，當我們平常就懂得做「重要但不緊急的事」，那麼那些事就不會成為「緊急的事」，那些工作被完成時也可以有較好的品質，而如果平常不多花時間從事重要的事，等時間到來，自然都成了「緊急又重要」，這樣一來，等於每天要追著時間跑，被很多緊迫的工作壓得喘不過氣來，工作品質怎麼會好？也連帶影響身體健康，甚至上述提到的人際關係、家庭關係等等。

而「既不緊急也不重要的事」表面上大家都知道最不需要做，但實際上，人們卻花很多時間在從事這類型的事情。以學生來說，經常性的滑手機、重複觀看朋友的動態、長時間在進行線上遊戲的競賽等，就是既不緊急也不重要的事情。這些事情吃掉了做重要事情的時間，也讓不緊急的事後來變得很緊急。

接下來我們來看幾個不理想的時間分配方式，這樣就對時間管理更有概念。

圖 7-2 這樣的時間分配者經常面臨龐大工作壓力，成天忙得筋疲力

盡，一天到晚在收拾殘局。而會造成這樣的情形，乃因爲缺乏辨識哪些是重要事情的能力，以及無法有效地完成重要但不緊急的工作，使得惡性循環，大部分的時間只好拿來處理重要又緊急的事。

圖 7-3 這樣的時間分配，顯示當事人沒有判斷能力，因此花了很多時間在不重要的事情上，有可能的原因來自於自己的人生目標不明確，因此，不知道應該在什麼類型的事情上著力。倘若當事人是有工作的上班族，那麼主管可能會認爲他是個沒有責任感的部屬，同時能力有問題，長期間處於這樣的時間分配狀況，可能會影響工作表現，無法升遷，更嚴重的是失去工作。

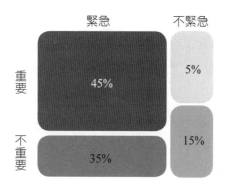

▌圖 7-2　不理想的時間分配 1

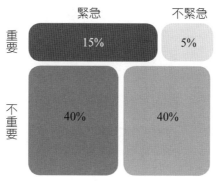

▌圖 7-3　不理想的時間分配 2

　　圖 7-4 的時間分配顯示當事人不清楚自己的長遠目標為何，時間多拿來用在緊急但不重要的事情，這樣的人有短視近利的情形，同時整體來說工作表現不會太好。因為重要的事情不會消失，因而長久下來，則可能又成了圖 7-2 的情形，一旦陷入了圖 7-2 的狀況以後，就很難從那個狀況改變了。

　　真正理想的時間分配應該是如圖 7-5 所示，將時間和精神花在「重要和不緊急」的工作上，這樣的人通常具有明確的人生目標，凡事提前規劃，因為有充分的準備時間，因而完成的工作與任務品質較佳，也較容易創造較佳的職場專業形象。

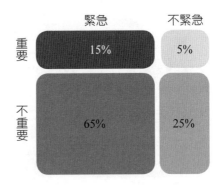

▌圖 7-4　不理想的時間分配 3

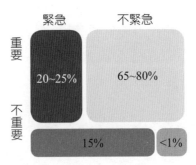

▌圖 7-5　理想的時間分配

第四節 | 實務參考做法

一 從小地方幫助自己

除了了解時間管理的觀念，並且認識重要的管理工具以後，你可以再試著從一些方法來改善自己的生活習慣和工作方式。

（一）一心二用

或許有些時間管理書籍的作者倡導不需要一心二用也可以做好時間管理，但是在某些時候，一心二用不僅可以節省時間，還可以創造人生樂趣。最常聽過的例子便是一邊清掃居家環境一邊聽音樂，甚至韓國瘦身事業創業家鄭多燕女士便發明一邊掃地一邊運動瘦身的動作。並非每個時間點，每份工作都適合配合一心多用，但適切的運用這個簡單的方式，對很多人來說也是個搶回時間的好方式。筆者經常沒有多餘的時間可以看電視（家中也沒有電視機），卻對日劇有所偏好，也經常需要蒐集一些與課堂內容相關的電視劇目與學生分享，於是只好利用雙螢幕的方式，一邊可以著手處理一些不需要投入全部精神的工作（例如：修改投影片的格式和美編），一邊用眼角餘光看日劇，還可以順便練習日語聽力，也是額外的獲得。

（二）善用科技產品

在上一個標題裡，筆者舉了同時修改投影片並看日劇的例子，這就是善用科技的範例。將一臺電腦接兩個螢幕的做法還可以讓筆者在很多研究工作上同時有效率、有效能，並且減少煩躁，因為兩個螢幕的使用就不需要為了輸入一些資料而一直切換視窗，減少不必要的動作並且降低錯誤率。此外，除了科技硬體產品以外，網路的方便性也可以幫助大家在時間管理上更方便，例如：手機的行事曆提醒功能，或者公車動態查詢 App

等可以減少等待的時間。

(三) 有些事不須全程參與

這個方法爭議性比其他來得大。可能會和個人的價值觀產生部分衝突，例如：有些人覺得一件事應該要從頭到尾參與才能感受其中的意義和價值，如果不介意的人可以看看幾個例子。例如：閱讀一本書不見得要從第一頁開始閱讀，也不見得每一段落都需要仔細看，只要挑重點看確定獲取自己缺乏的部分就可以，甚至有一些書看封面和封底的介紹就可以窺知內容重點（這樣說或許對書的作者很不尊重）。

筆者有一個博士班學弟未拿到學位以前，便有了第一個小孩，向他問起小 baby 會不會打擾他寫論文時，他直言嬰兒遠在南部父母家，有空的話幾週下去看一下就可以，反正小孩 3 歲以前記憶幾乎為零。對很多人來說，這樣的回答或許很不可思議，但對一個想要用最快速度衝刺學業的人來說，或許是理性下的最適決策也說不定。還有一個有趣的例子是，臺灣的電視劇再短也得播出個二、三十集才能完結，甚至集數更長，對於沒有太多時間且定時坐在電視機前面的人來說，若想了解該劇的內容，最好的方式便是等全部播完再用線上方式一口次觀看完畢。而且，落實「有些事不需要全程參與」概念的做法便是，把有些回想片段，甚至有些已經猜測會演什麼的集數直接跳過，這樣未必會減損觀賞的樂趣，卻可以用最精簡的方式欣賞一部電視作品。

(四) 訂下工作完成的期限

這點的建議是根據之前提過的目標設定理論精神而來的。目標設定的驅動力在於目標本身，因此，當你訂下工作完成的期限，那個明確的日期和時間點會不斷的提醒你，應該要集中精神來做好這份工作。因此，同樣的，如果你有權力主持一個會議，那就先向大家說好會議預計結束的時間，並在主持會議的過程不斷提醒大家剩餘的時間，以避免大家在開會過

程討論內容過於發散，甚至到後來聊起天來。

（五）約會不要訂在整點

曾經有個在德國的中國藝術家創作了比較東西方文化的作品^(註7)，其中一幅便指出，對於華人來說，約定 5 點見面，5 點前後的 10 分鐘之內都不算遲到。這也反映在臺灣的宴客文化上，經常出現喜帖上印著 6 點開席，過了 7 點賓客卻還沒有到齊的情形，似乎大家也見怪不怪，早到的就只好呆坐在位置上嗑一小時的瓜子，要是有熟識的朋友敘敘舊也是有所得，要是一人赴約又沒有認識的人那就真的是浪費光陰了。因此，順著華人的不守時文化，加上人類的好奇心，要是將約會或開會的時間定在一個不常見的數字時間，不僅吸引大家的好奇，提高準時率，也較容易讓大家記住開會時間。

（六）設立獎勵與公開懲罰

在改善個人行為的理論裡，獎勵和懲罰雖然不是最好的方式，卻是最常見也有效的方式^(註8)。不僅對於孩童試用，對成人也是如此。因此，除了設定目標以外，還可以幫自己設立獎賞做法，例如：當自己提前完成一份重要的作業時，可以獎賞自己吃一份平常捨不得吃的甜點。而懲罰的運用最好要搭配公開儀式才具有激勵效果，例如：當自己無法在設定的時間內完成目標時，要請全班吃大餐（最好註明價位），並且將它公開在大家看得到的地方，懲罰同時要有一點殺傷力，才能驅動自己完成目標。例如：請室友吃消夜就不太能激勵自己，因為吃宵夜單價可能不是太高，也是大學生經常從事的行為，加上又可以增加室友情誼，似乎沒有達到目標反而是好事，這樣的懲罰機制就不是很恰當。

（七）學會用大綱寫報告

不管是學生，還是脫離學生身分的社會人士，總有很多機會需要繳交

作業、報告、企劃案等文件。其實，這些東西的寫作之所以花時間是因為需要思考，對忙碌的現代人來說，要找一段完整時間坐在電腦前有時不是太容易，有可能為了完成這份工作必須要放棄其他工作或機會，但是如果試著改變一種方法，可以讓自己多出很多時間。首先，先規劃好這份作業或報告整個完稿大致的頁數或長度、確認整份報告的結論或建議方向、安排內容鋪陳的章節數，開始將每一章每一節的標題用電腦打下來，下好每一個大小標題後，開始針對每一個標題下打算寫什麼，想一個重點句子記在段落的位置。按理，好的文章，每一個段落只會有一個重點，而且通常是第一句話，第二句以後只是在說明及解釋第一句話存在的原因。當每一章節每一段落的文字都準備好了，接下來便可以將大綱紙從電腦中印出，或者寄送到移動通信產品上，可以在等公車、搭公車、等人，或者本章提到的「零碎時間」裡拿出來思考每一段落要怎麼寫，於是可能在等上課鐘響前的 10 分鐘，你就構思好 20 個段落的其中一個，這樣累積下來，一份幾千字的報告靠幾天的零碎時間就可以寫完了，最後只要找個時段好好的把文章整個再確認過邏輯和文句就可以繳交了。

（八）懂得拒絕別人

不懂得拒絕他人是時間管理經常出現問題的元凶之一。人講求人際間的情誼，因為經常不好意思拒絕他人的邀約或請求，但倘若與自己原先的時間安排有所衝突時，必須想辦法拒絕他人，否則有可能形成自己原先重要的任務沒達成，有可能間接毀損本來的人際關係（因為有可能將過錯轉移到邀約或請求你協助的人身上）。有個學生曾經向筆者表示他有這方面的困擾，因為他從不拒絕別人，竟讓一名同學入住他的租屋處，原本只是借助一、二天，後來成了常態，每週總會有三天以上的時間，那名同學便在他的房子住下來，這麼一來少了隱私以及私人時間，使得他安排的很多學習受到影響。例如：兩人同處一室難免會講話，整個晚上下來多少耽擱到不少時間，讓他的人生規劃受到很大的影響，這位學生又擔心若告知同

學不可再來借住同學與他交惡，如此時間越拉越長越難收拾。

筆者的一位學弟也在大學任教，他是所謂的熱心公益者，所有老師無法或不願意承擔的教學工作或學生輔導，他都熱心的答應承接。於是有一天筆者因故前往其學校拜訪時，因爲他研究室門口的授課表而感到吃驚，身爲一個大學教師，一週授課超過 20 小時，姑且不論授課品質，這對於一個大學教育工作者來說，身體應該是吃不消的，因爲除了備課、改作業、出考題、改考卷，還要接受學生課後問問題，每一門課都要耗費很多體力和時間。筆者當場就已經發現他的聲音遠比以前來得低沉沙啞。也因爲他承接了很多人的教學和輔導工作，使得自己的研究工作難以進行，長久下來，對自己和學生來說也是一種損失。

因此，適時的用委婉的方式拒絕他人，有時候對很多事情反而是正面的。例如：當我們因爲不敢拒絕他人而接下很多工作時，萬一超過時間和體力可以負荷，反而可能因爲降低品質而再也得不到他人的信任。很多大學生也經常因爲朋友的邀約而從事很多自己原先可能不是那麼願意想做的事，不論是遊玩還是學習性的事務，但是，這些評估下來可能與自己本身的職涯規劃有很大的衝突。因爲每個人的時間是有限且固定的，我們想完成自己的人生目標和夢想都需要時間。人是個很奇妙的生物，大部分的人都不願意把自己身上的金錢白白的送給別人花用，但是大部分的人卻都願意把自己寶貴的時間分享給別人，有句話是這樣說的：「當你不懂得拒絕別人時，就等於在拒絕自己的人生和自己的夢想。」

（九）培養良好的情緒管理能力

不佳的情緒管理能力會侵蝕我們的時間。沒有人可以一生一帆風順，總會遇到不愉快、不順心的事，怎樣處理這些不順心，快速消除負面的情緒，好讓心情回到正常軌道，是學習時間管理中頗爲重要的一環。在第 4 章與同事相處的章節裡，筆者已經花了不少篇幅提到情緒管理在建立良好人際關係的重要性，此外，良好的情緒管理也可以幫助自己做出更好

的時間管理工作。《創意浪潮》的作者舉了一個有趣的例子：有一名愚昧卻又驕傲的下屬經常讓他感到厭煩，於是他運用兒子正在進行人力資源研究的機緣，充分的將這名下屬作為個案澈底的研究這個人，還因此讓兒子的分析報告得到高分，在過程中也讓自己對這個人有不同的看法，原本的厭惡情緒獲得了轉化的出口（註9）。

筆者一名同樣在大學裡教書的朋友，因為資淺，因此經常必須接受主管指派一些額外且繁複的行政工作。有一次，系所主管要求他必須安排全學期系上的講座，包括邀請講者、敲定時間和演講主題都要親自進行，不得假手助理或研究生。筆者的朋友一開始因為自己被指派這些像是助教的工作而感到鬱悶，並且因為要不斷打電話和公司經理人的祕書進行聯繫工作，言詞還要卑躬屈膝，感到相當厭煩。但是他後來念頭一轉，心想：我就算天天煩躁這件事也得做，為什麼要因為這些事情影響我一整個學期的心情，同時讓我的負面情緒又更加消蝕我所剩不多的研究時間？於是，他開始換個角度思考：既然芝麻綠豆小事都要我親自處理，那講題也來規劃我想聽的，最重要的是日期一定要敲出我自己方便的時間，不管主管還是講者有意見，我就分別告知是講者或主管的請求就好。於是，那名朋友就在主管滿意，講者也成功完成任務的情況下度過了那個學期。

（十）善用外界資源

人在社會上不可能獨立生存，就算再優秀的人也不可能只有靠一己之力成功，因此，在很多時候，多利用周遭的資源，請求他人的協助，不僅是很自然的，對自己也是好的。在第4章與同事互動章節裡，我們談到有時候適時地請求他人協助可以提高他人的被需求感，對於人際互動有提升效果；此外，對於不熟識的人，也應該善加利用。對於大學生而言，因為時間價值相對較低，因此不管作業再多考試再累，衣服還是得自己洗（非住家中者），甚至願意做重複性高卻無附加價值的工作來換取工讀金，這也無可厚非。但有一個觀念，可以供讀者參考，在沒有太多的經濟壓力之

下，可以衡量一下「時間的價值」，再來決定這件事要由自己動手做，還是利用外部資源。

　　筆者有一位學生從小家裡就灌輸他節儉的觀念，節儉當然是好事，然而，有一次，他打算從 A 地到 B 地，在炎熱的季節裡，那個距離一般人都會選擇搭公車，學生價 12 元就可以快速抵達，但為了省錢（不是為了走路健康）他寧可用走的，讓自己滿頭大汗，這樣的做法有時候拿捏不好，節儉反而不是好事。在筆者就讀博士班期間擔任老師的研究助理，但因為博士班的課業相當繁重，加上筆者同時具有講師的身分，每週需要備課上臺講課，又有做研究寫論文的壓力，筆者發現能使用的時間相當有限，因此，果斷的決定把老師支付給自己的研究助理費用撥一部分出來，從大學部挑選了一、二個人選，成了私聘的工讀生，幫筆者處理對自己來說比較瑣碎或沒有附加價值的基本工作，而筆者的時間和精神則專注在較重要的工作上。在筆者正式擔任教職後，有個週末利用空閒時手洗一件洋裝，沒想到，那件洋裝吸水後變得異常厚重難洗，前前後後處理那件洋裝，花了半小時，非但沒有出現把洗衣當休閒樂趣的情形，還讓自己體力上很疲憊。於是，之後筆者決定把洋裝送到附近的洗衣店，用 60 元換來那半小時寶貴的時間，可以輕鬆的坐在沙發上看半本書，或者幾則雜誌的重要報導，所能帶來的價值，絕對比 60 元來得多很多。

　　此外，還有很多做事的方法可以採用，不見得每個方法都適合自己，也不見得每個方法都應該去使用它，只要有幾個受用，並且落實，就可以有很大的改變和進步。

【其他可以嘗試增加時間的好方法】

- 妥善利用零碎時間。
- 養成馬上就動手的習慣。
- 一天之始先思考今天要完成的重點工作。
- 保持辦公或學習環境乾淨。
- 運用看板管理。
- 養成列清單習慣。
- 訓練說話簡要技巧。
- 不要讓別人覺得你老是有空。
- 依賴紀錄減少依賴記憶。
- 永遠記得有充足的備份。
- 從事重要文件工作時，先確認你擁有全部需要的資料，並切斷網路和通訊方式。

二 職場上的實戰做法

就算我們使用了很多上述的做法，但是在職場上，因為頻繁的與同事有工作上的互動機會，有時候不知道善用時間的人不是我們，而是他人，這時候該怎麼辦？

如果遇到喜歡利用上班時閒話家常，影響你工作的同事或朋友，你又擔心明講對你的人際關係產生負面影響，可以試試幾個方法：

- 不要接聽他的電話：將他的電話號碼設定在通訊錄中，只要來電顯示為這位同事或朋友，便不接聽，當工作完成後再回電告知適才因故無法接聽。
- 用站立的方式和他對話：這是一種肢體語言的運用，只要該名同事走至你的座位準備長期打擾你，便可以自然的起身與之談話，此外，腳尖可以微微的往左右偏，意即身體不要正面著對方，這

是透過肢體語言暗示讓對方可以簡短說話內容，盡快結束話題。

- 建立救兵機制：更進一步的，倘若想要避免某些同事對你時間的損害，你可以央請關係較良好同時充分理解你困擾的其他同事，在你面對偷時間同事的糾纏時，出面協助你免於被竊取時間，例如：偽裝客戶打重要電話給你，要求你立即處理；或者表示有重要業務請教等，將你帶離現場或當時的情境。

- 離開位置躲起來做事：若公司提供的空間資源足夠時，可以嘗試將完成任務所需的資源帶到遠離原本工作座位的空間，像是無人小型會議室等，這樣可以集中精神盡速把工作完成。大學生可以借用學校圖書館的小隔間，來避免認識的同學、室友或朋友的打擾，專心一意完成作業與報告。

- 懂得拒絕：如前所述，有時候適時的向對方表達你需要寶貴的時間完成工作是很重要的。

如果未來哪一天你成為主管，可以考慮以下做法：

- 少開會，多喬事：主管和部屬不同的地方在於，他較不需要從事執行面的工作，而多花時間在溝通和協調，以及分配資源。有一些主管很喜歡動不動便把大家叫來開會，有的是為了顯示自己的職權，有的則是因為開會所做的決策可以分散自己的責任。但這些做法只會為你的團隊帶來較低的士氣以及較差的績效。

- 如果真的要開會，應該在開會前請部屬或者自己準備好所有開會討論內容應該知道的參考訊息和資料，以協助在開會時做出最有效率也有效能的決策方向。

- 不需要事必躬親。事必躬親的主管不僅容易養成部屬懶散的行為[註10]，也會讓部屬覺得不受尊重，更會讓自己的領導力受到上級的質疑。

- 尊重部屬的時間。有些主管很喜歡在開會時利用遲到來彰顯自己的權力和地位象徵，因此在現實上會發現，級別越高的總是越晚

出現在會議場合。但是，換個角度想，當一個總經理主持一個 30
人的中高主管會議，當他遲到了 10 分鐘，而其他主管都準時到達
時，表示他總共浪費了中高主管 300 分鐘，也就是 5 小時的時間。
雖然總經理可能認定這些主管能力和價值不如他，讓他們等沒有
不尊重的問題，但是 5 小時的時間，按照中高主管的薪資，換算
成公司的人事支出，等於總經理放任了一個中高階主管半天多的
時間不用工作，要是遲到半小時，那就等於放兩個中高階主管一
天不用上班。

【企業案例：黛安芬國際】

- 努力時間制

黛安芬國際為了讓員工把時間花在刀口上，設定了努力時間機制。
具體做法便是：中午 12 點到下午 2 點是業務執行期間。所有員工不能
講話，也不能打電話。總經理吉越浩一郎親自監督這項做法。

- 吉越式會議法

在開會方面，公司規定所有案件決策要在一、二分鐘就要決定，能
夠做到這樣的程度，表示所有主管都會事先準備好很清楚的資訊才敢
開會。大部分的公司開會則是一夥人在會議桌上你一句、我一句，既
沒有足夠的資訊支撐自己論點，又沒有完整的思考，最後總是陷入無
限迴圈的開會儀式上。黛安芬國際則可以做到，總經理馬上問，部屬
馬上可以答出相關資訊和思考原則，以便可以馬上做決策。

- 零加班政策

總經理宣揚加班是罪惡的觀念，因為加班大部分是因為工作效率出
了問題，工作方法錯誤導致，而並非真的需要這麼長時間的工作。養
成慢慢做，沒做完留下來加班就好，長期下來會成了習慣，並間接影
響員工的生活品質。黛安芬國際目的不是要減少加班，而是澈底杜絕
加班，下班時間一到，總經理會親自切斷電燈電源，如果員工偷偷加
班，被發現後會克以罰金。

時間就是生命，
（時間也是金錢）
無端空耗別人的時間，
其實就是謀財害命；
浪費自己的時間，
等於慢性自殺。
～魯迅

註釋

1. Gilbreth 的兩個小孩 Frank B. Gilbreth JR. 和 Ernestine Gilbreth Garey 合著了《*Cheaper by the Dozen*》，臺灣由天下出版，翻譯成「12 個孩子的老爹商學院」，被歸類在時間管理類別，這本書同時在美國和中國也成為家庭教育類別知名的出版品之一。此外，該本書曾被翻拍成電影，共有兩部，分別為《十二生笑》及《二十四笑》。

2. 在臺灣繁體出版的有海鴿出版社發行的《時間管理》以及《勤奮的人未必成功》。

3. 管理領域喜歡用「Do the thing right」來解釋效率，而用「Do the right thing」來解釋效能。從文字上就可以輕易理解，效能重要性遠高過效率，因為代表我們做的事是一件應該、值得去做的事。如果可以達到「Do the right thing right」，亦即同時既有效能又能具有效率，那就是最理想的境界。

4. 「媽媽為了家人，每天設計菜單並當天採購食材。」這樣的做法耗費的時間和精神較多，甚至食材成本也較高，可是遠比一次採購大量食材將之分裝冷凍來得健康與營養，從照顧家人健康的角度來說，這樣的描述是「有效能」。「總經理祕書一整個下午的時間就把十萬筆客戶資料輸入完畢且沒有錯誤。」很多人會誤以為是同時具有效率和效能，事實上，那是因為大家誤解了總經理祕書的職務與責任，一個優秀的總經理祕書不應該從事資料輸入的工作，而是應該將時間花在其他對總經理甚至公司高層行政運作上更有幫

助、更為加值的活動。這些工作內容會因為公司屬性和規模有所差異，但不管怎樣，花在輸入資料就太可惜了，因此這個描述僅能稱得上是「有效率」。至於「老闆購買私人用品請你休息時間去幫他匯錢，你用網路提款機一下就成功完成轉帳。」這個描述談的是「有效率又有效能」的例子，因為職場中只要不是太過分的要求，難免可能會協助主管處理他的私人事務，如果我們懂得善用網路科技工作，便可以用最快速的方式完成這個任務，不僅沒有影響到自己午休的時間，還可能因為在電腦前完成，減少主管因指派你從事他私人事務而遭非議的機會，同時，你也可以用最快速的方式向主管提供確實的轉帳完成證明。

5. 愛因斯坦和魯迅說過同樣一句話：人的差別在於業餘時間。加拿大臨床醫學家、醫學教育家和醫學活動家威廉‧奧斯勒，就是利用業餘時間做出成就的典範。奧斯勒對人類最大的貢獻，就是成功地研究了第三種血細胞（現稱血小板）。為了從繁忙的工作中擠出時間來讀書，奧斯勒給自己制訂了一條規則：每晚睡覺前必須讀 15 分鐘的書。不管忙碌到多晚，就是清晨 2、3 點鐘，他也一定要讀 15 分鐘書再睡覺。這個習慣他堅持了整整半個世紀，一共讀了 1,098 本書。

6. 時間管理四象限（Four Quadrants | Principles of Effective Time Management）這個管理工具是由美國管理學家 Stephen Richards Covey 和他的同事所提出。Stephen Richards Covey 著有《與成功有約》等知名著作。

7. 這個作品來自劉揚，她是一名在德國柏林發展的中國平面設計師，劉揚在中國和德國各生活 13 年後，在紐約完成了這個創作成果。她設計了一連串精采的作品《東西相遇》，試圖傳遞兩國的文化差異，該作品是在 2007 年發表。

8. 美國心理學家 Burrhus Frederic Skinner 提出的一種理論，認為透過一些方法可以改變人的行為，稱之為「增強理論」（Reinforcement Theory），這個理論介紹了四種方式：正增強、負增強、懲罰，以及削弱。本書文中所言的獎勵，便是理論中的正增強，亦即當某個行為發生時，滿足一個人的需求，這樣一來可以誘發他下次再產生這一個行為，也就是所謂的做了值得鼓勵的事情後得到獎賞的概念。而懲罰則是相反的做法，當個人做了一個不被鼓勵的行為時，則給予他不想要的結果，以警示他下次不可再犯，也就是做錯事

得到處罰。

9. 《創意浪潮》的作者具體舉出的許多可以促使自己心情愉快，減少負面情緒的做法，像是：強化社交、培養正面想法、專注於當下、無論做什麼都百分百投入……等建議，詳細的說明與舉例可參考原著作。

10. 在管理領域介紹的激勵理論裡，通常會介紹 XY 理論（Theory X and Theory Y），是由美國心理學家 Douglas McGregor 提出的。X 理論對人性的假設是，人是偷懶的、不積極、逃避責任、不願思考、不自動自發，支持這種觀點的人會認為應該要用積極監控的方式才能讓人們努力。相反的，Y 理論對人性的假設則是，人是積極、具有責任感，勇於嘗試和努力的，支持這種觀點的人便會主張應該要適時的給予當事人信賴感，即便產生一點錯誤也應該給予改正的機會。心理學家並認為，當管理者長期以 X 理論觀點看待部屬時，其部屬容易變成不積極且偷懶的員工。此外，讀者亦可以參考第 6 章的註釋 2 和 4，關於「自我實現的預言」和「比馬龍效應」可以提供更多的理解。

主題影片

中文片名：鐘點戰

原文片名：In Time

上映日期：2011 年 10 月 20 日（美國）

劇情長度：115 分

主要演員：Justin Timberlake, Amanda Seyfried, Cillian Murphy

劇情簡介與推薦說明：

　　《鐘點戰》描述 100 多年後的世界，因為基因工程緣故，人們只能長到 25 歲，之後容貌就會固定不變，25 歲生日開始，手臂上會出現剩餘生命長度，以秒計時。一開始倒數一年，為了用來支付日常開銷，時間越剩越少，為了不斷延長生命，人們必須不斷投入勞力工作以換取更長的壽命。主角是生活在貧困時區的 28 歲男子，他每天不斷跟時間賽跑，必須努力打工才能換得多一天的

生活權，他的手臂顯示的時間經常不到 24 小時，這同時也是生活在窮困時區的人們剩餘的生命長度。主角的母親已經 50 歲，在 22 歲生下主角，並在過去 25 年間每天賣命工作，所以可以看到兒子長到 28 歲。生日當天，母子相約兩個人晚上一起慶生，但因為物價不斷上漲，使得母親無法在剩餘的時間內和兒子相聚，並在最後一秒用盡時，死在兒子面前。痛苦的主角在見到母親前，在酒吧遇到一名 105 歲的男子，將剩餘的 116 年送給了主角，然而，這個贈與卻引發了主角一連串的不幸，時間警察認定主角竊取他人時間造成對方死亡，不停追緝。而主角靠著自己的時間財富，闖進富有時區，向那些資本家挑戰，企圖行俠仗義，將富人的時間送給大家。

雖然《鐘點戰》的後段和結尾不如它的前半來得精彩，但是這部電影用非常有創意也很寫實的方式詮釋了時間的價值。在電影設定的世界，沒有人會搶錢，因為時間就是貨幣象徵，人們用時間支付日常生活所需，包含貸款、午餐、公車票。因此，沒有人會搶錢，但有許多時間搶匪，專搶別人的時間，畢竟，時間就是勞力換來的財富。人們不炫耀多金，但會炫耀自己擁有多少時間。也因此，擁有很多時間的人會讓自己帶來不必要的麻煩，男主角就是這樣才受到許多歹徒覬覦。各種消費還會漲價，本來搭一段公車只要使用 1 小時生命來購買，一夕間就變成 2 小時才能搭乘。主角的母親就是因為不夠時間支付，只好選擇走路回家，也因此無法和兒子道別便死亡。

這個電影巧妙將「時間」、「金錢」與「生命」做了完美的聯結，透過充滿科幻的故事來委婉的提醒活在正常世界的我們。電影中的凡夫俗子（指住在貧困時區裡的人），每天不停的工作就是為了多活一天或一個月，這和我們每天出門上班為了下個月可以生活的道理如出一轍。而且能力差的人，工作好幾個小時才只能換來多一天的時間，能力優秀的人，只要工作一天就可能可以延長半個月的生命，如此不斷的循環，貧富差距越拉越大，現實世界裡看不見的社會階層劃分在電影裡則血淋淋的將人類區分在不同的生活空間裡。並且透過行為與外表展現，人們可以輕易辨別他人的身分。男主角原本天天過著忙碌的生活，習慣追趕時間，因此他的動作總是很快速，哪怕消費支付時，為了少扣 5 分鐘也要討價還價。但即使後來因為他人贈與，有了一世紀的時間，卻總是不自覺的出現動作很快的行為，甚至到哪還是習慣用跑的。因此就算跨越四個時區來到最有時間（富有）的區域，他的行為和裝扮都讓人一看就像貧民時區的人。

我們知道「時間就是金錢」，但是生活中、工作時，還是經常浪費時間，不僅浪費自己的寶貴時間，甚至也會浪費別人的時間。如果套用電影的時間價值概念，我們從事一些對累積財富或投資自己沒有幫助的活動都是在「自殺」，而害別人浪費時間就是「時間小偷」，甚至「謀殺」。電影中很多的句子看起來只是因故事需要的對話，但其實卻相當值得觀眾深思，這是電影發出的警語。例如：電影開場沒多久，主角在酒吧遇到一個已經活了 105 歲的男人，他似乎對自己活了這麼久有點厭煩。主角感嘆同時很羨慕的說：「如果我有這麼多時間，我一定不會浪費它。」隔天，這名男子把所有時間送給主角，並在牆上留下「別浪費我的時間」的遺言。

電影中透過不同時區的人擁有的時間長度差異來類比貧富差異，並且強調要在不同的時區內移動相當困難，意指在不同的社會階層間流動很困難，因為不同時區內的消費成本不同，例如：在富有時區內，住一間飯店套房就會用到一年的時間成本，用一份餐點就是一個月的時間價值。一個在貧困時區生活的人是難以翻身成為富有時區的居民。在現實世界裡，在不同的社會階層流動並非易事，但比電影世界機會大上許多，當我們懂得在年輕的時候善用時間，將時間拿來投資自己，轉換成能力時，一個小時可以創造出來的財富自然不僅足夠使用，還可以儲存下來。

電影中，25 歲以前的人類並沒有倒數生命的機制，所以要讓自己離開貧困區只能依靠 25 歲以前的改變，一旦進入 25 歲的倒數程式裡，就是惡夢的開始。因此，沒有能力的人不敢生小孩，因為自己得不斷更努力才有辦法看到小孩長大。如果自己都養不活的，根本沒有生小孩的勇氣，這和現實社會的生存概念非常接近。電影中，主角從陌生人那裡獲得的 116 年，分送了 10 年給自己的好朋友，沒想到，好朋友不知道善加利用時間（貨幣），竟拿來喝酒，暴斃時手臂時間顯示竟還長達 9 年。這也是電影中具有警世作用的插曲故事。

課後練習

1. 做好時間管理對身為學生的你會有什麼具體幫助？

2. 有效率同時有效能的練習：請問要怎麼做才能夠讓自己一年可以閱讀 100 本，甚至 200 本課外讀物，並且有所收穫？

3. 請拿出你的書包或包包，將裡面的東西倒出來，看看不需要放在裡面的東西有哪些？思考自己有多久沒有整理包包？什麼時間點是比睡覺前最適合整理包包的時候？

4. 根據美國匹茲堡 Fortino Group 研究發現，人一生中花在排隊的總時間竟然長達 5 年，就算只有 5 天的時間好了，聽起來也是很浪費。請問怎麼做可以避免面臨排隊的情形呢？

5. 你可以上網下載以下檔案，它以一天 24 格，一週共 168 格的方式呈現你一週的時間。下載後，請利用一週的時間將該時段進行的活動填入表格中。一週後，請自行評估這些活動的價值，看看這些行為與你的未來和整體職涯發展有多少關係？並依不同的價值標上不同的顏色，例如：「非常有助益＝紅色」、「有不少助益＝橘色」、「只有一點幫助＝黃色」、「完全浪費時間＝黑色」。完成後計算四種顏色的比例，接著進行以下步驟：

   (1) 思考有什麼方法可以讓黑色的格子變成黃色？把黃色變成橘色？

   (2) 找出方法改變生活習慣後，訂出一個時間，例如：三個月後再進行一次檢驗，看看紅色的比例是不是增加？黑色的比例是不是降低？

6. 我們每天會出現不少「零碎時間」，可能是短短幾分鐘，也可能長達數小時，這些零碎時間經常被夾在兩項主要活動之間，無法拿來做大型工作，也無法避免，並且經常被浪費。請列出至少 10 項經常發生在你身上的零碎時間，並將它們填入以下表格第一欄，並於第二欄寫下時間長度。填完後，請從 10 種零碎時間挑選「2 項」你想好好利用的時段，並思考你打算用這些時間來從事什麼有價值的活動？將方法填入第四欄。最後，請將你打算妥善利用的零碎時間進行計算，一年約可「拿回」自己平常浪費掉的零碎時間總共_____小時_____分。

零碎時間	時間長度	勾選	運用方法
範例：兩堂課中間時段	10 分鐘	✓	複習上週內容
1.			
2.			
3.			
4.			
5.			
6.			
7.			
8.			
9.			
10.			

7. 假設你被告知只剩下六個月的生命，但幸運的是，你的飲食和言行都沒有任
何障礙和限制，請問你打算做哪些事來過完最後的六個月？為什麼？這些事
如果現在就開始進行，你會怎麼安排？

延伸閱讀書籍

Ronni Eisenberg and Kate Kelly (2007). *Organize Your Life: Free Yourself from Clutter and Find More Personal Time*. Wiley.

佛蘭克・吉爾布雷思（2010）。**時間管理**。臺北市：海鴿出版。

佛蘭克・吉爾布雷思、莉蓮・吉爾布雷思（2010）。**勤奮的人未必成功**。臺
北市：海鴿出版。

法蘭克・吉爾柏斯二世、亞妮絲汀・吉爾柏斯・葛瑞（2011）。**12 個孩子的
老爹商學院**。臺北市：天下出版。

麥可・法蘭傑斯（2010）。**黑道商學院：我會提出讓你無法拒絕的條件**。臺
北市：三采出版。

黃怡雪譯（2014），原作者：Alexander Paufler。創意浪潮：讓賓士 CEO 教您擺脫正常思維方式。臺北市：五南出版。

楊明綺譯（2009），原作者：吉越浩一郎。零加班業績才能長紅。臺北市：春光。

羅伯‧帕格利瑞尼（2011）。下班後的黃金 8 小時。臺北市：三采出版。

顧淑馨譯（2015）。與成功有約：高效能人士的七個習慣（25 周年增修版）。臺北市：天下文化。（原著書名 The 7 Habits of Highly Effective People，作者 Stephen Richards Covey）

第 8 章

個人品牌與形象管理

本章學習重點

1.了解個人形象與職場禮儀、職涯發展的關係。

2.學習如何建立並提升個人品牌價值。

第一節┃形象管理概念

一 形象管理是什麼？

在此，我們借用組織行為學領域裡的「印象管理」（Impression Management, IM）來幫我們解釋這個標題[註1]。印象管理不僅在學術上獲得很多學者關注，就個人實務上而言，也是相當重要及關鍵的課題。教科書上的「印象管理」，被說明為「個體企圖控制他人對其印象之形成的過程。」[註2] 再仔細一些的解釋，印象管理就是有計畫的透過衣著、行為、言語、舉止、眼神、儀態、外表，甚至妝容等等，進而去影響他人對我們的知覺和感受，這個過程便稱之為「印象管理」。換句話說，印象管理有目的性。一般人最常使用印象管理戰術的時機點是：在喜歡的人面前、面試時、對特定對象所有求時。

許多組織也會刻意透過一些方法來對它的消費者進行印象管理。例如：很多企業會要求員工穿著制服，如臺灣的中鋼公司、早期的 IBM，以及銀行產業。穿著制服本身有很多的意義，除了對內在工作過程的安全與便利需求或管理考量以外；對外，制服代表一致性、具有整體服務團隊的形象，它象徵專業的意涵，同時也透露著公司的企業文化。例如：銀行賣的是服務，而且是與金錢有關的服務，獲取消費者的信賴很重要，然而服務在尚未接觸前很難以評價其服務品質，消費者只能從外在的「線索」來推估，這裡的線索就包含了一眼就可以看到的「制服」。因此，銀行產業幾乎都會要求員工穿制服，並且在制服上的設計相當考究，目的就是希望展現一種金融專業，讓消費者相信錢存到這裡來，或交給這個公司來保管不會有問題。

臺灣高鐵於 2007 年 1 月開始營運，然而早在 2006 年的 10 月，高鐵便針對制服進行廣大宣傳，除了制服本身委請知名服裝設計師陳季敏操刀設計以外，每一個不同職務都有不同的設計，考量勤務需求同時兼具美學

觀念。高鐵爲了宣傳制服，安排可以媲美名模的高鐵員工穿著制服走秀，吸引了媒體廣大的報導，也成功打造了消費者對高鐵的第一印象。高鐵是運輸工具，提供交通便捷與載客安全，然而，高鐵尚未營運，臺灣也從未有過這麼高速的地面運輸工具，消費者對於高鐵可能帶來的服務品質無從得知，因此，「象徵專業」的制服便是高鐵與潛在消費者溝通的第一個管道。而且，這樣的做法除了向消費者展現高鐵的服務精神與專業能力以外，甚至向潛在人才透露，高鐵是一個有別於其他傳統運輸產業的公司，以藉此吸引優秀人才。

1960 年美國第一次使用電視辯論，爲總統選舉史開啓另一個新紀元，據說當年尼克森敗給了甘迺迪就是因爲電視的關係，電視將候選人的言行、穿著、面容表情清楚的傳送給電視機前的眾多觀眾。知名作家郝廣才先生在近年的鉅大著作《今天》裡就這麼分析，已經有點年紀的尼克森在黑白電視機的時代穿著灰色的西裝更顯老態，加上不化妝使得額頭的油光透過電視機傳送，看似緊張冒汗；反之，甘迺迪著正黑色的西裝，加上年輕挺拔，就算兩人辯論內容差異不大，恐怕甘迺迪透過電視機所塑造出來的專業自信形象遠超過尼克森，自此以後，甘迺迪的聲望扶搖直升。臺灣也是一樣，對於政治人物來說，不管他們是不是眞的對國家社會做出多偉大的貢獻，在選民面前維持良好形象是讓他們持續擁有選票的關鍵要素啊！

在專業領域中，「印象管理」甚至涵蓋許多戰術，因此較具有特定目的意味。然而，一般人平時就算沒有特定想要達到的目標或者獲取的結果，也應該將相關的觀念落實在生活與工作中，不僅可以提升人際關係，長期下來對職涯發展也有幫助。這就是我們口語上經常使用的「建立形象」的概念。個人形象的建立須透過長時間的累積，較不具有功利性，也比較廣爲大家所接受。雖然這兩個詞在中文定義稍有不同，不能否認的是，（個人給他人的）「印象」和（個人展現出來的）「形象」具有重疊的意涵，在文字使用上，也出現混用的情形。以上述甘迺迪總統故事爲例，他的領帶爲他在民眾面前帶來好的形象，便是他試圖透過視覺上的戰術來

對群眾進行印象管理，讓大家把票投給他。因此，本章結合「印象管理」的專業概念和精神，探討個體形象與職涯發展的關係。在文章中，我們在某些具有特定目的的情境下，會使用印象管理用語，在一般非特定目的情境下，則使用形象管理。在本章所欲傳遞的概念中，兩者精神是一致的。

二 形象管理與個人職涯發展

印象管理是近幾年來，諸多社會科學領域的學者積極投入研究的主題，最常見的便是研究求職者在面談時使用印象管理戰術對面談結果的影響[註3]，以及在組織中使用印象管理戰術與主管評比個人工作表現的關聯[註4]。多數的研究發現，適當的運用印象管理的方法有助於達成自己想要的目的，像是讓面試官給自己較高的面談分數，或者是讓主管給自己評較高的績效分數等。雖然也有不少學者從組織的角度研究可以降低印象管理造成偏誤評價的因素，但怎樣也無法改變一個人給他人的印象的確是可以經過「操弄」或者「管理」這個事實。例如：國內知名組織行為領域優秀的學者蔡維奇教授和陳建丞教授便提出，在面談過程中採用結構式的面談，不論什麼應徵者都問同樣類型的問題，就可以減少部分善於使用印象管理戰術的應徵者，會利用言語或非言語的方式刻意引導面試官問對其有利問題的情形，進而提高面談的有效性，幫助企業更客觀地找到適合人才[註5]。不過，實務上來說，真的善於使用印象管理戰術的應徵者，即便面試官使用一樣的問題，應徵者仍然可以透過很多方式來展現對自己有利的一面。

不是只有面談，現今很多補習班專門教導學生如何申請學校、準備甄試資料，學校也經常為學生舉辦求職講座，教畢業生如何撰寫出吸引人的履歷表，這些都是印象管理的範疇。因此，如果做好個人印象管理工作，便可以幫助自己在尋找工作時更加順利，換言之，良好的印象管理工作與職涯發展有密切的關聯。

先前我們討論應徵者在求職過程經常會使用印象管理技巧，然而，印

象管理技巧的使用時機不是只有針對面試官或者篩檢履歷表的人資人員而已。曾經有一次，一位在知名公司擔任人資主管的好朋友打電話和筆者敘舊，問筆者是否曾經指導過某位學生論文，筆者回答是，朋友便接著問：「這個學生如何？」因為問題來得太快，筆者來不及準備掩飾，不擅長說謊的當下有點支支吾吾，有經驗的人資主管當然明白怎麼回事。因為那名學生在被筆者指導論文的過程中，不僅做事喜歡拖拉，遇到問題不是迎面解決而是閃躲，雖然或許面對實務工作他可能不是這樣，雖然筆者是他的老師，應該幫助學生，但筆者還是無法向一個企業推薦一名自己都感到質疑的學生。因此，學生平常與老師的互動都是在建立自己的形象，也就是長期的形象管理，就算不是成績頂尖，只要學習精神可取，態度積極，在某些意外的時候，老師的推薦就可能派上用場。

但是，找到工作只是職涯的初步，在職場中還有很多時候、很多的場合裡，仍需要不斷的進行自我形象管理，才能確保有較好的職涯發展。除了在本書的第二大部分「職場中的群我關係管理」一系列章節中談到的內容，都是有助於自我形象提升或維持的做法以外，還有很多容易被輕忽的部分。舉例來說，筆者有個朋友畢業後在某機構上班，但這份工作並非他心中所屬意的，他一邊上班一邊不斷尋求其他轉換工作的機會，歷經四、五年都難以轉換。有次因故在他上班時前往拜訪，看到他的辦公桌時，筆者感到非常驚訝，因為他的辦公小隔間及桌面上，沒有一項屬於他私人的物品。一般工作四、五年的上班族或多或少都會用自己的物品布置自己的辦公空間，像是小品盆栽、可愛的文具、自己或家人的相片、自己風格的馬克杯等等，他一項也沒有，這便是很典型的「負面形象管理」，也難怪經常聽他抱怨主管對他與其他同事的差別待遇。筆者想，如果筆者是主管，看到這麼明顯的低組織認同感行為，大概也無法對這名員工有過多的栽培或關愛。

三 形象管理與職場倫理的關係

由上述內容可以得知，一個人的行爲、態度、儀態與外表都可能是構成個人形象的來源。倘若一個人的工作態度很差、外表邋遢，影響的不是只有個人職涯而已，還可能影響個人與他人的人際關係，甚至影響組織的形象，對公司產生直接的財務傷害，這便已經涉及到職場倫理的議題。

假設一名銀行的櫃檯行員，平常只忠於自己的業務工作，以爲只要把客戶的錢妥善的處理好，不犯差錯就行，完全不在其他方面重視形象管理，在穿著銀行員工制服的情況下，午間在餐廳用餐時大聲談論、用手剔牙亂抹、開黃腔、對餐廳老闆頤指氣使、襯衫不穿紮整齊等儀態或行爲，都可能對企業的形象產生負面的影響。而身爲業務人員，代表公司前往客戶處爭取訂單，若穿戴過於廉價則無法取信於客戶能提供有品質的產品，若穿戴過於奢華則會令客戶擔心是否公司賺取過高報酬。不當的業務人員儀態都會影響客戶對公司建立長期負面的觀感，公司高層可能永遠也不知道爲什麼自己的好產品老是賣不出去，還聽到負面傳言。因此，不僅僅是工作上的基本專業能力展現，在很多細節上都須多加留意，才能盡可能有較佳的個人形象，不僅爲自己帶來較好的職涯發展，也不讓公司聲譽及財物受到傷害。

第二節 | 個人品牌訊息與價值

一 個人品牌

「品牌」是指產品或服務的象徵。像是大家都熟知的公司：星巴克、麥當勞、HTC 等可以被視爲品牌。有一些公司則擁有很多品牌，像百事公司旗下不僅有百事可樂這個品牌，還有桂格、七喜、多力多滋等都是百

事工司的產品品牌，甚至因為和星巴克合作的關係，星巴克即飲咖啡也算是百事公司旗下的品牌產品。在同一類產品的品牌中會區分等級，例如：同樣是寢具用品，在市面上可以買到叫不出名字的產品，也有光一件棉被套就要價數萬元的高級品牌；咖啡有一杯 30 元的，也有一杯 300 元的，這就是品牌價值的差異。

個人也是有品牌的，品牌名稱在出生後沒多久（甚至有人是在出生前）就被取好的，那就是每個人的名字。「個人品牌」等於「我是誰」，是每個人看見或聽見你的名字時，會聯想到的一切。這就是上一節我們談到的形象管理的果實。倘若你一直都很用功，對待同學友善，對師長有禮，做事負責，那麼別人提到你的名字想到的都是正面的看法，表示你的名字所代表的品牌是比較高級的。筆者曾經在課堂上遇過學生分組作報告時，有一名同學沒有任何人願意和他同一組，理由筆者也可以輕易猜出，因為那名同學出了名的會遲到、無故缺席、不喜表達意見，甚至上課也不太用心聽講，這就表示至少在學生階段，這個同學的名字所代表的品牌是較低廉的，若從市場角度來看，是很難獲得消費者喜愛的商品。

二、個人品牌可以轉換成價值嗎？

品牌是可以換算成價值的[註6]。請試想，為何你或你身邊的同學（不考量經濟因素下）願意花 100 多元買一杯星巴克的咖啡而不是選擇 35 元咖啡？因為，就算喝不出來當中的差異，購買的人就是覺得那杯印有星巴克 logo 的咖啡值這個價格。在商品的世界裡，品牌的價值是經過很多方式去打造與累積的，人也是如此。產品透過口碑傳遞出去，有較佳形象的品牌就會受到較多消費者的認同與喜愛，進而產生購買行為。同樣的，有較佳形象的個人也會較受到同儕的敬重和上司的肯定，就會有較多的發展機會。

好的品牌消費者願意用較高的金錢購買他的商品，同樣的，在人的世界也是如此。名校畢業的學生，在同樣類型的競爭市場上不僅較容易獲

取工作機會，起步薪資也比非名校的員工高，雖然很多人可能不以為然，但這卻是在交易成本的理論下^(註7)，企業獲取好人才的最快方式。但值得慶幸的是，就算不是名校畢業，還是可以靠著自身的努力累積自己在公司、產業內的名聲來為自己提高品牌價值，也因此我們經常可以看到報章雜誌上受訪的很多職場名人並非都是出身前幾名大學，反倒是因為在專業領域上受到肯定，最後成為該領域大家倚重的意見導師。

如果談到最貴的麵包，大家都會想到吳寶春師傅的酒釀桂圓麵包，吳寶春師傅的學歷別說名校了，他連念大學都沒有，但如今吳寶春三個字不是只是一個麵包師傅的人名，同時是一個知名麵包業品牌。這個品牌具有相當高的價值，這便是靠自己累積的，如今想前往享用麵包的客人還得大排長龍才能進到麵包店，甚至要預訂好幾個月才能品嘗到知名麵包。

因此，個人品牌就是一個人的能力價值與定位。個人品牌代表你可以帶來多少價值？向外界傳送你有多少內涵？說明你能做什麼？你為什麼特別？為什麼別人應該認識你、應該給你機會？

第三節 | 個人品牌的建立

一個人的名字一開始只是方便識別，從進到幼兒園裡，老師知道要怎麼叫你，等到漸漸的成人，名字便開始漸漸成為一個品牌。要成為一個好的品牌，必須去了解做哪些事情能夠增添價值。

一 專業與個人品牌

專業能力當然是建立個人品牌的第一要件，一個不具有專業能力的人即便僥倖進到不錯的公司，很快的就會醜態百出，被工作現場的實際考驗所淘汰。因此，每個人必須在自己的專業領域裡達到一定程度的水準，這同時也是基本的職場倫理。在本書的第二大部分裡已經提到若干相關的觀

念，包括在工作上展現應有的專業，完成任務，利用專業能力協助公司解決問題，甚至發覺未發生的問題。很多人便靠著卓越的專業知識與能力，藉由轉換不同的公司，不斷翻轉自己的身價。

■ 容貌與個人品牌

不可諱言地，一個人的容貌是與他人第一次面對面接觸時，最受關注也最容易產生正面與負面想法的最主要來源。請注意，我們這裡不談「長相」，而是談「容貌」。長相多為遺傳而定，一般人談到長相總以美醜而論，為了避免誤會，本章節希望讀者了解「容貌」除了既有的臉孔五官形貌以外，還包含一個人的眉宇間氣質與眼神，甚至還會反映個人的生活習慣與人格特質。

為什麼容貌與品牌建立有關係？當我們與陌生人第一次見面時，不論是面試官、他人引薦的長輩、職場前輩、客戶等，倘若因為我們不修邊幅、兩眼空洞無神，那即便天生麗質，對方肯定對我們產生不佳的第一印象。不好的第一印象一旦建立，往後就要花上數倍的精神才能挽回。

（一）面相術與形象學

面相在中國發展已經有數千年的歷史，至今仍廣為人知，甚至連中國近代政治家曾國藩都對此有一番研究，並撰寫了面相聖經《冰鑑》一書。到底面相準不準，見仁見智，有些支持面相知識者主張面相學具有統計學的基礎，這些容貌特徵的意義歸類，是蒐集無數人的面貌所歸納。既然是統計，那一定會有誤差，或許大多數人的容貌可以被應證到面相所談論的模塊，但仍會出現許多相書所未言及的情形。也有人從心理學的角度來解釋這些相書裡談論的面貌特徵，有些難以解釋，有些倒是可參考一二。

在所有的甄選工作專業教科書裡，決不會出現以面相擇人的內容，但卻會出現以筆跡選材的做法。筆跡選材在歐美比較會使用，在臺灣較少聽聞。然而，畢竟臺灣屬於華人文化的範疇，因此業界在面試選人時或多或

少難免會參考面相基本知識，這從坊間許多財團法人機構開設的面相擇才課程每每爆滿，報名者多為企業內負責招人的單位，就可以知道，面相作為甄選人才的參考之一是個事實。

本書在此提及面相，並非要讀者去學習面相，而是想告知讀者，就算不熟知面相學，或不願相信相術，但可以試著把面相學的精神要義轉換為形象學的概念。亦即，善加使用面相學談的內容，將其轉換為對自己形象建立有益的做法。例如：古時不明所以，總說額頭過高的女性剋夫不得娶之，延伸到現代對額頭高闊女性總給予不佳的面相評語。額頭高者，則反而可以加以運用讓它成為優勢，例如：被升為主管擔心過於甜美、年輕，無法在下屬前肅立威嚴，則可以梳個適當露出額頭的髮型，藉以建立氣勢、嶄露自信，或擔任需要高度威嚴的職業也都適合；不需要高額的只要蓄瀏海自然輕易可以隱藏。

（二）容貌受什麼影響

一個人的容貌可能受到生理、心理甚至行為的影響，例如：倘若去觀看所有犯下多次重罪的犯者其容貌，定會發現一些蛛絲馬跡。一個一天到晚想幹壞事的人，他的容貌肯定不會是慈眉善目。就像是常聽到的「相由心生」，甚至我們也經常用「人不要常生氣，生氣會變醜」這樣的話語來勸告喜歡生氣的女生，常生氣會讓一個人看起來有較差的容貌觀感。有一本有趣的兒童繪本《家有生氣小恐龍》也不約而同地傳達了相似的觀念，愛生氣的人就像恐龍發怒一樣，破壞所有物品，還噴火燒光一切[註8]。

（三）提升自己的容貌美感

美國德州大學的 Judith Langlois 教授進行了知名的實驗，用美醜成人照片給襁褓中的嬰兒觀看，測試嬰兒的反應，發現嬰兒在被評價為較美的人臉照片上停留較長的時間[註9]。雖然很多研究探討一個人的美醜與生涯的關係，但本書重點在強調每個人在容貌上都有自己的特點，應該設法

突顯自己的優點，降低自己的缺點，來提升自己的外在形象。這樣的說法並非要大家重視以長相為基礎的容貌，甚至去做整型這樣沒有自信的行為。

具體舉例來說，倘若你沒有高挺的鼻子，那你可以好好運用自己的大眼睛，學習與人交談時用最有禮貌的方式與對方眼神互動，增加他人好感度。再者，即便一個人沒有如明星般的美貌，只要能夠有自信、親和有禮、面帶笑容，還是會讓人覺得很舒服，這便是本章節所稱之美感。要是女生覺得對自己的面容沒有自信者，亦可以透過學習基本的化妝技巧來稍微隱藏缺點，提高自信。而凡是對自己的面容沒有自信者，可以透過尋找最適合自己、最能展現自己自信或親和力的髮型、衣服款式來提高自我信心。例如：曾參加歌唱大賽一炮而紅的歌手楊宗緯，一開始也被一些網友批評面貌不佳，然而，後來經由專業人士的建議與打點，改變髮型，改變穿衣風格，之後出現在電視上給人的觀感就完全不同。同樣是在英國歌唱比賽中為人注目的蘇珊大嬸（Susan Magdalane Boyle）也是，一開始受到大家嘲諷，現在一出場的氣勢和風範已經和往年有很大的差異。因此，不管天生每個人的外在長相條件為何，只要自己願意去學習，仍可以用最適合自己的方式，將最有光彩的一面示人。而這些例子有一個共同點是，他們在某個領域都有一些成就，因此，只有單從外表去改變，是無法真正有自信的，必須裡外兼顧，重視外在形象之前，應該提升自己的專業實力，這樣才能讓外表與內在相得益彰。

（四）透過外在傳遞重要資訊

雖然過去有些研究，甚至實務調查針對美醜與職涯進行討論，但是本章節討論的容貌議題並非談論「美醜」，而是指給他人「乾淨」、「清潔」、「整齊」的感受，進而產生「有自信」、「很專業」、「尊重他人」的形象。因此，不論男性與女性都必須對這個議題相當重視才行。請想像一下，假設你的公司打算為員工進行健康檢查，有幾家小型醫院和診

所前來洽談合作機會，你代表公司與前來說明的業務會晤。其中一家醫院的業務代表是一名年輕男性，他態度相當客氣，但是一見面你就發現他的額頭布滿青春痘，其中幾顆還因爲刻意擠壓而流出白色濃液，當他不斷爲你說明他的醫院推出的健診方案時，你卻很難集中精神，因爲他的嘴唇過乾所以出現白色屑片，其中一處還疑似因爲撕開而流血。當另一家醫院的代表在外表甚至服裝上都表現的比上述那一位業務還要得體時，在兩家方案相同的情況下，你會想推薦上級哪一間醫院以作爲合作對象？

　　另外，大家是否留意掛在公寓或大樓牆上的房仲業務員宣傳大海報，上面的銷售人員不論性別，每一張照片都給人炯炯有神、自信又專業的感覺，因爲這樣客人才會信任你，把房子交給你來賣，或者相信你爲他推薦的房子是值得參考的物件。又例如：老師這個職業亦然，倘若小學老師每日教學批改作業，另外還扮演其他諸多角色，因此相當疲累，因爲忙碌沒時間裝扮自己，衣服亂穿或頭髮亂紮，甚至臉色蒼白進行教學，不僅影響學生的感受，搞不好還讓學生爲老師擔憂。反之，若可以達到基本的妝容美感，不僅讓學生覺得老師很有精神，學生也可以從老師的態度上學習尊重他人，不會因爲上課對象是小學生，因此不重視自己的服裝或儀容。因此，重視自己的外表並非爲了「愛漂亮」，而是爲了尊重被我們所服務以及工作過程要面對的人。

三 服裝與個人品牌

（一）服裝影響他人對自己的觀感

　　有句老話「佛要金裝，人要衣裝。」的確，同樣的人，穿上風格完全不同的衣服，給人的感覺就完全不同。在筆者的課堂上，經常會遇到需要學生上臺進行專業報告的機會，很多平常習慣穿著 T 恤和夾腳拖的大學男生看似一派輕鬆休閒，不拘小節，一旦爲了報告換上深色西裝，筆挺的樣子看起來還眞是專業度滿分，不知道的人還以爲是哪個顧問公司的年輕員工來到校園座談了呢！不同的服裝穿在同一個人身上感覺不同，那麼，

同一件衣服穿在不同的人身上也是如此。服裝產業裡有所謂的流行，流行的款式在當年當季自然會大行其道沒錯，但不代表穿在別人身上合適的服裝，在自己的身上也會得到同樣的效果。

本章一開始便提到，我們給其他人的印象很多決定在第一眼、第一次接觸，如果你和別人的第一次會面就穿著不恰當的服裝，往後在他人的印象最深的就是這點。如果是面對客戶，你可能連公司產品的介紹機會都沒有。

(二) 穿著與自己身分匹配的服裝

想要藉由服裝來塑造自己的個人品牌，一定要下功夫對自己本身的特性有所了解。這裡指的特性不是只有高矮胖瘦、皮膚黑白而已，還要了解自己的工作上需要給同事、客戶呈現什麼樣的感覺才恰當，挑選適合自己身分以及工作特性的服裝，不僅可以快速塑造自己的獨特形象，也利於自己在職涯上的發展。

例如：大學生上學時身著牛仔褲當然是沒有問題的，女孩子甚至可以穿上迷你短裙展現青春洋溢，隨意拎著深不見底的大背包，有著隨興的學生氣息。但是，一旦畢了業進入公司上班，不宜依然穿著一樣風格的衣服。除了特定的公司以外，大多數的公司都希望員工在衣著上要能展現一定的專業形象。在不指定制服的產業及公司裡，挑選衣服穿著成了大學問，不能穿太廉價或鬆垮的衣物，也不能因為家中經濟條件佳就穿著名牌衣物上班。隨著在公司內的位階不斷的爬升，會開始接觸更重要的客戶與外部人士，若位高權重卻又穿著廉價西裝，就會讓人有矯情做作、輕率不重視客戶的感受。

(三) 別讓月暈效果害了自己

上述提到一個人的服裝會讓別人對我們產生諸多的評論與聯想。假設在攝氏不到 10 度的天氣裡，有一名女子穿著極短的迷你裙加踝靴，沒有

穿襪子露出佼白的雙腿，一般人見到了肯定會一邊拉緊自己的厚外套一邊評論一番：這女生要不是愛漂亮就是愛現。如果在工作場合裡，一個員工老是穿皺皺的襯衫，也會有人在背後議論：他是不是沒女朋友，還是不會燙衣服。所謂的「月暈效果」（halo effect）指的是人在心理學上容易產生一種現象，便是當見到某個人的局部現象，自動擴大延伸對其整體的觀感，就像是我們有時候看到的月亮大小是因為其周邊的光暈導致看起來比實際上的月亮還要大，也就是以偏概全。以穿皺襯衫為例，旁人會延伸解讀為此人自我管理能力差，八成做事也很草率，沒效率，沒品質。這樣類似以偏概全的情形經常出現在人們的生活中，因此，如果不在服裝上多加留意，就容易讓旁人的以偏概全習性對自己產生負面的觀感。表 8-1 整理了一些經常容易讓人產生負面觀感的穿著供參考，並非這些服裝不能穿，而是在一般職場裡，這樣的穿著比較具有風險性[註10]。

⚲ 表 8-1　容易失禮的職場穿著打扮

穿著打扮	說明
透明衫	較為薄透衣服，男生容易看到乳頭，女生則容易看到衣服下的內衣。男生穿著襯衫時建議應加穿背心式內衣。
中空裝	即露出大面肚子或腰部的上衣。
露出內褲的褲子	包括垮褲以及太低的褲子，容易在彎腰或坐下時露出內褲。
露出股溝的褲子	太低腰的褲子容易在蹲下或坐下時露出股溝。
細肩帶上衣	比削肩衣服的肩部位置衣料還要少的上衣，建議加上小外套較不顯裸露。
領口開很低的上衣	領口較鬆或前方扣子較低的衣服，容易在彎腰時走光。
背部空空的上衣	露出大面積背部皮膚的衣服，像是肚兜裝。
家居服	指上下衣著同款同料，質地較柔軟，適合在家裡穿著的衣服。因褲子容易讓人質疑是睡褲，不適合外出穿著。
皺巴巴的衣服	指沒有熨燙容易看出皺褶而顯得不雅的衣服。經常發生在襯衫類、麻製品、雪紡類衣物。

穿著打扮	說明
誇張的衣飾	指配色或款式較突兀，容易引起大家目光的衣服或配件。
怪異髮型	只要是容易讓一般人產生負面評論的都屬這個範圍，包括長度、髮型與顏色。
過長指甲	不論是無意還是故意，指甲長度超過一般人可忍受範圍，容易讓人產生不佳印象。
穿露出屁股邊緣的短褲	裸露大腿在多數工作場所中容易引起爭論，更何況屁股下緣露出更是不雅。

一般來說，如果年輕人不清楚到底在公司裡應該怎麼穿才不會影響自己的個人形象，最好的方式就是利用觀察的方式，了解與自己位階身分相同、工作業務性質類似的同仁都怎麼穿，大致上出差錯的機會比較低。筆者曾經在開設職涯管理通識課時，邀請修課同學共同進行一項活動以作為該門課作業之一，那項活動是蒐集全校大學部學生的意見，讓大家針對一份問卷勾選他們認為哪些方式是他們最無法忍受的大學生穿著打扮，分別讓男女生互相評比，各自有 40 個項目，用意是在透過同儕的角度，提供大家意見參考。也讓大家看到有可能你認為很流行、帥氣的打扮，在多數人的眼裡可不是這樣。當時的調查結果或許在不同的校園、不同的年代有不同的結果，但意見珍貴，因此本書還是節錄在此（表 8-2 與表 8-3）供讀者參考[註11]。

⚬ 表 8-2　形象管理之「穿著打扮」意見調查結果（女生意見篇）

名次	最不想看到的男生裝扮	名次	最不想看到的女生裝扮
1	露出來的內褲黃黃的（845）	1	穿無袖背心沒刮腋毛（923）
2	露股溝（800）	2	內衣很薄乳頭隱約可見或不穿內衣（855）
3	衣服髒髒感覺沒洗（695）	3	穿露出屁股下緣（俗稱小屁屁）的超短熱褲（701）

名次	最不想看到的男生裝扮	名次	最不想看到的女生裝扮
4	穿黑色網狀透明洞洞上衣（591）	4	擦味道很重的香水（668）
5	怪異打扮像人妖（582）	5	露股溝或丁字褲（613）
6	穿感覺褲子快掉了的垮褲（494）	6	穿過小的衣服或過緊內衣擠出肥肉（593）
7	不穿內衣乳頭激凸（492）	7	穿有汙漬或黃斑的衣服（560）
8	瀏海很長會蓋住眼睛（453）	8	坐下時褲頭露出一截內褲（431）
9	戴舌環（424）	9	把內搭褲當外褲穿（內搭褲外面沒有穿其他裙或褲）（423）
10	擦指甲油（374）	10	穿過短的衣服露出絲襪最上圍（352）
11	穿印有髒話字眼的 T-shirt（362）	11	穿過高的高跟鞋走路像企鵝（337）
12	故意露出內褲褲頭（336）	12	穿洗壞的衣服或領口已經鬆脫的衣服（305）
13	化妝（擦粉或腮紅）（336）	13	穿領口過低的衣服露出乳溝（295）
14	頭髮很長可以綁馬尾（294）	14	魚口鞋（或涼鞋）＋絲襪（273）
15	襯衫上半的釦子不扣露出胸膛（289）	15	打扮像聖誕樹（穿很多顏色在身上）（257）
16	穿露出身體和腋毛的寬鬆背心（280）	16	穿破掉的絲襪（237）
17	西裝＋夾拖（280）	17	天氣不冷卻穿賽亞人的雪靴（230）
18	短褲＋內搭褲（258）	18	腿粗卻穿短褲或短裙（208）
19	把衣服紮進高腰褲裡（257）	19	在薄（或淺色）上衣下面穿深色內衣（205）
20	染金、綠、藍等特殊色頭髮（256）	20	腿粗穿緊身褲（205）
21	每天都穿一樣的衣服（244）	21	化煙燻妝（在眼睛周圍畫一整圈黑灰色眼影）（202）
22	頭髮正中分（244）	22	短襪＋高跟鞋（176）
23	褲子太短露出一截襪子（243）	23	喜歡把自己穿得像千層派（166）

名次	最不想看到的男生裝扮	名次	最不想看到的女生裝扮
24	穿緊身褲（240）	24	娃娃頭，瀏海快要蓋住眼睛（155）
25	故意蓄山羊鬍（216）	25	上衣或外套有明顯的大墊肩（154）
26	穿內搭褲（203）	26	在包包上面掛非常多的吊飾或玩偶（148）
27	汗衫（吊嘎）＋短褲＋藍白拖（190）	27	用鯊魚夾夾頭髮（阿婆髮型）（140）
28	同時戴很多配件在身上（174）	28	同時戴很多配件在身上（複雜的項鍊、手環……）（126）
29	鞋子很髒不洗（163）	29	上半身只有穿細肩帶小可愛就出門（119）
30	噴香水（157）	30	指甲顏色很誇張或每指不同色（113）
31	把頭髮用髮雕抓得高高的（156）	31	做華麗水晶指甲（105）
32	穿膝上短褲（121）	32	把衣服紮進高腰褲裡（102）
33	穿女性化顏色的褲子（如：粉紅）（117）	33	腳短還穿踝靴（98）
34	不管在哪裡老是戴著帽子（110）	34	戴無鏡片眼鏡（96）
35	戴細金框眼鏡（91）	35	穿豹紋印花的衣服（89）
36	穿冤錢印有廠商名稱的衣服（91）	36	穿顏色奇特的內搭褲（如：亮黃或七彩）（86）
37	戴無鏡片眼鏡（83）	37	穿無袖背心露出內衣肩帶（75）
38	把錢包鼓在屁股後面的口袋（80）	38	戴超大耳環（55）
39	穿搭對比亮眼顏色（如紅褲＋黃鞋）（70）	39	穿著森林系衣服（寬大像斗篷的外套＋長上衣＋長洋裝）（41）
40	戴耳環（52）	40	穿俏皮裝可愛的吊帶褲（22）

備註：括號內的數字為被勾選次數，有效問卷數為 1,366 份。

表 8-3　形象管理之「穿著打扮」意見調查結果（男生意見篇）

名次	最不想看到的男生裝扮	名次	最不想看到的女生裝扮
1	怪異打扮像人妖（366）	1	穿無袖背心沒刮腋毛（387）
2	露出來的內褲黃黃的（302）	2	穿過小的衣服或過緊內衣擠出肥肉（311）
3	露股溝（278）	3	穿有汙漬或黃斑的衣服（273）
4	擦指甲油（247）	4	擦味道很重的香水（271）
5	化妝（擦粉或腮紅）（231）	5	腿粗穿緊身褲（236）
6	穿黑色網狀透明洞洞上衣（224）	6	化煙燻妝（在眼睛周圍畫一整圈黑灰色眼影）（208）
7	衣服髒髒感覺沒洗（214）	7	腿粗卻穿短褲或短裙（204）
8	戴舌環（211）	8	內衣很薄乳頭隱約可見或不穿內衣（172）
9	穿緊身褲（124）	9	露股溝或丁字褲（149）
10	短褲＋內搭褲（123）	10	穿洗壞的衣服或領口已經鬆脫的衣服（141）
11	西裝＋夾拖（122）	11	魚口鞋（或涼鞋）＋絲襪（136）
12	不穿內衣乳頭激凸（116）	12	穿破掉的絲襪（136）
13	穿內搭褲（115）	13	穿過高的高跟鞋走路像企鵝（135）
14	頭髮很長可以綁馬尾（114）	14	穿露出屁股下緣（俗稱小屁屁）的超短熱褲（134）
15	穿女性化顏色的褲子（如：粉紅）（108）	15	打扮像聖誕樹（穿很多顏色在身上）（134）
16	穿感覺褲子快掉了的垮褲（107）	16	把內搭褲當外褲穿（內搭褲外面沒有穿其他裙或褲）（123）
17	把衣服紮進高腰褲裡（102）	17	指甲顏色很誇張或每指不同色（115）
18	穿露出身體和腋毛的寬鬆背心（97）	18	坐下時褲頭露出一截內褲（111）

名次	最不想看到的男生裝扮	名次	最不想看到的女生裝扮
19	故意露出內褲褲頭（96）	19	腳短還穿踝靴（111）
20	染金、綠、藍等特殊色頭髮（96）	20	短襪＋高跟鞋（101）
21	噴香水（89）	21	上衣或外套有明顯的大墊肩（98）
22	每天都穿一樣的衣服（86）	22	做華麗水晶指甲（95）
23	同時戴很多配件在身上（82）	23	穿過短的衣服露出絲襪最上圍（94）
24	頭髮正中分（82）	24	天氣不冷卻穿賽亞人的雪靴（94）
25	穿印有髒話字眼的 T-shirt（81）	25	用鯊魚夾夾頭髮（阿婆髮型）（88）
26	鞋子很髒不洗（76）	26	穿豹紋印花的衣服（76）
27	瀏海很長會蓋住眼睛（71）	27	穿領口過低的衣服露出乳溝（75）
28	褲子太短露出一截襪子（67）	28	同時戴很多配件在身上（複雜的項鍊、手環……）（74）
29	戴耳環（66）	29	穿顏色奇特的內搭褲（如：亮黃或七彩）（73）
30	戴細金框眼鏡（66）	30	喜歡把自己穿得像千層派（73）
31	戴無鏡片眼鏡（64）	31	把衣服紮進高腰褲裡（72）
32	襯衫上半的釦子不扣露出胸膛（63）	32	戴超大耳環（63）
33	汗衫（吊嘎）＋短褲＋藍白拖（61）	33	娃娃頭，瀏海快要蓋住眼睛（63）
34	把頭髮用髮雕抓得高高的（59）	34	在薄（或淺色）上衣下面穿深色內衣（57）
35	不管在哪裡老是戴著帽子（56）	35	戴無鏡片眼鏡（55）
36	穿搭對比亮眼顏色（如紅褲＋黃鞋）（50）	36	上半身只有穿細肩帶小可愛就出門（52）
37	把錢包鼓在屁股後面的口袋（49）	37	在包包上面掛非常多的吊飾或玩偶（48）
38	故意蓄山羊鬍（48）	38	穿無袖背心露出內衣肩帶（42）

名次	最不想看到的男生裝扮	名次	最不想看到的女生裝扮
39	穿膝上短褲（44）	39	穿俏皮裝可愛的吊帶褲（25）
40	穿冤錢印有廠商名稱的衣服（39）	40	穿著森林系衣服（寬大像斗篷的外套＋長上衣＋長洋裝）（21）

備註：括號內的數字為被勾選次數，有效問卷數為 660 份。

（四）讓服裝為自己的專業加分

一個人擁有專業固然重要，若能在服裝上下點功夫，更可以和自己的專業能力相得益彰，讓人印象更加深刻。服裝是一門大學問，即使我們平日專心致力於領域內專業工作，也應抽空學習一點服裝相關的知識。例如：男性的正式穿著不論在冬季夏季在款式上看起來或許相同，但最大的差異是在質料，而非夏天穿短袖襯衫，冬天穿長袖。值得一提的是，在國際禮節中，短袖襯衫是非常不禮貌的職場穿著。又例如：西裝有分單排鈕雙排扣，什麼時候穿哪種款式？扣子怎麼扣？領帶長度怎麼繫？領結打法不同有何意義？這些都是自己應該花時間去研究與學習。

因為男性的服飾相較女性而言，變化較少，因此，在一些配件和細節上就成了重點。例如：領帶的使用便是一門大學問，像是花樣、寬度、打法、長度等都是學習重點，目前年輕人就算不著正式西裝，也會把領帶作為打扮的配件之一，甚至還曾流行非常細的黑領帶。但倘若不經研究，誤以為黑領帶也可以帶到職場上穿著，有可能在接待日本客戶時就會出現非常尷尬的情形。因為，在日本社會裡，只有參加喪禮時才會繫上黑色領帶。

女性亦是如此。女性服飾的選擇較為多樣化，因此可以從眾多設計中去挑選最能突顯自己的氣質、臉型、身材優點的服飾。有位筆者曾經教過的女學生畢業後第一年從事公關公司的實習工作，在一次協助知名保養品牌期末感謝會的場合裡，因為見到現場工作人員個個專業幹練的模樣，

不僅心生羨慕也讓她感到震驚，她寫了封信與筆者分享她所見所感，她在信裡提到「我上到的一課是：服裝是能力的一部分。每個人看起來都很幹練也很有氣勢，雖然穿的都是黑色服裝，但每個人都可以穿出自己的味道來。讓我欣羨之餘，也暗暗警惕，原來只有我尚未脫離學生的框框。像是有位大四學生，因為展現出來的專業氣勢，讓我一直以為她是正式員工呢！」因此，適合的服裝會讓本來就具有能力的人表現更加有自信，同時有更好的展現。

千萬不要有錯誤的認知，以為只要我有能力，就算不花精神在服裝上，老闆和客戶還是會喜歡我的。一直抱著這樣想法的人要當心了，對某些雇主來說，你可能連取得工作的資格都沒有。或許長期在臺灣的校園裡，透過穿著制服來壓抑個人風格，同時整個社會總教育學子唯有努力汲汲營營在課業上才是正途，學生不應花功夫在穿衣打扮上，因此，很少有大學生在就業以前，透過服裝塑造出自己的獨特穿衣風格與形象。甚至因為覺得這個不重要，隨性穿，舒服就好。問題在於，在職場中，有時候，服裝不是用來舒服用的，服裝是用來展示你的品味、你對待客戶的態度，甚至代表整個公司所要傳遞給外界的訊息。GQ總編輯杜祖業接受誠品書局《提案月刊》的訪問時便指出，雖然多數創意產業對於員工的服裝沒有限制，但沒有限制反而更加彰顯自己在服裝管理的能力。他同時引用日本雜誌界的名人藤本泰的做法，聘用新人時，在翻閱新人的作品前，會先看一個人的穿著，想在時尚雜誌產業工作，卻對穿著沒有自己的想法，如何對雜誌及內容產生熱情(註12)？

或許，讀者可能會認為在時尚雜誌工作理當要注意服裝，其他的產業就不必了吧？那我們再舉一個例子，不管什麼產業，最多人會應聘的工作便是一般行政事務，不管是行銷、會計，或人事，在這些崗位工作難免還是會接待客戶，與外界各個單位有所接觸，倘若你自以為節儉或專注於工作本分，因此穿著線頭脫落的襯衫、鞋頭磨損的皮鞋、款式老舊的西裝，或許你不以為意，但是，看在對方的眼裡，別人可能解讀為：這個人不尊

重我因此隨便穿、這公司營收是不是有問題導致給不出員工薪水所以員工沒錢買新衣、這公司的文化是不是守舊不創新怎麼員工穿著這麼乏味。因此，服裝不是只有蔽體或保暖的意涵，進了職場，你的服裝就成了你專業的一部分，也反映你的工作態度，更代表著你的公司，絕不可不慎。

四 行為舉止與個人品牌

除了專業、容貌、服裝會影響別人對我們的形象看法以外，一個人的行為舉止也是很重要的。本書的第二大部分「職場中的群我關係管理」幾個章節裡所說明的內容有些便是與行為舉止有關。但是，有更多的行為舉止可能是個人長久習慣所養成，自己可能沒有自覺，也與專業工作無關，但要是經常在同事、上司，甚至客戶面前出現這些行為，可能會影響自己的形象，這些也應該盡可能地避免。

比方說，筆者曾觀察到有些人有抖腳的習慣，問他們為何要抖腳，他們還會解釋只是動幾下並非抖腳，甚至有很多人宣稱下意識抖腳，自己也沒發現。在旁人的眼裡，那樣的動作非常不雅，若已經熟識之人，因為彼此了解或許較無大礙，但若在客戶面前做出這種抖腳動作，有可能年輕一點的被解讀為不莊重、準備不足很緊張、態度挑釁等，則客戶觀感不佳；若年紀稍大的被解讀為身體不好，執行專案過程可能會力不從心，擔心無法好好做好後續客戶服務工作，這樣一來，不但做不到生意，完成不好工作任務，還間接影響公司的整體形象。

本章提到中國近代政治家曾國藩相當擅長識人辨才，他也為清朝政府任用了許多優秀人才。有一年，他建立湘軍，有一位湖南老鄉前來投靠，曾國藩覺得他的面相相當忠厚老實，應是可用之人，加上老鄉的關係，當天便請他用一頓飯再讓老鄉離開。沒想到，用餐過程，這位老鄉做了一個動作，讓內心本來想錄用他的曾國藩立馬決定不聘用。這位老鄉得知結果後覺得無法理解，按理面試過程很順利，應該是會錄取的，他很想知道哪裡出問題，因此打探原因，曾國藩回答：「某家赤貧，且初作客，去秕而

食，寧其素耶！吾恐其見異思遷，故遣之。」意思是，當時當兵和現在可不一樣，吃的米飯不像現在的米又白又香，甚至還會參雜一些穀殼造成口感不佳。這位老鄉表面看起來節儉樸實，而且依據資料，家中也很貧寒，接受曾國藩的招待竟然當眾挑出穀殼，顯然外表與內心不一致，心裡不能接受窮苦，這樣一來，萬一以後敵軍有所利誘，這樣的人最容易為組織帶來災難，自然不可用。從這個故事就可以知道，每個人的行為都可能讓別人在心裡為自己打下分數，不可不慎。

筆者除了曾經在課堂上讓學生進行「穿著打扮」的全校意見調查以外，也曾經進行過「行為舉止」的調查，讓大學生們勾選他們最討厭看到的同儕行為，表 8-4 和 8-5 便是當年調查的結果，供讀者參考 (註13)。

△表 8-4　形象管理之「行為舉止」意見調查結果（女生行為篇）

男生最討厭女生的行為		女生最討厭女生的行為	
名次	行為（被勾選次數）	名次	行為（被勾選次數）
1	公主病（394）	1	做作（694）
2	做作（352）	2	公主病（673）
3	耍心機（323）	3	耍心機（667）
4	抽菸（279）	4	跟男生講話聲音變嗲（531）
5	很傲慢，不太理人（278）	5	喜歡向他人抱怨自己桃花很多（405）
6	花痴（265）	6	自私只顧自己的事（392）
7	喜歡向他人抱怨自己桃花很多（232）	7	喜歡裝柔弱（387）
8	自私只顧自己的事（218）	8	花痴（379）
9	跟男生講話聲音變嗲（205）	9	講話喜歡酸別人自以為幽默（366）
10	喜歡命令別人做事（204）	10	抽菸（364）
11	講話喜歡酸別人自以為幽默（203）	11	喜歡命令別人做事（361）
12	行為很像小太妹（198）	12	喜歡和男生搞曖昧（350）

男生最討厭女生的行為		女生最討厭女生的行為	
名次	行為（被勾選次數）	名次	行為（被勾選次數）
13	在公開場合挖鼻孔（187）	13	很傲慢，不太理人（342）
14	講髒話（176）	14	愛裝可愛（332）
15	習慣性的抱怨，沒有一句有營養（172）	15	習慣性的抱怨，沒有一句有營養（313）
16	小心眼（166）	16	在公開場合挖鼻孔（296）
17	說話音量很大旁若無人（157）	17	小心眼（287）
18	愛尖叫（143）	18	重要時刻還嘻嘻哈哈（281）
19	喜歡講別人八卦（140）	19	抖腳（268）
20	愛裝可愛（138）	20	愛尖叫（259）
21	重要時刻還嘻嘻哈哈（138）	21	喜歡講別人八卦（233）
22	喜歡和男生搞曖昧（136）	22	在公開場所喬奶、喬內褲（231）
23	喜歡裝柔弱（134）	23	說話音量很大旁若無人（225）
24	舉止隨便沒有女生矜持（133）	24	行為很像小太妹（221）
25	愛遲到（113）	25	跟男生講話有意無意的肢體碰觸（217）
26	在公開場所喬奶、喬內褲（112）	26	講髒話（216）
27	很愛自拍且表情永遠一樣（107）	27	很愛自拍且表情永遠一樣（193）
28	抖腳（106）	28	去哪裡都要有人陪伴（176）
29	愛碎碎念（97）	29	愛遲到（165）
30	穿裙子不把腳靠攏（91）	30	到處亂放電（162）
31	喜歡打斷別人說話（87）	31	吃東西嘴巴不合起來，還發出聲音（151）
32	到處亂放電（84）	32	喜歡和你裝熟（147）
33	跟男生講話有意無意的肢體碰觸（83）	33	舉止隨便沒有女生矜持（145）
34	當眾用手或舌頭剔牙（80）	34	打嗝不搗住嘴巴（136）
35	打嗝不搗住嘴巴（79）	35	喜歡打斷別人說話（134）

男生最討厭女生的行為		女生最討厭女生的行為	
名次	行為（被勾選次數）	名次	行為（被勾選次數）
36	喜歡把自己的私密事告訴別人（76）	36	當眾用手或舌頭剔牙（131）
37	喜歡和你裝熟（73）	37	穿裙子不把腳靠攏（112）
38	吃東西嘴巴不合起來，還發出聲音（72）	38	喜歡把自己的私密事告訴別人（112）
39	在公開場合放很臭的屁（72）	39	愛碎碎念（107）
40	去哪裡都要有人陪伴（69）	40	在公開場合放很臭的屁（103）
41	講話亂噴口水（68）	41	講話愛用網路用語（95）
42	講話習慣性用手拍打人（47）	42	講話習慣性用手拍打人（89）
43	三不五時就照鏡子（39）	43	講話亂噴口水（87）
44	咬手指甲（35）	44	三不五時就照鏡子（73）
45	講話愛用網路用語（35）	45	在公開場合補妝（64）
46	在公開場合補妝（29）	46	咬手指甲（59）
47	嘴裡有東西還一直說話（28）	47	喜歡咬筆桿（46）
48	喜歡咬筆桿（27）	48	一直撥頭髮（40）
49	一直撥頭髮（21）	49	嘴裡有東西還一直說話（37）
50	邊走邊吃（15）	50	邊走邊吃（11）

備註：括號內的數字為被勾選次數，有效向卷男生 394 份，女生 941 份。

⚙ 表 8-5　形象管理之「行為舉止」意見調查結果（男生行為篇）

男生最討厭男生的行為		女生最討厭男生的行為	
名次	行為（被勾選次數）	名次	行為（被勾選次數）
1	沒內涵又愛講道理、自以為是（338）	1	沒內涵又愛講道理、自以為是（615）
2	總是很跩、愛理不理人的態度（275）	2	和女生講話盯著胸部看（506）

男生最討厭男生的行為		女生最討厭男生的行為	
名次	行為（被勾選次數）	名次	行為（被勾選次數）
3	自私只顧自己的事（227）	3	對女生品頭論足（450）
4	喜歡到處認乾妹妹（221）	4	喜歡和女生搞曖昧（429）
5	摳腳縫（199）	5	跟女生講話有意無意的肢體碰觸（410）
6	喜歡到處炫耀（199）	6	摳腳縫（399）
7	沒有風度容易生氣（197）	7	開黃腔（399）
8	習慣性的抱怨，沒有一句有營養（187）	8	在公開場合挖鼻孔（398）
9	愛放馬後砲（185）	9	自私只顧自己的事（393）
10	跟女生講話有意無意的肢體碰觸（184）	10	滿口髒話（390）
11	常自以為很潮很帥（181）	11	喜歡到處認乾妹妹（386）
12	愛說謊（179）	12	行為思想很大男人（381）
13	重要時刻還嘻嘻哈哈（178）	13	習慣性的抱怨，沒有一句有營養（377）
14	很愛計較小事情（178）	14	沒有風度容易生氣（376）
15	喜歡和女生搞曖昧（170）	15	愛說謊（358）
16	走路屌兒啷噹樣（166）	16	重要時刻還嘻嘻哈哈（350）
17	滿口髒話（160）	17	抓屁股（301）
18	在公開場合挖鼻孔（159）	18	很愛計較小事情（292）
19	腳臭還脫鞋子（155）	19	總是很踐、愛理不理人的態度（283）
20	亂灑家裡的錢（141）	20	愛亂搭訕女生（278）
21	很摳門很小氣（140）	21	常自以為很潮很帥（277）
22	和女生講話盯著胸部看（133）	22	腳臭還脫鞋子（276）
23	行為思想很大男人（130）	23	很摳門很小氣（274）
24	愛亂搭訕女生（124）	24	喜歡到處炫耀（266）

男生最討厭男生的行為		女生最討厭男生的行為	
名次	行為（被勾選次數）	名次	行為（被勾選次數）
25	開黃腔（118）	25	抖腳（249）
26	行為很像女生、娘（118）	26	愛放馬後砲（234）
27	抓屁股（116）	27	亂灑家裡的錢（234）
28	愛遲到（115）	28	抓腋下（206）
29	喜歡打斷別人說話（104）	29	愛遲到（202）
30	對女生品頭論足（100）	30	走路屌兒啷噹樣（195）
31	憤世嫉俗（100）	31	講話亂噴口水（190）
32	沒有主見人云亦云（100）	32	沒有主見人云亦云（185）
33	在公開場合放很臭的屁（93）	33	憤世嫉俗（183）
34	講話亂噴口水（91）	34	在公開場合放很臭的屁（167）
35	抓腋下（85）	35	打嗝不搞住嘴巴（166）
36	沒事喜歡裝憂鬱（80）	36	吃東西嘴巴不合起來，還發出聲音（155）
37	吃東西嘴巴不合起來，還發出聲音（76）	37	當眾用手或舌頭剔牙（154）
38	打嗝不搞住嘴巴（75）	38	沒事喜歡裝憂鬱（122）
39	當眾用手或舌頭剔牙（71）	39	喜歡打斷別人說話（117）
40	一直甩瀏海（67）	40	一直甩瀏海（116）
41	講話愛用網路用語（65）	41	一直摸自己的鬢角（114）
42	三不五時就照鏡子（64）	42	講話愛用網路用語（112）
43	抖腳（61）	43	咬手指甲（112）
44	在有女生的場合暴露上身（53）	44	三不五時就照鏡子（100）
45	咬手指甲（50）	45	行為很像女生、娘（90）
46	一直摸自己的鬢角（38）	46	在有女生的場合暴露上身（ex. 打完球脫掉上衣）（87）
47	自言自語（30）	47	嘴裡有東西還一直說話（71）

男生最討厭男生的行為		女生最討厭男生的行為	
名次	行為（被勾選次數）	名次	行為（被勾選次數）
48	嘴裡有東西還一直說話（30）	48	自言自語（55）
49	站姿三七步（29）	49	站姿三七步（48）
50	邊走邊吃 6	50	邊走邊吃（18）

備註：括號內的數字為被勾選次數，有效向卷男生 394 份，女生 941 份。

五 其他建立個人品牌的管道

　　除了上述以外，還有很多細節也可以為自己的形象具有加分的功用。例如：一個人的筆跡也可能為他的個人品牌帶來加分或減分的效果，字如其人，字體反映一個人的性格，倘若字體很好看的人，可能帶給他人正向的印象；假設字體歪斜不工整，那麼應該想辦法儘量避免以字跡示人，在提供他人文件或相關訊息時，盡可能使用電子軟體輸出，增進文字易讀性，達到溝通效果，同時減少他人對自己的負面觀感。相較歐美社會，筆跡在東方較不常被使用來評價他人[註14]，特別是甄選員工時。然而，人不可能都沒有展示自己字體的機會，因此，可能的話，將自己的字跡提升到至少工整的程度，對於大學生來說，是相當基礎的功課。

　　本章前述提到的辦公室隔間也是一個重要的可為自己帶來個人形象的地方。一個將自己辦公室工作空間整理的整齊井然有序的人，在同事與主管的眼裡，會延伸聯想他是個做事有條理的人；甚至有時客戶也會有機會來公司與你洽談業務細節，萬一無意間發現你的辦公桌雜亂無章，文件散落桌面，甚至有許多茶漬和麵包渣，電腦螢幕貼滿便利貼，這樣一來，就算你是個很用心的服務者，客戶也很難說服自己應該把他的業務交由你來負責。

　　此外，個人攜帶的隨身物品也可能是為你創造個人品牌和專業形象的管道，而這些是一般人容易忽略的地方。比方說，你使用的筆、記事本、

行李箱、手錶，甚至身上背的包包等。尤其當你的工作需要經常性接觸客戶時，應該準備一枝專業的用筆，它可以不需要很昂貴，但至少不應該是大學時代寫考卷或筆記用的透明筆管簽字筆，可能是金屬筆管，甚至是鋼筆，當你使用這枝筆和客戶簽署文件時，代表你對他及他公司的尊重。有些人甚至會拿連鎖餐廳贈送的筆來使用，這些筆再好書寫，僅適合在私下場合，不建議拿到正式職場上。當你因工作需求，需要經常代表公司出差時，應該為自己準備一個適當且有一定品質的行李箱，別因為省錢或貪小便宜使用銀行或其他行號贈送的行李箱，有可能規格、功能，甚至外觀不適合你的工作性質和需求，也可能因為成本較低廉而出現不堪使用，甚至在關鍵場合讓你及公司造成困擾的情形，減損了你的專業形象。大學時代上學使用的背包，有可能因為取得正式職業後不再適合，想塑造專業形象，職場人應該選擇與自己形象相符的公事包或背包，例如：當你是從事創意工作，就不應該揹著黑壓壓過於正式的包款；當你的工作性質是必須面對莊嚴的場合，就不應該揹著過於花俏的包款。選擇與自己身分相配的個人物品，可以為自己原本的專業增添更佳的形象。

註釋

1. 對文字考究的人可能會覺得「印象」（image）與「形象」（impression）不同。的確，我們通常會在不同的時間點使用這兩個詞，並且在很多時候難以替換使用，例如：我們會說「我對他沒啥印象」，但不會說「我對他沒啥形象」。在不同的學術領域也會使用不同的詞，例如：使用「企業形象」（corporate image）而不是「企業印象」。若要真去探討，我們可以說「印象」比較像是某人事物在你腦中停留的相貌；而「形象」則是當你想到或別人提到某人事物時，你對它的看法，或者產生的聯想。這樣看來，形象似乎較印象更貼近本章節所談論的影響意涵。不過，坦言之，不論是使用哪一個名詞都與本章節所要強調的觀念是相通的。僅為了釐清可能的讀者疑惑在此特別說明。

2. 參考自華泰書局出版之《組織行為學》中譯本「權力與政治行為」章節。原著作者為組織行為學知名學者 Stephen P. Robbins。在學術上，學者們整理了常用的幾個印象管理技術，包括順從（conformity）、辯解（excuses）、道歉（apologies）、自我推銷（self-promotion）、諂媚（flattery）、示好（favors）、聯想（association）等方式，透過這些技術，可以改變他人對操作者的看法。而印象管理行為即為書中所稱的「政治行為」，這些行為並無絕對善惡之分，必須考量行使這些行為過程是否危害他人利益、組織利益，以及公平正義原則等道德性及其他法律問題。因涉及知識範圍廣泛，有興趣者請延伸閱讀組織行為學書籍相關章節。

3. 請參見以下相關學術文獻：Gilmore, D. C., & Ferris, G. R. (1989). The effects of applicant impression management tactics on interviewer judgments. *Journal of Management, 15*, 557-564. Kristof-Brown, A. L., Barrick, M. R., & Franke, M. (2002). Applicant impression management: Dispositional influences and consequences for recruiter perceptions of fit and similarity. *Journal of Management, 28*, 27-46. Stevens, C. K., & Kristof, A. L. (1995). Making the right impression: Afield study of applicant impression management during job interviews. *Journal of Applied Psychology, 80*, 587-606.

4. 請參見以下相關學術文獻：Wayne, S. J., & Kacmar, K. M. (1991). The effects of impression management on the performance appraisal process. *Organizational Behavior and Human Decision Processes, 48*, 70-88. Wayne, S. J., & Liden, R. C. (1995). Effects of impression management on performance ratings: a longitudinal study. *Academy of Management Journal, 38*, 233-260. Zivnuska, S., Kacmar, K. M., Witt, L. A., Carlson, D. S., & Bratton, V. K. (2004). Interactive effects of impression management and organizational politics on job performance. *Journal of Organizational Behavior, 25*, 627-640.

5. 請參考 Tsai, W. C., Huang, T. C., Wu, C. Y., & Lo, I. H. (2010). Disentangling the effects of applicant defensive impression management tactics in job interviews. *International Journal of Selection and Assessment, 18*, 131-140.

6. 2014 年全世界最有價值的品牌即為 Apple，品牌價值高達 1,189 億美元，Apple 在 2013 年起從已經連續 13 年最有價值品牌可口可樂的手中搶下龍頭

地位。臺灣從 2003 年起，便與國際知名的英國品牌顧問公司 Interbrand 合作，針對臺灣的品牌進行鑑價評比，2014 年品牌價值最高者為華碩，品牌價值為 17.23 億美元。

7. 交易成本理論主張人通常會在一個交易所產生的最低方案下做出選擇。企業及相關聘用人員當然知道，就算不是出身名校的畢業生也有很多優秀的人才，只是，企業沒有辦法讓每一個人都先進到公司裡去測試，在招聘成本及時間有限的情況下，只能用相對較為客觀的方式來選材，那也是為什麼有許多公司會優先錄取國立大學、國外回國，或者名校出身的畢業生。特別在應聘者眾多的公司裡，這樣的情形會越明顯。

8. 這本繪本描述一個很愛生氣的小男生，只要凡事不如他的意他便生氣，即使媽媽抱著他，他也感覺不到媽媽的溫柔，聽不進去別人的話，只要一生氣就覺得身體裡有一團火球，身體開始慢慢變成一隻恐龍，把身體裡的火用一堆很壞的話噴出來，因此朋友越來越少，也沒有辦法玩玩具，因為玩具會被火燒到，爸爸媽媽再也無法抱著他，因為會被危險的恐龍傷到。這本繪本在教導兒童情緒管理，有趣的故事意境其實和大人又何嘗不是一樣，雖然人們生氣不會真的變成恐龍，但所展現的表情與神情卻讓旁人無法親近，久而之，就會影響自己的人際關係。

9. 請參考 Judith Langlois 教授的研究網頁 http://homepage.psy.utexas.edu/homepage/group/langloislab/facialattract.html

10. 部分在表 8-1 內所描述的穿著，若在平時外出遊玩或派對場合穿著，並無不可。本章節指的是，在一般公司行號裡，這些穿著很容易引起非議，進而影響自己在他人眼中的評價。雖然說不同的行業對員工的穿著嚴格程度要求不盡相同，但可以接受員工如此穿著的恐怕是少之又少。建立形象不容易，因此不需要在穿著打扮上為了過度追求自我而損傷自己的專業形象。

11. 原本課程設計的調查總共涵蓋「言行舉止」、「穿著打扮」、「容貌外表」、「生活習慣」等篇，打算分多個學期來完成，但執行到穿著打扮篇後，此項活動就終止了。當時為了讓調查活動更加廣為人知並尋求全校學生支持，還特地自費印製海報張貼在校園中，但少數師生對於調查的題目和海報有些批評，認為違反性別平等，誤解調查原始美意，為了避免同樣的疑慮，隨後便取消相關調查。因此，若讀者覺得見到題目中有令你質疑

的選項，請務必了解，本調查的若干項目並非進行人身攻擊。人有高矮胖瘦，各具美感，腿長的人也會有不適合的裝扮，同樣的，過瘦、較矮、較胖者都有適合自己的打扮與穿著方式。此調查並非評論你的高矮胖瘦，而是提供意見，提醒不同身形的人應該如何避免短處並設法穿出自己的特點。該調查期間為 2011 年底，並於 2012 年 1 月初完成，共蒐集 2,070 名大學部學生的意見（約占總體學生數七成），其中男同學 660 人，女同學 1,366 人，另有未勾選性別及廢卷共 44 人。因為不是學術研究，在調查實施過程程序或有瑕疵，項目之間在意義上或有重疊情形，但這仍不影響調查本意。我們可以選擇完全不理會他人的意見，勇敢做自己；我們也可以選擇參考別人的觀點，來創造更具有自信與獨特風格的自己。而，這無關異性吸引，而是關乎未來職場形象力。

12. 誠品書店出版了一份書店月誌《on the desk 提案》，提供讀者免費取閱，2014 年 9 月的主題為「初職者，進擊！」除了介紹一些與職場能力有關的書籍清單與活動以外，也訪問許多業界人士，提供寶貴的職場意見給讀者參考。由於該刊物索取完畢就無法獲得，有興趣者可至線上閱讀，網址如下，文中引用的內容在第五頁。http://www.esliteliving.com/dm/dm_detail.aspx?sn=2014090101

13. 「行為舉止篇」的意見調查在穿著打扮篇之前，調查期間為 2011 年 5 月，結果在 2011 年 6 月公布。當時協助調查的大學部學生共計 1,335 名，男生有效問卷數為 394 份，女生則為 941 份，符合本人任教學校的性別分配，同時參與調查的學生占了全部大學生的四成五。由於是第一次採用此方式來讓修課同學參與個人形象的意見蒐集，加上人力財力有所限制，執行上自然不如學術研究嚴謹，在學生貢獻的選項上也有重疊的項目，調查結果僅供學生深刻的體會本主題欲強調的概念，亦即除了專業能力的建立以外，大學生在現在以及未來進入職場，都應做好自我形象管理與個人品牌建立。如何讓別人識別（identify）你，其中一個建立形象的管道就是你的行為舉止。因此，了解大家眼中不喜歡的行為，並進行自我檢視，是此調查結果分享的主要目的。

14. 透過分析一個人筆跡中的線條、圈、字體穩定度和字間距離等等，進而評估一個人的潛在特質與性格，稱之為筆跡學，是一門發源已久的學問。在某些人力資源管理的教科書中，會介紹筆跡學是組織甄選人才的工具之

一。請參考美商麥格羅希爾出版，黃同圳教授編著的《人力資源管理——全球思維臺灣觀點》，原著為 *Human Resource Management*，作者為 Lloyd L. Byars 和 Leslie W. Rue

主題影片

中文片名：重版出來

日文片名：重版出來

首播日期：2016 年 4 月 12 日（日本）

劇情長度：10 集

主要演員：黑木華、小田切讓、坂口健太郎、松重豐

劇情簡介與推薦說明：

《重版出來》描述一名因為受傷無法繼續待在柔道界，轉而到漫畫雜誌社工作的年輕人，靠著對工作的熱情和不妥協的精神，在職場上從什麼都不懂的菜鳥，到逐漸發光發熱，不僅在工作中找到成就感，同時也將這份對工作的熱情感染給其他人。

《重版出來》是指書籍賣完了以後市場上還有需求，因此需要追加印刷，不僅意味著該書受到讀者的肯定，也有機會向更多的潛在讀者宣傳該書，這是出版界最期待的結果也是作者的榮耀。然而，如同劇中所言，一部好的作品不見得會受到市場的喜愛，因而，編輯和銷售成了將好作品推向讀者的重要橋梁。此劇便是在描述幾個主要角色如何在自己的工作中面對困難、找到解決方法，讓自己的努力不僅幫助了創作者、造福了消費觀眾，同時也成就了自己。

漫畫出版業的工作，對前一刻還是柔道奧運後補選手的女主角來說，根本是完全陌生的領域，但她卻願意不斷的學習，找到任何可以發問和嘗試的機會，任何一個任務，她都能充滿熱情並對之滿懷期待，面對困難則不退縮並正面挑戰，這是身為社會新鮮人都應該有的態度。雖然女主角非常期待可以成為一名獨自負責漫畫作家作品的編輯，但編輯的工作絕非一個新人立即可以勝任，因此，在進入職場之初，女主角被指派很多在前輩眼裡是雜事的工作。她

卻不因此感到煩躁，反而把握任何一個可以學習和出版業有關的知識，並且主動向前輩請教工作的方法。值得讚賞的是，她可以對任何事務充滿好奇心和學習動力，並不看輕任何一份任務。例如：當女主角被要求負責漫畫末頁的讀者意見調查工作時，她感到興奮不已且認真看待這份在前輩眼中可有可無的工作。即使初次接手編輯工作，為了漫畫最後一頁延續下一集的一句宣傳語，她竟然讀了兩萬多筆讀者的心得，並列了 100 句宣傳語讓副總編輯挑選，即便因為缺乏經驗而無法得到副總編青睞，她的工作態度相信在主管眼中已經帶來深刻的正面印象。因此，印象管理可以在第一次與人接觸時運用一些手段來建立，但透過實際且長期的工作態度展現，更能建立令人深刻的品牌印象，提升自己的品牌價值。

戲裡安排了另外一名具有強烈對比效果的角色，來彰顯女主角的正面與積極。有一名已經在公司待了三年的員工，一直在不同職務中移動，女主角進到編輯部時，他正好在銷售部工作，對於銷售工作不僅很不上心，也對漫畫出版業沒有看法和感情。自己所負責銷售的漫畫作品從未好好閱讀，對於消費者心理自然從未研究，跟在經驗豐富的主管身旁也從未主動學習銷售的關鍵技巧，卻只是整天想著調到更好的部門。但是當主管問他，為何想從事那份工作時？他又無法理直氣壯的說明理由。這樣的人缺乏自我品牌概念，給大家的印象不好，即使將來有較好的機會，身邊的人也無法將他視為很好的品牌，推薦出去。就如同我們使用過某一項產品或服務以後，覺得好用會到處為該產品或服務進行口碑行銷；如果不好用，則一點都不想推薦給親友。因此，人與產品一樣都是需要建立品牌的。

這部日劇的背景談的雖然是離臺灣觀眾很遠、很陌生的漫畫出版業（臺灣因為市場小，缺乏原創漫畫作品，漫畫出版多半為印刷產業範疇），但是，精彩與受用度完全不受此影響，劇中想傳遞的精神仍適合觀眾好好思索。如同劇中銷售業務員一樣，站在目前的位置不曾好好看待工作，卻一心想著其他得不到的位置，這樣的職場人多如過江之鯽。女主角對待工作的敬業精神與熱情，是所有在職場上奮鬥的新人和舊人都應該好好學習的。

課後練習

1. 你知道別人都怎麼看你嗎？你知不知道當別人談論你，或提到你時，通常會使用的描述句是什麼？你想像一下，假設今天是高中同學會，你因故無法出席，你能想像一下同學們聊到你時會說些什麼嗎？

2. 從進大學以來，你有做過哪些值得驕傲的事？你參與了哪些具有挑戰性的學習？你今年的履歷與去年的有何不同？

3. 大膽的請班上的同學針對他們對你的觀感給予回饋。不限定要認識的人，若是有不熟的同學，效果更好。例如：通識課或跨系選修課的同學更好。並且為了讓回饋可以更為有價值，請同學匿名將意見書寫在紙條上傳遞給你。具體來說，你可以向大家說明理由後，請大家在紙條上寫下對你的印象、覺得你這個人如何，避免誇大或無實質意義的讚美（如：你好帥、你是我見過最強的人），也不用作人身攻擊，盡可能從建議的角度提出看法。收到回饋的你必須虛心接受每一張紙條上的說法，不論你認為自己是不是如此，若同學認知的你與自己想法不同，應當好好檢討是哪個環節出問題，讓別人有這樣的認知，通常這樣的回饋對自己的幫助會是最大的。

延伸閱讀書籍

郝廣才（2014）。今天：366 天，每天打開一道門。臺北市：格林文化。

提利 · 羅伯埃克特著，菲力浦 · 古森斯繪（2004）。家有生氣小恐龍。臺北市：大穎文化。（兒童繪本）

曾國藩（2014）。冰鑑（修訂版）。臺北市：捷幼出版。

誠品書店。初職者，進擊！On the desk 提案（2014 年 9 月份），誠品書店。線上閱讀 http://www.esliteliving.com/dm/dm_detail.aspx?sn=2014090101

顧淑馨譯（2006）。職場輕裝學 —— 商務休閒年代，型男穿衣法則。臺北市：天下文化。

第 9 章

金錢觀與財富管理

本章學習重點

1. 了解金錢觀與職涯發展的關係。

2. 了解財富管理的重要性。

第一節 ┃ 個人財富管理的意義

一 財富管理與職涯發展的關係

　　為什麼本書要在最後一個章節探討財富管理呢？這和職涯發展又有什麼關係？試著回想，在第 1 章裡我們探討工作的意義，在諸多意義裡，顯然賺取生活所需的費用是其中重要的一項。因此，倘若利用工作所獲取的財務性報酬在使用上出現問題時，會直接影響到工作本身。具體來說，倘若本來因為喜歡從事某一項工作而投入時間與精神，也賺取足夠的收入，卻因為在使用金錢上不知節制，或者缺乏管理金錢的能力，導致經濟上的短缺或匱乏讓自己不得不放棄原本對工作的理想，轉而從事其他不感興趣但金錢報酬較高的工作，甚至為了填補資金缺口，鋌而走險作出不道德甚至違反法律的行為，都將使得原本應該順利的職涯發展路程出現重大問題。

　　2014 年底，臺灣社會上便發生了一起社會新聞，內容是一名國小教師因為財務短缺，將學校內推動科技學習計畫下，廠商提供給學生使用的 28 臺 iPad 拿去典當換得了十多萬，被知道後遭到起訴，不用說這名教師當然被校方解聘還可能面臨坐牢罰則。這起事件看似普通，但這背後造成的傷害與損失不僅是個人失去工作，還有教師職業的不被信任，以及國家栽培資源的浪費，甚至產生更多負面的社會影響。因而，不論年齡性別、職業貴賤，學習財富管理是相當重要的。筆者便曾聽聞，在臺灣青少年及兒童財商及財富管理尚在發展的現在，許多富有家庭或企業家已經早就開始關注下一代的財商及財富管理能力，因為，他們很明瞭，培養會賺錢的能力固然重要，但學會能管理錢財的能力比前者更重要。

　　人一生不得不和金錢打交道，也因此，學習正確的財富管理觀念，培養正確的金錢觀，將有助於整體職涯發展。

為什麼要學習財富管理？

下表 9-1 列出一個人常見的財務需求時機，例如：為了讓家人有更優渥、更充足的生活享受，因此需要較多的金錢；一個人單身的時候對於經濟的要求遠比成立家庭時來得少，尤其是成立家庭之初就得因為結婚而花費許多費用，更遑論有了家庭後，隨著新家庭成員的出現有更多的開銷；若是因為需求而購置汽車等動產或房屋等不動產，則是巨大經濟需求；即使自己節約用度，但難免家人在健康上或某些情況下需要家族成員協助的時候，像是家中長輩生病是最常見的情形；此外，個人可能在轉職銜接上出現空窗期，此時也會出現經濟需求；倘若發生被解僱之情事，即便有政府的失業津貼，也可能不敷生活所需；當個人有創業的需求時，除了可以向金融機構提出貸款要求，但個人在草創營運期也需要投資個人資金；最後則是老年退休後的生活，除了仰賴年金與退休金以外，想要有無虞的晚年生活，也必須在年輕時便有充足的經濟條件。因此，我們可以發現，除了不須擔負經濟責任的孩童時代可以對財富管理相關概念充耳不聞以外，只要個體一進入社會，經濟需求便隨之而來，並且因著不同的職涯發展階段有不同程度的需求。可見，財富管理能力也必須跟著提升，才足以讓整個生涯有更完整的發展。

⟳ 表 9-1　個人財務需求時機

• 創造財富	• 換職無薪期預應
• 成立家庭	• 失業
• 購置動產不動產	• 創業
• 家人重大支出	• 老年退休

三 財務智商與財富管理

財務智商，簡稱財商，英文為 Financial Intelligence Quotient，簡稱 FQ，是現在除了 IQ（智商，Intelligence Quotient）及 EQ（情商、情緒智商，Emotional Intelligence Quotient）外，很被重視的領域，被認為是現代社會必須同時發展的三大能力。智商，談的是人的智力；情商指的是情緒管理與穩定的能力；財商則是指管理財務的能力。筆者曾與中國財商教育第一把交椅湯小明先生一同用餐，他指出：「財商就是一個人與金錢打交道的能力。」這樣的說法與《不再為錢煩惱》的作者松浦彌太郎的觀念不謀而合。然而，作者在這裡特別強調一個相當重要的觀念：學習財商不等於學投資工具。

有人可能會問：我父母從小要我認真讀書，我也真的不負眾望，考取很好的學校，畢業後順利找到好工作，有著令人羨慕的工作，年年升遷賺進很多薪水，這樣算不算有高財商？筆者必須回答：抱歉，考上多好的大學、取得多好的工作機會、薪水多高，都和財商沒有直接的關係。再講直接一點：一個人賺錢的能力 ≠ 財商。

雖然上述提到財商是指管理財務的能力，但是財商 ≠ 理財能力。這兩者有何區別？管理財務的能力包括：「看待」、「使用」與「運用」財務的能力。就像是學習財商其中一部分要學著善待金錢，除了不可過度浪費以外，也不可以當守財奴。錢如果花在對的地方，就算花掉了很多，也可能創造許多價值，因此，學習正確的金錢觀念就是學習財商第一要務。賺來的錢有需要花用它的時候，如何用正確的方式將金錢有效的使用則是第二部分。第三部分則是學習如何將有限的財務資源，透過一些合理的方式，創造更多的財富，這是最高境界的財務運用部分。所以，理財能力充其量只能占財商的一部分而已。再用白話一點來描述，倘若有一個人，他很有理財天賦，會運用各種理財工具為自己創造大量的財富，但是他每天不從事其他事情，只想著賺進更多的錢，眼裡錢最重要，不僅對待家人、

朋友吝嗇，也為了賺錢生活作息不正常，賺到的錢也經常花在家人難以理解的事情上，這樣即使賺錢能力很強也不意味著擁有高財商。

因此，提高自我財商是刻不容緩的，要是財商過低，影響的不僅僅是個人的整體職涯發展，也可能會間接地影響到整個社會安定。

四 財務自由的意義

財務自由是近幾年來相當熱門的話題，每個人在財富的理想境界便是達到財務自由。「財務自由」簡單的來說，就是非工資收入大於總支出，意思是，萬一不小心失去工作，沒有工資收入也能夠維持所需開銷。個人的收入可以分為「工資收入」與「非工資收入」，前者是靠勞動換來的，工作後向發薪者領取工資成為收入，如果沒有勞動，這筆收入就會終止，又稱「主動收入」；而非工資收入則無關乎勞動，有可能你人在旅行或睡覺，這筆收入都可能產生，也就是「被動收入」。非工資收入最常見的有以下幾類：(1) 靠智慧財產權產生的收入：專利授權金、出版書籍的版稅、部落格廣告收入等；(2) 房租租金；(3) 有價證券的收益：例如股票股利或分紅；(4) 業務人員因簽約訂單有效期內年年收取的抽成費用；(5) 因投資商業而產生的報酬。

由此我們可以知道，當想達到財務自由有兩大類方式：其一，以知識或技術創造可長期產生被動收入的智慧財產；其二，透過工資收入來創造非工資收入。對於大多數人來說，第一類的進入障礙較高，需要特定的技能且耗費時間較長，因此，許多人為了早些達到財務自由，因此努力的工作賺錢，好讓自己可以存第一桶金來進行各種投資行為，創造較高的非工資收入。

然而，有幾個重要的觀念必須釐清。第一，努力工作累積許多財富並不等於財務自由，我們再一次檢視財務自由的定義：「非工資收入」>「總支出」=「財務自由」，換句話說，要獲得財務自由的境界可以從兩個角度來進行，一個是增加非工資收入，另一個則是減少總支出。因此，為了

財務自由不能只想著從工資上拼命提高，同時也必須檢視自己在支出上的需求是否有其必要性。若從職涯管理的角度來說，要達到良好的職涯發展，財務自由並非必要條件；但若可以在生涯過程中，達到財務自由的境界，勢必對於職涯發展會產生一些影響。比方說，當非工資收入大於總支出時，個人便可以擁有較多的職涯選擇權，他可以選擇離開原本的工作，進入一個更感興趣的職涯路徑，不需要因為經濟上的限制將自己困於原本的職涯當中。前述的「財務智商」可以協助個人較快速達到財務自由的境界，財商的相關知識與觀念出現在後兩節的內容。

第二節 | 金錢價值觀

　　幾乎大部分的國家文化下，似乎都有類似的現象，那就是認為談錢很俗氣。從小人們被教導節儉是美德、不可以隨意花錢，並且見到有錢人就會覺得這些人很俗氣，看到商人富可敵國就鄙視他們靠別人的勞力來賺錢。即使如此，人們內心可能又藏不住欣羨，這是一種很矛盾的人類心理。但是卻很少有國家的基礎教育正大光明的教導人們金錢的價值與意義，因此人們只好在明明知道有錢很好的情況下，又要裝作去追求很多比錢更重要的事之假象。

■ 富有的意義

　　城裡有一個中年男子很喜歡到處說他自己很富有，傳遍了大街小巷，大家都在談論他的財富。搞到後來國家稅務機關忍不住跑來男子家裡清查他的財產，因為國稅局並沒有從他這裡收到太多的稅金，要是真如他自己所言很富有，恐怕是有逃漏稅之虞。結果，執法人員查辦的結果發現這男子經濟狀況可以說是非常的普通，就是一般大部分

人民的生活水準。一問之下，男子回答道：「我有很穩定也很熱愛的
工作，我有健全的家庭，家人們也都很健康，我所賺取的收入也足夠
日常開銷還有一點剩餘，這不是很富有，不然是什麼？」

這個故事裡，男子對「富有」的定義，並不是大家認定的「有用不
完的金山銀山」，而是在人生上多方面的獲得平衡與滿足。擁有多少財富
才能稱之為「有錢」，向不同的人詢問，一定有各式各樣的答案。對於沒
有特別欲望的學生來說，銀行帳戶裡若有能夠讓他這個月溫飽的零用錢，
那就足以稱之為「有錢」；對於欠繳三個月房租的上班族來說，「有錢」
起碼指的是要能償還這三個月的欠款；對於已經擁有自己房屋的人來說，
如果他很想要換更大、更舒適的房子給家人住，那麼，「有錢」所代表的
實際經濟意涵可能比房租還要高上許多。因此，我們可以發現，「有錢」
會隨著不同的情境有不同的代表金額，這個金額通常就代表一個人當下的
「需求」，或者說是「欲望」。還有個頗富職場生存概念意味的說法：如
果你是個男的，所謂的有錢，就是比你老婆的姐夫或妹夫財富還多就可
以。

有些人或許會認為，「想有錢」或者「愛錢」是一種貪心的行為，
甚至不應該展露出來。這真是奇怪的想法，可能是因為社會上經常把「錢
財」和「犯罪」產生連結，例如：商人用骯髒的手法只為了圖最大的獲利；
嫌犯為了詐領保險金預謀殺害自己親人；女子為了購買名牌不惜出賣自己
靈肉……等新聞讓大家把愛錢想得較為不堪。但大家卻又不能否認，雖然
錢不是萬能，但當錢不足，甚至一點錢也沒有的時候，還真的很多事都無
法做。

在課堂裡，筆者曾經讓學生進行自我檢驗，估算自己大學畢業後的第
一年，依據自己的需求與欲望平均每個月的開銷要多少才足夠，結果，每
次測驗下來，學生個個憂容滿面，因為超過 5 萬元的人約占二分之一，甚

至有近十分之一的同學超過 10 萬元。在當今大學畢業生的起薪明顯低落的時代裡，學生看到實驗的數字感到緊張是難免的。面對這樣的情況，我們第一步要做的是什麼？回去修改那些數字嗎？讓自己的欲望少一點、讓每個月想支出的費用少一點？

如果你計算出來的金額，每個月花費 5 萬元，裡頭有 1 萬是房租，1 萬元是要給父母親的孝敬費，5,000 元的保險費（一般估十分之一薪資），3,000 元同事、朋友社交費，5,000 自我投資費用（自我進修學習），剩下還有其他林林總總將近 30 項的開銷。所以，這告訴我們，我們應該減少以後想供養父母的經費（可以說是心意，因為父母也未必真的會花掉）？減少保障、社交或自我投資？筆者認為不應該是如此的思維。甚至剩下的金額裡，有一些是娛樂的費用，也不應該去降低想要享受的欲望。

因此，筆者通常會告訴學生，不需要急著用筆去塗掉你本來的想法，保留它，用這個金額來勉勵自己、提醒自己，應該要如何做才能早一點達到這個目標，而不是用降低欲望來解決。下圖 9-1 顯示兩個不同能

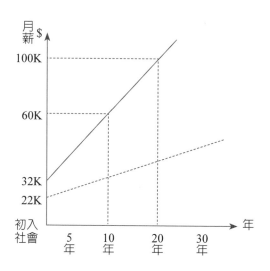

▌**圖 9-1** 不同能力的市場價值變化曲線圖

力的人才，在離開校園一進入就業市場就展現出不同的市場價值（截距不同），經過一段時間後，兩人在薪資的提升程度上也出現了很大的差異（斜率不同），而造成這個差異的自然是就業前各自所努力的程度不同所造成。因此，筆者經常勉勵大學生，應該設法提升自己的市場競爭力，即便一開始出入社會再怎樣還是拿不到 5 萬、6 萬也沒關係，至少要砥礪自己，用最快速的方式，比同儕還快的方式，達到自己的高薪夢想。這也是為什麼筆者主張，學生不應該急著去擦掉自己欲望，反倒利用欲望來刺激自己並產生前進的動力。

有些人會認為，好在自己天生沒什麼欲望，算出來的每月支出需求才2 萬，這樣的同學反倒令人擔憂，因為沒有需求，有可能因此降低努力的動力，減少揮發長才貢獻社會的機會。沒有欲望也不是壞事，但有時候追求「有錢」的能力，或者達到「有錢」的境界，不見得是為了自己，有時候是為了身邊的人。例如：給家人更舒適的生活，有時候是幫助需要協助的人。有兩個人年齡相當，對物質需求的看法也一樣不看重，A 因為努力積極，因此剛滿 35 歲，月薪就已經逼近 10 萬，平日吃穿用度算是節約，但偶而想給自己獎賞時，還是吃得起千元大餐，用好一點的床單，更重要的是，長年累月下來頗有積蓄；B 則因為反正吃穿用度不用太好也可以過日子，於是原本的懶惰不努力更加嚴重，於是已經 35 歲了，到手的月薪始終無法超過 3 萬，不住在大都市因此這個薪水額似乎日子還過得去，但也只是每個月差不多打平，幾乎沒有存款。有一天，差不多同時間這兩人的父親都因為重病需要開刀住院，A 給了父親升等為單人病房以方便很怕打擾的父親術後復原，也聽從醫生建議，自費將原本的割除用器材換成更精密的材料，更花一筆費用每天請營養機構熬製雞湯幫父親補充元氣，並且職位稍高，因此可以有較彈性的時間探望父親，甚至可以在病房裡隨身伺候父親，並利用網路及電話指揮部屬完成任務，仍不影響原本的工作績效和形象。至於 B，則因為無力幫助父親，只好讓向來討厭聲音打擾的父親住進健保給付的四人房，也因為自己的工作地位不容許經常請假，每天

只能利用下班後來探望父親，還要為多出來的醫療費用傷腦筋。說完了這個對比故事，讀者應該對於有錢的定義和意義有進一步的想法。

二、吝嗇和節儉只有一線之隔

節儉絕對是重要的財商觀念之一，尤其對於累積財富的初期階段，或者對於單位勞動力報酬較低的人來說，節儉是必要的行為。但千萬不要錯用「節儉」的意涵。

許多人會從年紀較長的長輩那裡聽到許多「節儉」的大道理，同時，「節儉」也是所謂華人倡導的美德之一。甚至，許多理財雜誌或書籍也苦口婆心要讀者：節儉為致富之始。然而，真正能夠駕馭金錢的人，必須要能判別節儉的使用時機與方法，甚至輕重。

舉例來說，國內知名的批批踢有一個專教人如何節儉度日的板，匯集了眾多網友的經驗與意見，其中有人提議：買一大條白吐司，只要 50 元，早中晚各吃兩片，配白開水，可以吃上好幾天。聽起來真是超省錢，對於部分的人來說，或許這樣的方式施行幾天甚至一週，非但不會對健康負面影響，甚至因為節食（甚至斷食），讓身體產生正面的反應[註1]。但這種方式可不見得適用所有人，有些人可能不能沒有攝取某些物質，或者實施者食用吐司片數過低、天數過多，都可能造成難以想像的危險。

筆者有個學生，家裡經濟條件不差，該給的零用錢父母都不會少給。不知怎地，有一陣子他開始突然想搞「節儉」這玩意，並向筆者興奮的表示，他開始關注各賣場洗髮精、沐浴乳等日用品的售價，如果發現 A 賣場比 B 賣場便宜，他就不在 B 賣場消費。聽起來似乎很有道理，買東西本該貨比三家不吃虧，對於大學生這麼有節儉概念，也是值得鼓勵。不過，筆者同時也擔心，學生不會拿捏，忘記了「時間與金錢之間有著密不可分的關係」。對於正值年輕、學習力強的年歲，如果花太多時間與體力在進行比價，有點可惜。筆者會這麼提，是因為他想購買的商品並非 2,500 元與 2,200 元的差別，而是 109 元與 115 元的差別，如果把比價的

精神和時間放在學習，就算多花了 6 元買一罐洗髮精，應該還是值得的。

在前一章裡提到「為了省下 12 元的公車費用堅持走路的例子」，也可以再次拿出來思考。筆者有位醫生朋友，他的父親因為接受重大手術需要術後長期食用某醫療補充劑，因為他對於各類藥物及營養補充品的成本有一定的了解，知道從國內購買價格過高，於是透過自己的專業能力從國外供應商那裡直接進口一大箱，沒想到，因為是特殊醫療品因此海關依法要求，不僅申請人要出示許多醫療專業證明文件，還要繳交高比例的稅金才能將貨品領回，因為這件事來來回回折騰，搞了那位醫生朋友將近一個月的時間，如果加上補交的稅金，和在國內買其實花費差不多，更何況那些花費的時間換成看診費也是一筆成本。有了這次的經驗，那位朋友終於知道，有些事情表面的節省不見得可以為自己多帶來財富。

中國歷史上有名的商人很多，其中一號人物叫做「陶朱公」。陶朱公是號，本名是范蠡，也就是越王勾踐稱霸天下的功臣，鼎鼎有名的西施本來的丈夫。范蠡後來離開政治圈，拿著勾踐賞賜的金銀作為經商的第一桶金，憑著才能很快的便致富。其實他大可跟在勾踐身邊，這樣直接跟老闆要就可以有拿不完的錢財，但他很清楚勾踐並非共享福之人，於是寧可拿著獎賞便離開。當他在齊國落腳並致富後，被齊王看中打算延攬治國，即所謂的「大必親政」。范蠡覺得自己的財富及集財能力已經受到注目，同時無意為官，認為此地不宜再留，竟把錢財多數捐出，並再度尋找落腳處，憑著他的眼光與生意頭腦，到哪都是快速致富。而他最知名的故事則是與他的兩個兒子有關，大兒子跟著范蠡在經商初期成長，因此養成節儉性格，二兒子則相反，但兄弟兩人感情很好。有一次，二兒子喝酒誤殺一名楚國人，依律法須處死刑。大兒子知道後，求父親范蠡給他錢去救弟弟，范蠡拿出千兩黃金交給大兒子，並交代前去楚國尋找一名掮客協助，聽其令行事。該名掮客知曉事情原由後，收下黃金，便到楚王面前向楚王游說：天有

亂象，要是可以大赦死刑犯，可爲國祈福。楚王聽了立馬同意，范蠡的二兒子因此被釋放。原本事情到此就美滿，沒想到大兒子認爲，掮客只不過講了幾句話就花掉家裡辛苦賺來的財富，這成本有點高，在捨不得錢財之下，又回去找掮客打算要回一些黃金。掮客如數歸還，大兒子開心不已，認爲自己辦事有成，不花一毛就救回弟弟。沒想到掮客又向楚王進言：人民傳言原來你大赦不是爲了蒼生百姓，是爲了圖利商人的孩子。楚王聽完，一怒之下，立即將范蠡二兒子召回並直接斬首。

陶朱公的故事充分解釋了節儉和吝嗇之間，只有一線之隔，不論商場上或是生活用度當中，都會遇到需要節約的情境，如何判斷何時該花錢、該花多少錢，是人們必須去學習的。

三 工作除了金錢以外的價值

筆者身邊直接或間接認識的朋友當中，有好幾位都是善於操作股票，並以此作爲謀生唯一工具的人。白話來說，他們的工作就是每天看盤，研究買賣哪一檔股票、價格等等，賣出所賺取的差價就是他們的收入。年輕人們看到這裡先不要急著羨慕，天下沒有白吃的午餐，你想要能靠著股票買賣有收入，表示你操作的本金要有一定的金額，再不然就是向銀行借錢融資，不管哪一種，「工作」的壓力絕對比一般上班族還要大很多。

但撇開工作壓力不談，每天沒有第二份工作，靠著買賣股票賺錢的人，筆者到現在爲止還眞難想出一個他們對社會有貢獻的理由。買賣股票是常見的把財富用比較快速的方式變大的管道，但倘若每個人都以買賣股票爲志業的話，這個社會還挺危險的。

筆者有一個學生，在大學期間多次的生涯輔導，他都找不到想做的

事，畢業後他也不想工作，只想在家玩股票，問題是他並沒有富爸爸。因此，只能靠著自己的五位數存款慢慢投入，但是了解股票基本常識的人都曉得，從幾萬元當本金，要能搞到每個月可以穩定有幾萬元滾到手邊花用是要經過很長的時間，甚至有可能一毛也不剩。

筆者必須強調，以玩股票當職業是一種人生價值的選擇，沒有對錯的問題，但很顯然的，再加上「成就」這個人生應有的要素以後，就容易被世人指點，自己也得想辦法承受。那位學生因為長期沒有正式的職業，股票也沒有玩出名堂，因此遲遲不敢見女朋友的家長，更害怕出席親友聚會場合，擔心親戚問他職業。就算每個月都可以進帳數萬好了，這個社會上有誰會因為你的獲利而有任何好處嗎（玩股票的人繳交的證交稅遠低於一般納稅人）？

有位很有名的投資專家綠角（筆名），出版了很多相關書籍，也開設很多課程幫助對投資有興趣的社會大眾，想當然耳他自己也做了很多用錢滾錢的事情。但比較令筆者尊敬的是，他竟然不是把投資當作本業，而是拿他業餘的工作時間來經營，而他本來是一位眼科醫師，平常他用他的專業幫助很多病患，協助他們解決眼科相關的問題。現在，同時還因為他在股票投資上有所心得，還教導許多人從事理財活動，幫助他人。作者認為，以他的能力，投資賺的錢量也好，速度也好，肯定比辛辛苦苦看病人快上許多，但他仍堅持不浪費國家在他身上栽培的資源，以他的專業來幫助整個社會有需要他幫助的人。

因此，本書提到愛錢，但仍希望讀者理解本書所強調的金錢價值觀並非捨棄其他的價值，只專注在金錢的獲取上。

四 正視財富取得正當性

大多數的人都不會嫌棄錢財，大多數的人也都不反對如果自己有一大筆錢該有多好。但是，本書還是要提醒讀者，或許偶而買樂透彩做發財夢是可以的（筆者未曾買過彩券），但仍須牢記錢財若是透過自己的手賺來

的會更加令人感到驕傲，花起來的感覺也會比別人給的更加痛快。《和孩子談談錢吧》一書所提到的觀念筆者未必全部都認同，但作者提到了一個故事倒是很有意思，可以與大家分享，筆者把它重新摘要如下：

　　一個紐西蘭白手起家的有錢人準備退休，告訴他的兒子希望可以由他掌管家業，富二代很開心，以為自己可以馬上接班，掌管父親留下的巨大財產。沒想到父親要他先去想辦法賺到 1 萬紐幣，認購公司相應股份後才會指導兒子下一步。這個富二代的媽媽趕緊塞了 1 萬紐幣在兒子手上，兒子興沖沖的拿給父親，這個有錢的老人正在火爐邊看書，拿了一疊鈔票馬上丟進火爐裡，兒子看得目瞪口呆。老人只講了一句：「等你賺到了這筆錢再來找我。」富人的兒子只好開始工作，他的母親又給了他 1 萬紐幣，讓他說服父親，富人的兒子還刻意穿上破舊衣物前往，沒想到父親照樣將紙鈔丟進火爐，兒子不解的問父親：「為何知道這錢不是我賺的？」老富人只說：「把不屬於自己的錢花掉或弄丟，是很簡單的事。」這下子富二代終於知道不自己去賺來 1 萬紐幣，是休想獲得父親肯定的，因此拒絕媽媽再次的援助，真的努力去工作，等賺到 1 萬紐幣，自豪的交給父親時，沒想到父親依然丟到火爐裡，富二代這次竟然奮不顧身的把手伸進火爐試圖救回自己辛苦賺來的 1 萬紐幣鈔票。

　　從富人兒子的行為中就知道這不僅是他親自賺來的錢，他也知道如何去珍惜每一分錢。松浦彌太郎也曾用「10 分鐘燉馬鈴薯肉」當例子說明，賺錢不能只想著快速的方法，而是要循序漸進，「像農夫種田一樣」自己播種、細心照顧、耐心等待、歡喜收割後利用下一個種子建立良性循環。他還指出在股票市場殺進殺出的賺錢方式，或許賺得快也會去得快，也可能誘導人們做出不當的賺錢方式。這個觀念和上述故事中的老富人教給兒子的金錢觀念是相通的。

五 在欲望與道德間找到平衡

接著，我們來談「欲望」。上面談到，該節儉時要節儉，那麼，時下有很多年輕學生手拿最新智慧型手機，大家該怎麼看待這件事？從表面上來看，學生拿一支動輒 2、3 萬的手機，的確不是節儉的表現。但，如果你真的很想要擁有這麼好的手機，可以嗎？

如前面所提到的，曾經在課堂上，筆者讓學生根據自己目前以及判定未來可能的需求，仔細推估了出社會的月支出。學生通常憂心忡忡他們怎麼達到這個目標，筆者總是鼓勵同學：「先別急著修改上面的數字，別過分壓抑自己的欲望，那是不道德的。」大多數的人對物質都是有欲望的，有些人是對食物、有些人對衣物、有些人對音樂……，只有極少數的人完全沒有欲望，或者要經過特殊訓練才可能做到無欲無求。

例如：有學生希望工作後每年可以出國放鬆一次，有學生希望每週都可以享用一次千元大餐，有學生希望以後可以住在有管理員的大廈裡，有學生希望以後每個月可以給爸媽 2 萬元的孝敬費。這些欲望不僅沒有錯，甚至還很激勵人心，因為有這些欲望才可能促使人們去努力。

因此，當老師的雖然不鼓勵學生使用好幾萬元的手機，但當學生可以利用自己的能力，賺取購買手機的全額費用時，相信他知道工作的辛苦，他願意用辛苦換來的報酬購買一支手機。我們除了提醒學生多存一點下來有其他未來顯現的好處以外，這樣的學生也很值得讚美的，畢竟，他不是伸手向家裡要來一支昂貴的手機。

雖然過度的欲望可能會帶來一些痛苦，但是適度的欲望卻可能讓人們知道生活與工作的意義。若以整個社會國家來說，各方面之所以會進步和發展，就是因為人類有欲望才能達到的。

六 金錢的社會意義

有位遠房親戚在一次難得的親友聚會現場，談到因為出嫁女兒的節儉

而感嘆。她的女兒每天都在追逐撿便宜菜、買特價肉品，例如：快收攤前趕著用 5 元買一把菜，或者在超市裡專挑明天就過期的肉品回來冷凍，表面上外人會以為這是節儉的美德。然而，出嫁的女兒也得上班，為了買便宜的出清菜有時間壓力，再加上誰不願意可以買最新鮮，甚至油花漂亮的肉品回家享用？追根究柢不是真節儉，而是不得不為之。站在為人父母的角度，看著女兒每天為了省幾十元辛苦，心裡也很心酸。這位遠房親戚養大女兒的過程可不曾讓她餓過、匱乏過，也曾花大錢栽培，可惜女兒始終不當一回事，好不容易大學畢了業，也不好好認真工作，要不是打工就是經常性換工作；在感情與婚姻的決策上也不尊重父母親，導致婚後別說是給父母親什麼回饋了，還經常要父母親出手協助才能過活，都已經成人且成家了還讓父母每日每夜擔憂自己的經濟，要說是不孝也不會太苛刻。因此，這裡想提出的觀點是，個人可以對於追求財富可有可無，甚至消極，但有時候擁有金錢不見得是為了自己，而是這背後還隱含著其他更深層的意義。

隨著時代變遷，現在懷著「養兒防老」想法而養育小孩的已是少數，大多數的人只要看著自己的小孩可以健康長大並且擁有家庭及工作，就已經感到安慰，倘若小孩稍有成就（特別是經濟上），可以讓父母親分點雨露，那父母親就更加感到驕傲（至少他們很放心小孩不會沒有錢過日子）。因此，雖然追求財富是社會上普遍壓抑甚至回避的教育議題，但財富可以為父母親帶來榮耀卻是不爭的事實。

再者，我們都不能否認，多餘的財富就算自己用不上，也可以拿來助人。此書涉及主題裡的「金錢」和「關係」一樣，都是可以載舟也可以覆舟的東西，總是有很多人因為金錢和朋友甚至親人反目成仇，但社會上同時也有很多人用金錢幫助了很多人。2014 年 12 月新聞便曾報導美國一名男童，將存了一年的零用錢美金 120 元拿去超市買了許多食材，製成了無數的三明治分享給街友。這份善心在網路上廣為流傳一段時間，並且為社會帶來許多正面的影響。

七 金錢並非衡量一個人成就的唯一準則

　　生活在臺灣的人都可以感受到，在我們的文化底下，大多數長輩們總喜歡勸戒年輕人，要多讀書求取功名，賺大錢爲家族爭光。筆者曾經聽聞大學班上一位同學考上大學時，父親爲他辦桌宴客，彷彿只要考上大學就代表未來前途光明。這裡的前途當然包含著「錢途」，在這個重視學歷的社會，若沒有一點學歷，確實起步會稍微辛苦，而成績優秀的學生，通常也被父母及師長引導，選擇以醫學系及法律系作爲志願填選，以醫生及律師作爲職業最優選擇。背後的理由當然不是爲了懸壺濟世、伸張正義，而多半是因爲這個職業可以帶來較多的金錢報酬。

　　當然，透過一個人的努力，在貢獻社會之餘，同時也可能提升自己的財富，但是，個人所賺取的金錢並非衡量一個人成就的唯一準則。因此，追求財富固然重要，卻也應同時留心不可因爲過度追求而在其他地方失去更多，例如：親情、心靈、道德良知。

第三節 | 學習財富管理

一 從事熱愛的工作

　　爲什麼學習財富管理的第一步竟然是「從事熱愛的工作」？各位可以去研究坊間被大家知曉的那些擁有龐大財富的企業家們，或者財富管理做得好的專業工作者，他們從事的是不是自己熱愛的工作？一般工作者需要有工作來累積最初始的財富，倘若這份工作不是自己所喜愛，那麼不僅工作上，連生活上都會感到痛苦，尤其是每當休假完要回到職場上時。假設你的第一筆財富是必須先透過工作來累積，唯有當你某種程度喜歡從事相關工作，才可能讓自己自然而然產生想把它做得更好的內在動機，這樣

一來便更容易讓自己在工作上有較高的成就或表現，因而在報酬上獲得提升，也就可以較快速累積財富。

對於那些原本已經富有，卻不斷的在工作上努力的企業家或經理人們來說，工作的重點不在於累積更多的財富，而是透過工作，他可以達到自我挑戰，獲得更多的成就感與滿足，而不是將身邊的財富每天拿來揮霍享樂。即便家財萬貫足以不需要工作便可以無憂的生活著，許多人依舊選擇辛勤的工作，那是因為如同本書第 1 章提到的，工作與生活是不可能完全不影響彼此的，工作本身便是生活的一部分，唯有兩者在個體心中獲得平衡，才可能創造出好的工作表現與健康的生活型態。

二 理解需要與想要的差異

文學大師林語堂曾說過一段有意思的話：「人們以為自己需要無數的東西，事實上，如果他有了，他就失去興趣。他想要只是因為沒有而已。」對於一個人在生活上需要什麼，每個人答案不盡相同。有人需要汽車，有人不需要汽車；有人需要排氣量大的汽車，有人只需要能夠動的汽車。但實際上，我們也看到了，有些人想要他用不到的汽車，甚至一個人有四、五臺汽車。在不考量經濟能力的情況下，我們來討論「需要」和「想要」的差別。

「需要」英文是 need，意思是一個人在生理上或心理上必須持有該物品，要是匱乏的話，可能會在他的生活上，或工作上造成一定的影響，甚至難以彌補的後果。例如：一個全區型的業務人員，必須每天在不同的客戶之間解決問題、了解客戶需求，倘若沒有汽車這樣的交通工具可以幫助他彈性移動，仰賴大眾運輸，不僅反而耗費當事人的時間與體力，也讓公司營運成本反而攀升。若為了追求高業績，當事人可能因過度的交通奔波造成健康損害，因此，若能有代步的汽車在各縣市間移動，將大大減少許多問題，汽車的購買在這個例子裡就可以稱之為「需要」。

「想要」英文是 want，是一種人與生俱來的欲望，經常受到社會上

的刺激，例如：廣告、同儕比較等，讓個人在缺乏此物也不會造成生活困難的情況下，卻仍想盡辦法獲取此物。例如：當我們在路上看到一條美麗的圍巾，很想擁有它，因而產生欲望，但實際上，即便沒有這條圍巾，生活上甚至工作上可能不會有什麼差別。

有位長輩在 30 年前給女兒買了一架當時市售 11 萬元的名牌鋼琴，只因為女兒指著要那一臺，當時那個小女孩才 7 歲，正準備開始學習，對鋼琴品牌也不了解，只因為該琴造型較古典而喜歡那架鋼琴。那名長輩是一個平凡的父親，當時的月薪不到 2 萬元，卻因為女兒「想要」那架鋼琴便出手購買。那時的小女孩因年紀小自然不理解想要和需要的差異，但身為成人，應該要能理性的判斷，一般常見的 2 萬元鋼琴已經足夠女孩初學用，就不應該砸下超過五倍的金額來購買一架使用者無法判斷琴聲好壞的鋼琴。長輩望著已經布滿灰塵的歐洲名琴後悔地表示，要是當時只買一般的琴，而把購買那架鋼琴的費用拿去小額投資，或者購買房產，現在所產生的價值不知道已經超過多少倍。

三 延後享樂

史丹福大學心理學家 Walter Mischel 在 1966 年起連續幾年進行了很有名的「棉花糖實驗」，參與實驗的對象是幼兒園的小朋友，目的在測試小朋友的自制力和成就的關係。在實驗中，他使用學齡前兒童最難以抗拒的棉花糖作為引誘，如果小朋友可以等待 15 分鐘，直到實驗的人員回來，這樣便可以拿到倍數的獎勵；要是實驗人員還沒有出現，小朋友便忍不住把棉花糖吃掉的話，那麼他就無法得到其他棉花糖。實驗先後針對 600 名以上的幼兒園小朋友測試，約只有 30% 的小朋友有辦法等到實驗人員出現。根據追蹤，研究者發現越是能忍耐的小朋友，長大以後不論在學習課業成就上，還是其他像是身體健康管理上，都有較佳的表現。

棉花糖這種誘因只適用學齡前兒童，以及少部分年紀較輕的學齡兒童，對於青少年或成人來說，這個實驗的誘因得換成其他更複雜的事或

物，像是：享樂或花錢。「棉花糖實驗」在財富管理的啓示就是「延後享樂」。當你因勞力每個月賺得了 1 萬元，你可以選擇爲了享樂把它全數花光，你也可以選擇克制欲望，全數存起來。花光的人，不論賺多少，幾年後，財富是零；而存起來的人，便有機會將這些財富透過正確的方式，在幾年後讓財富變成比原本更多的財富。那時候，即便他開始享樂了，還是有剩餘的金錢在身邊，而且他享樂的次數和範圍會比一開始就用光還要多。

大學生除非父母給了相當寬裕的生活費或是靠著打工賺了額外的零用錢，否則累積財富的速度較有限。然而，大學生最大的無形財富就是「時間」，善用時間，將時間拿來學習，減少玩樂，也是一種「延後享樂」，和「棉花糖實驗」想傳遞的概念是一樣的。妥善運用四年光陰的大學生，可以累積許多看得到的經歷，以及看不到能力，讓他在選擇工作時有較多的選擇權和市場價值；而荒廢四年光陰的大學生想找到滿意的工作則較爲困難，若想要有較佳的職涯發展，則必須在進入職場後花上更多的時間才能追趕上其他人。而職涯順利與否與累積財富的速度有密切的關聯，因此，延後享樂對於生活中以學習爲主的大學生來說，是個相當關鍵的觀念。

四 建立知識及早開始

一個人面臨經濟匱乏或無法有積蓄，大致上有三大緣由：第一，欲望太多。不論是生活吃穿用度還是娛樂奢侈項目，想花錢的項目超過他經濟上所能負擔。第二，個人市場價值不高。也就是賺錢能力不夠，無法擁有較高的薪資收入，萬一薪資收入漲幅低於物價攀高的速度，生活上便會越來越困難。第三，缺乏理財知識。有一句話叫做「你不理財，財不理你。」財務是需要管理的，哪怕你不願進行高風險的理財行爲，還有很多可以學習的理財方法，包括保險、儲蓄、稅務等相關知識。如果想積極一點創造更高的財富，則更需要學習理財工具。很多人以沒有錢、很忙沒空

學習、看不懂、安穩就好，當做不學、不接觸，也不關心的藉口。其實，利用瑣碎的時間從簡單的概念慢慢接觸，久了也可以累積可觀的知識，等存到了錢，就恰好做足準備可以發揮這些知識。

　　大家都知道：萬事起頭難。但是，培養自己的財務智商，或者學習財富管理如果可以越早開始，便可以越早享受豐厚的果實。就算年輕人一開始什麼都不懂，甚至一毛積蓄也沒有，更應該投入相關的學習活動，學習可以不需要花費，或者花較低的成本。慢慢累積財商及財富管理相關的知識，最好用的方式有三個：請教他人、閱讀書籍、利用網路資訊。

　　站在巨人的肩膀上通常就是最快的學習管道，請教他人這個方式不僅可以快速取得有經驗者的一手資訊，還可以就當下想到的問題馬上提問，快速獲取想要的知識。但是，在本書第 3 章「與上司相處」章節裡便指出請教長輩之前一定要做足功課，否則就會失禮。因此，平日利用看書的方式來學習財商相關知識則是最常見也最好利用的學習管道，在問問題以前先把基本的觀念都先理解過一番，才可能問出有意義、對自己有幫助的問題。一開始切入的書籍可以不受限，只要是與「累積人生財富」相關的書籍都可以，千萬別只有閱讀「理財工具的介紹書」甚至是以「致富捷徑」作爲書名吸引讀者的書籍，這樣不僅一下子陷入短視近利中，也誤解了財商的眞諦。本章節最後列出的參考書籍可以成爲有興趣讀者的參考。

　　另外，有鑒於部分年輕學子，比起閱讀書本更愛上網閱讀或以滑手機的方式來獲取資訊，建議可以搜尋一些知名部落客的部落格、粉絲專頁，用這種方式來獲取一些財商與財富管理相關知識也是一種方法，特別是連書籍雜誌購置費用都省下來了。但是，盡信書不如無書，自己不僅要廣泛閱讀多家言論以外，也應該有自己的見解與看法，並且進而找尋機會在現實生活中去落實。

　　本章節並非要讀者們去從事「積極的理財投資行爲」，但身處在現在市面上充滿各類理財金融商品的時代下，對相關投資概念完全不理解，則可能在某個時間點，被具高度銷售技巧的人員所誘導，進而踏入了對自己

不利的財富遊戲當中。反之，具備充足理財知識的個人就有權力決定自己該用什麼方式來累積並管理自己的財富，倘若永遠避之不接觸，則反而更容易陷入風險之中。

五 學習減少對父母的依賴

臺灣與美國社會不同，在美國，多數年輕人成為大學生後就必須想辦法利用打工來賺取學費；在臺灣，多半仍由父母來供應大學生活所需的學費，甚至生活費。並且，大學生到底應不應該打工這個議題也曾經在社會上引起一陣討論[註2]。筆者倒是建議，不論打工不打工，想感受財富管理的重要性，大學生可以嘗試從減少向父母親拿取零用錢、生活費開始，去學習如何將每一分錢做最好的使用。

當金錢不足的時候，學習可以透過哪些管道來獲取金錢，除了在餐廳洗盤子以外，也可以透過獎學金、參加競賽拿取獎金，或者協助老師教學研究工作來領取酬勞，甚至進行校園內微型創業也是一種方法。部分不贊成大學生打工，主張應該將全部時間拿來進行課業學習的人，他們的想法便是認為時間對大學生來說很珍貴，這和本書第 7 章「有效時間管理」的觀念相通。然而，若有明確學習目的，在不影響正常課業學習下，嘗試靠自己的能力賺錢，若操作得當，會讓大學生盡早體會工作的辛苦，並更加珍惜自己的學習機會。

筆者本身在大學時便從事多種類型的工作，從低時薪到高時薪都有。在大學低年級時，筆者曾經在牛排館打工，原以為負責點餐、送餐點的外場工作即可，但後來才發現，還要在打烊後洗碗盤、擦桌椅與拖地板。這自然是沒有關係，但是，工時的計算只有到打烊的那一刻，後面留下來的清潔工作經常超過一、二個小時都不列入工資中。剛念大學，不懂店長的行為已經違法，更何況自己的身分在當時也不懂計較，只能悶著頭工作，工作到很晚回到家，總要洗兩次澡才能洗掉身上油膩的肉燻味。雖然職業無貴賤，但當時筆者便深刻感受到，筆者之所以被這樣對待，是因

為筆者沒有其他的能力，所以不是筆者來當店長，而是被剝削，今天我不幹了，自然明天有其他人來應徵。除了深刻體會到賺錢很不容易以外，也激發自己想要更加在專業領域好好學習的態度，也因此，在筆者大四時，便被電腦補習班邀請擔任兼任講師，首度嘗到為人師的成就感，不僅獲得高度心理報酬，同時在經濟報酬上，比在牛排館打工時超過五倍薪資。

六 學習有錢人的思維

《有錢人想的和你不一樣》曾經是臺灣出版界相當暢銷的書籍，裡面很多觀念開展了人們新的視野，打醒了許多讀者，讓即便對財富不感到興趣的人也無法反對這些觀念是值得大家參考與實踐的。筆者摘要並轉述幾個基本的思維，這些觀念或行為造就了富有之人與無法富有之人的差別。這裡定義的「富有」並非一定是家財萬貫或身家數十億，但不僅無須擔憂經濟，甚至非常充足；「無法富有」則是在金錢上總是需要審慎使用，方不會對生活造成影響，也就是經常為錢所苦。

第一，無法富有之人「總是認為成就多半不是自己可以掌握的」。在組織行為學裡，我們將這類人的性格歸類為「外控性格者」，他們心中認為外在環境隨時會變動，努力也未必有結果，如果真的不小心有了成就，也大概是靠時運帶來的，因此比較不願意花時間和精神尋找讓自己成功的方法。第二，無法富有之人「喜歡怪別人，就是不愛怪自己」。心理學告訴我們，人都會有「自利性偏差」，有好的結果會歸因為自己的付出，有不好的成果則歸罪他人的錯誤造成。無法富有之人面對財富匱乏情形時，可能會怪配偶不會賺錢、不會持家、景氣不好、老闆苛刻不調薪、政府無能……等，但絕少有人去反思自己可以怎麼改善現況。

第三，無法富有之人「總是告訴自己：錢真的不是很重要！錢夠用就好。」按心理學，會這樣說的人通常內心想的正好是相反的，而就是因為現實生活裡金錢真的不夠用，因此必須告訴自己不夠沒關係，這樣的心理自我建設會讓自己減輕一些心理負擔，讓自己好受一點，但並沒有解決問

題。書籍的作者告訴大家，倘若你告訴你心愛的伴侶：「你真的不是很重要！」那麼你的伴侶很快就會離你而去，金錢也是一樣的道理，唯有你覺得它重要，你才可能尋找一些動機刺激自己努力前進。

　　生活清心寡慾難能可貴，但清心寡慾和不努力追求事業的進步與金錢的增長是兩回事。很多人可能會覺得只要不追求過於奢華的生活，賺了工資安安穩穩過日子，偶而吃點美食，守住小確幸就可以了。下圖 9-2 的 A 圖就是很多年輕人自以為的安穩日子。但是大家可能忘了，不論是開車、騎摩托車或是腳踏車，如果我們想要維持前進的狀態，我們不能停下手掌或腳下的努力，必須持續的加油門、持續的踩動踏板，才可能維持和本來一樣的速度。因為隨著物價攀升，家庭成員的增多，家庭中的必要開銷會越來越高，使得原本認知的平穩生活，出現水準降低的情形；又例如：老年時，退休後固定收入減少，對健康醫療的需求卻大增，使得自己開始擔憂晚年生活。因此，即便想要維持小確幸，也是得持續不斷努力才能達到。

　　第四個無法富有之人經常出現的行為便是「把抱怨當作家常便飯」。分別在第 3 章和第 4 章，我們已經指出「抱怨會造成人際關係水準降低的情形」，同時顯示自己的能力有問題。很多人堅持抱怨是好事，因為讓他們心情得以抒發，可惜的是，抱怨只能減輕非常短暫的壓力，卻無法完

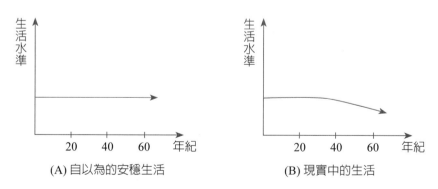

(A) 自以為的安穩生活　　　　　　　(B) 現實中的生活

┃圖 9-2　持續與不持續努力的生活水準比較

全排除負面情緒，事情也不會因為抱怨而獲得任何改善，只會吸引更糟糕的事情接著而來。每個人都會遭逢不順利、不公平或倒楣之事，富有之人通常會把時間和力氣使用在解決該問題，若該問題不值得花時間或金錢解決，那就更不在原地踏步，而重新出發。

第五，無法富有之人「只會想、只會說、不會動手做」。如果以累積財富來說，富有的人所展現出來的行為便是努力去想辦法讓自己擁有更多財富，但是無法富有之人的行為只停留在腦袋中想像、嘴巴講出來的地步。有行動的人就算沒有達到預期目標，至少他會往前進，但不行動的人，就算講再多，還是在原地。如同想減肥的人，不會一天到晚嚷嚷著自己該減肥囉，而是直接以各種具體的做法來達到目標，用控制飲食或進行運動來替代嘴裡說。雖然語言可以帶給一個人力量，但沒有踏出第一步，只會動口說的人，是不可能累積財富的。

七 重視時間的價值

在第 7 章「有效時間管理」裡，我們也提到了時間與金錢一樣重要的觀念。因此，在這一章裡，我們想再一次重複這個觀念。我們都聽過「時間就是金錢」這句話，因此，浪費時間的人就等於在浪費錢。比如說，你是一名大學生，按照現在政府的規定，在外面打工，不管什麼行業，最少也要支付你 150 元時薪[註3]。你並沒有打工，但卻沒有將省下的時間做很好的利用，反倒拿來和同學扯屁、玩樂，甚至熬夜打電玩，白天則在睡覺，甚至有時候連上課也起不來，算一算倘若一個月在上述這些事情上花掉了 180 小時（扯屁玩樂 2 小時，打電玩 2 小時，白天多睡 2 小時，一天 6 小時，一個月便是 180 小時，這還可能是低估值），將大學生的時薪 150 乘上 180 個小時，竟然是 2 萬 7,000 元。透過這個簡單的數學，相信聰明的你應該看得出這當中想要表達的意涵。

要不要打工，每個人有自己的盤算，筆者並非要大家都去打工。本章節想要強調的是，時間很寶貴，若可以拿來好好運用，便是在善待自己

的財富。就算不打工，也應該拿來做一些有意義的事情，例如：學習新技能、培養樂趣，甚至從事一些助人活動也可以。

如果你經常留意到一些有錢人接受訪問，被問及平常都在幹嘛時，他們雖然已經很有錢卻不會把時間用在發呆、玩樂，而是把和每個人都一樣多的時間拿來最佳的利用，甚至多數的有錢人可能會看電影，但卻不會把看電視劇、綜藝節目當成他們每日必做的事，也不會整天掛在網路上，甚至打電玩。他們通常花很多時間思考事業的方向，去主動發掘機會，去解決他們事業或人生中發生或還未發生的問題。

八 做和自己身分與年齡相匹配的事

人在不同的人生階段，會扮演不同的角色、面對不同的目標、擁有不同程度的財富能力。因此，必須留意自己的行為與行動，要能夠與這些角色、目標和能力相對應，方能在職涯上有更好的發展。

比方說，多數人在 30 歲以前這個年齡段，要急著完成的恐怕不是累積幾百幾千萬的財富，而是要奠定能夠長期使用的知識力量，如果賺錢這麼重要的話，其實大部分的人大約十來歲時就都有賺錢的能力，何不那時就開始工作賺錢？搞不好到了 30 歲還真的可以存下數百萬。但我們也都了解，一個人學習事物的能力在不同年齡段是不同的，最好可以在年輕時段去學習，而不是到了需要用才學。有些知識可能 20 歲便可以一下學會並靈活運用，到了 40 歲才想接觸得花上數倍的時間和體力，並且在相差的 20 年間浪費了使用這個知識的好時機。

學習如此，消費也是如此。筆者有一個大學女同學，家境普通，但從筆者認識她的那一刻開始，就發現這女孩子喜歡做超過她能力的消費，例如：她在念大學時不僅會到百貨公司買衣服，更喜歡在百貨公司還沒有任何折扣時便下手，她的理由是這樣喜歡的才不會在折扣時被買走。因為長得可愛漂亮，她那離婚的父親在三個女兒中最寵她，因此她大學時便跟父親要了一輛全新的白色 TOYOTA 轎車來開，父親是在努力繳貸款的情

況下來滿足可愛女兒的要求。如果以世俗的眼光來看，家境中等的家庭，實沒有必要讓小孩在念書時便開著車進出校園，這就是所謂的不匹配，不僅不匹配學生身分，這樣的消費也不匹配這個家庭的經濟條件，長期下來只會讓自己更無法在虛榮中自拔。因此，在那個信用卡可以任意申請的年代（註4），那位女同學在大學時便刷爆了好幾張學生信用卡（好在當時財政部規定一張上限是新臺幣 2 萬元），未踏出社會便開始面臨繳交循環利息的日子。雖然買衣服不手軟，但這位同學卻不願意花錢在教科書上，每本教授指定的教科書她都借同學的書籍去影印店複印，並且發生一門課連修很多次的情形。長相甜美亮麗的她有著許多優勢，卻也因為她沒有在對的時間點做匹配自己年齡應該做的「消費」和「學習」，所以夢想能當上空服員的她，在畢業後連試好幾間國內外航空公司都沒有獲得錄取。不僅如此，連一般公司機構也都沒有應聘上，只好抱憾去親戚家公司上班，幾年後便嫁為人婦，懷孕後便離職在家照顧小孩。雖說這也是很好的人生，但與自己曾經有的夢想錯過也是很可惜的事。倘若當年可以好好花時間和金錢投資自己，或許會有更不一樣的人生歷練也說不定。

既然這個標題提到「匹配」，同樣的，倘若一個人已經 30 歲，擔任公司的業務主管一職，不僅經常要對部屬談話，還要經常拜訪重要客戶，但為了節儉，老是穿了肩膀脫線的夜市西裝，以及磨破底的老舊皮鞋，這樣的不匹配反而可能阻礙自己在事業上更上一層樓的機會。因為不僅沒有贏得節儉美名，可能被部屬與主管認為沽名釣譽，還可能被客戶質疑此人不重視品質、不在意客戶。因此，講求匹配以及學習怎樣才算是匹配也是很重要的，而這個道理也和本書第 8 章的「個人品牌與形象管理」提到的觀念相通。在不同的年齡裡，同樣一件金錢支付的事情，就可能有「浪費」和「投資」的巨大差別。

九 學會判斷事情的價值

在你學習財商的過程，一定會有很多書籍耳提面命：省一下子可以富

一輩子的觀念。這個說法筆者不僅贊同，也在課堂上不斷提醒學生，但同時筆者也必須提醒讀者，任何的原則都不是死的，必須要有彈性調整的時候。

例如：你可能聽說不少有錢人雖然有錢，出門卻都以公車代步，不輕易搭計程車，可以用雙腳走路，就連公車都不搭，連小錢都省，才可能造就富有。的確，累積財富用的便是「積少成多」的道理，但是，這意思並非要我們不管什麼情形下都不能搭計程車，並非只要搭計程車就是奢侈的表現。比方說，從捷運站下車到你的住家，走路要花 15 分鐘，平常沒事且天氣還算可以時，沿路散步回家，不僅可以一路欣賞住家附近的人事物，也可以省下計程車資約 70 元。換言之，沒事這段路也搭計程車，那 70 元就有點浪費了。但假設，因故你回到該站時，時間已經晚上 10 點，懷中還抱著 2 歲已經睡著的幼童，因為寒流關係，氣溫只有攝氏 10 度，回家的路線上是沒有公車的，那麼，請問你應該抱著十多公斤的幼兒在寒風中走 15 分鐘（抱著小孩恐怕要更長時間）？還是乾脆跳上一輛計程車，花上這 70 元呢？

大部分的人都被教導，有了工作要努力賺錢，賺了錢要努力存錢。即便拿錢回家孝敬父母，有不少父母也會幫小孩存下這筆錢，這是臺灣常見到的現象。很多人每次買好吃的給父母親、過年節包紅包給父母親，他們總是喜歡說：「你們要繳房貸、有小孩要養育，錢拿回去用，不要花錢。」但如果為人子女者，真的聽從父母親的話，乖乖地把每一分錢都存起來，不僅不自己享樂，也不用在自己父母身上，那麼等到幾十年過後再來後悔不是來不及了嗎？

因此，知道自己的父母很節儉的情況下，筆者在衡量自己的能力下，即便在博士班就讀期間，仍定期安排家族旅遊、偶而帶父母親去享受一些適合他們的大餐，甚至有了正式工作後，會帶他們出國旅行。每次父母親總是會叨唸著說怎麼亂花錢，但是這些錢的目的更多的時候是為了把家人聚在一起，讓父母親可以感受天倫之樂，甚至他們可以開心的向鄰

居、親友炫耀。爲人子女因爲要工作無法時時刻刻陪伴父母身邊，如果這個簡單的付出都無法做到，那等到哪一天房貸全付清了、小孩都上大學了，父母可能也不在了。

因此，「節儉」也好、「不浪費」也好，指的是有特定範疇的，例如：花超過支付能力的費用來買一個名牌包就是浪費金錢、奢侈的行爲。但如果在經濟能力範圍內，買一個很貴、品質好的包，不僅可以讓自己心情愉悅、刺激自己更加努力打拼，還可能因爲懂得品味而讓職場上往來的客戶讚賞也說不定。

女人懷孕期間，醫生通常囑咐孕婦不要喝咖啡，避免胎兒受到刺激，但是倘若一個媽媽在未懷孕前是咖啡重度飲用者，一天沒有喝咖啡就會心情煩躁、無法工作，那麼通常醫生就會告訴她：一天可以喝一杯。這並非表示醫生有兩種標準，而是很多原則必須彈性運用，就像是上述的節儉與不浪費的道理一樣。如果要喜愛喝咖啡的孕婦滴口不沾，有可能胎兒看似沒有受到咖啡因刺激，但卻因爲母體的心情不佳，賀爾蒙分泌不正常，對胎兒的影響反而更加負面。反之，媽媽喝了一杯咖啡心情好了，對胎兒的成長自然是好的。舉出這個例子只是讓讀者進一步明瞭，我們必須在很多階段學會判斷不同事情的價值，有時候比表面看到的還要複雜。

✚ 尋找志同道合者一起努力

很多事情如果只有一個人面對，會覺得很孤單，碰到問題與困境時也不知如何解決。因此，在學習財商的過程中，如果有一個或幾個有志一同的同學或朋友一起努力，效果會更好，持續性也更強。不論是在資源、資訊及經驗的交流與分享上，或者是建立目標、執行目標，都可以藉由同好者的力量來促進。舉例來說，可以和朋友討論在有限的財務資源下，如何累積財富？又應該要訂定多少爲目標？用什麼方法將財富擴大？擬出作戰計畫後，也可以彼此敦促，並且彼此鼓勵、打氣。

1. 英國 BBC 曾發行一部紀錄片，談透過實驗，發現現今人們飲食過於豐盛，造成身體問題，若間斷性實施斷食法，反而對身體有很多益處。

2. 在 2010 年 12 月，當時的監察院長王建煊在參加活動時，一席和大學生打工有關的談話內容，在當時引發朝野社會許多的討論與爭議。他批評大學生打工是賤賣大學光陰，真是「笨死了」。

3. 有鑒於本書認為學生應該對於社會上勞資報酬相關常識有較深入的認識，特地將臺灣的最低工資調整記錄如下，前者數字為每月最低工資，後者為每小時基本工資：1956 年基本工資 300 元；1968 年 600/20；1992 年 12,365/51.5；1997 年 15,840/66；2007 年 17,280/95；2011 年 17,880/98；2013 年 19,047/109；2014 年 19,273/115；2015 年 20,008/120；2016 年 20,008/126；2017 年 21,009/33；2018 年 22,000/140；2019 年 23,100/150。

4. 1990 年，政府開放銀行設立，於是短短幾年間臺灣的銀行如雨後春筍般成立，銀行的業務也不斷的擴大，產品和服務多樣化。在那個年代，大學生可以向銀行申請學生信用卡，申請程序簡要，甚至當時各家銀行紛紛想辦法與各大學合作，推出大學認同卡商品，也就是信用卡封面是大學的相片或圖樣，印上大學校名，因為具有專屬性，不是大家都可以申請，讓使用者感到很有認同感。大學生信用卡（稱之為學生卡）額度一般只有 2 萬元，但對於金錢不會管理的學生，發生刷爆信用卡的例子經常發生。銀行濫發信用卡加上持卡人不當使用，導致銀行呆帳過多，造成卡債風波。金融局在 2002 年不得不介入銀行業務整頓，先是規定學生申請信用卡一律須經由家長同意，最多申辦三張卡，此外，父母可以隨時要求銀行停卡不須經由學生本人同意。經過三年金融主管機關嚴密監控各銀行發卡及呆帳催收狀況後，各大發卡銀行在當時均幾乎不受理學生卡的發行，到現在為止都還是如此。

課後練習

1. 假設現在突然給你新臺幣 10 萬元整，不需要繳交贈與稅，請問你想把這筆錢花在哪裡？請在以下表格中寫出欲花費的項目及金額。

物品／事物	所需費用	備註

2. 接著上一題，請在備註欄裡標示，該筆花費是屬於「想要」還是「需要」？以及理由，並藉由此表深刻感受想要和需要的差異。（提醒：每個人對於想要和需要的認知可能存在差異）

3. 試著上購屋網站瀏覽，尋找一間自己喜歡的房子，可以的話，你可以親自到現場看屋實際感受。決定好你心中喜愛的房子後，請依據它的售價或可能的成交價進行模擬購屋計畫，可以思考的問題包括：(1) 頭期款為多少？(2) 此屋需要裝潢才能入住嗎？裝潢費需要多少？(3) 此屋銀行可能可以提供幾成的貸款額度？根據這個貸款金額，一個月要繳交多少房貸費用？(4) 根據計算出來的房屋頭期款，倘若畢業後 5 年內想要購買此屋（假設房屋還在，房價不漲），每個月應該要怎麼做才有辦法存下這筆頭期款？(5) 如果想讓這個速度快一點，身為大學生的自己，在大學生涯階段可以做哪些事，好提升自己未來就業的市場競爭力？

4. 假設你只有剩下一週的時間可以活，請試著寫下遺書，將你目前所擁有的財物進行分配，不管是贈與親友或捐贈團體。請問截至目前為止，你擁有的財物有哪些（例如：銀行或郵局的餘款、收藏書籍、珍藏品等）？這些金錢或有價物品是靠你自己勞力或能力獲得的嗎？而你希望 10 年後，可以擁有多少財物留給身邊的人？如果想要有一些財物可以留給親友或贈與他人，請問未來的 10 年之間，你應該做哪些努力？

5. 請查詢你的往來銀行現在的「二年期定期儲蓄存款利率」，假設從現在開始，你每個月存 3,000 元到該定期儲蓄帳戶，假設利率不變動的情況下，請問二年後，你總共可以獲得多少本利和？

6. 如果你想利用大學階段開始為自己累積一些財富，有三個管道可以同時進行：節儉、提升能力、培養理財頭腦。請利用以下表格為自己設定大學畢業前可以完成的目標，並根據這些目標設定具體作為。

有錢的方法	大學生可以怎麼做	目標	行動計畫方案
節儉	只花該花的錢		
提高時薪	不斷學習，自我投資		
把錢變大	培養理財頭腦		

延伸閱讀書籍

朱子熹（2012）。20 幾歲的致富拼圖：認識金錢遊戲。新北市：好的文化出版。

呂笛雅譯（2012）。和孩子談談錢吧！財富人生從小開始教：金錢觀與理財觀要爸媽自己來（原著：Gold start: Teaching your child about money）。臺北市：三采出版。

松浦彌太郎（2012）。不再爲錢煩惱：松浦彌太郎的新金錢術。臺北市：天下文化。

哈福・艾克（T. Harv Eker）著（2005）。有錢人想的和你不一樣（原著：Secrets of the Millionaire Mind）。臺北市：大塊文化。

游瀚霖、許允溱（2012）。老爸，這是你早該告訴我的事。新北市：宏典文化出版。

湯小明（2012）。唐老師的財商教育。中國四川省：四川教育出版社。（簡體書）

國家圖書館出版品預行編目資料

生涯規劃與職涯管理／魏郁禎著. －－初
版.－－臺北市：五南, 2019.01
　　面；　公分
　　ISBN 978-957-763-241-8 (平裝)
　　1.職場成功法　2.生涯規劃
494.35　　　　　　　　　107023493

1IOD

生涯規劃與職涯管理

作　　　者 — 魏郁禎(409.7)

發 行 人 — 楊榮川

總 經 理 — 楊士清

副總編輯 — 楊秀麗

責任編輯 — 黃淑真、李敏華

封面設計 — 姚孝慈

出 版 者 — 五南圖書出版股份有限公司

地　　　址：106台北市大安區和平東路二段339號4樓

電　　　話：(02)2705-5066　　傳　　　真：(02)2706-6100

網　　　址：http://www.wunan.com.tw

電子郵件：wunan@wunan.com.tw

劃撥帳號：01068953

戶　　　名：五南圖書出版股份有限公司

法律顧問　林勝安律師事務所　林勝安律師

出版日期　2019年 1 月初版一刷

定　　　價　新臺幣400元